普通高等教育"十一五"国家级规划教材

江苏"十四五"普通高等教育本科规划教材

中国石油和化学工业优秀出版物（教材奖）一等奖

过程装备成套技术

第三版

廖传华 张 军 李 静 主编 黄振仁 主审

U0222824

化学工业出版社
·北京·

本教材为普通高等教育"十一五"国家级规划教材。

本课程包括过程装备成套技术的内容及要求、项目可行性研究与评价、工艺设计及设备布置图、过程装备的设计与选型、过程装备的布置设计、管道系统设计、过程控制工程设计、绝热设计、防腐工程、过程设备安装、试车与验收、过程装备成套设计示例等内容。

本书可供过程装备与控制工程专业、过程工业工艺类专业本、专科学生作为教材使用，也可供各行业从事过程工业生产技术管理工作的技术人员参考。

图书在版编目（CIP）数据

过程装备成套技术/廖传华，张军，李静主编. —3 版.
—北京：化学工业出版社，2019.9（2025.5 重印）
普通高等教育"十一五"国家级规划教材　中国石油
和化学工业优秀出版物（教材奖）一等奖
ISBN 978-7-122-35158-6

Ⅰ.①过…　Ⅱ.①廖…②张…③李…　Ⅲ.①化工过程-化工设备-成套技术-高等学校-教材　Ⅳ.①TQ051

中国版本图书馆 CIP 数据核字（2019）第 203346 号

责任编辑：丁文璇　　　　　　　　　　　　装帧设计：张　辉
责任校对：王　静

出版发行：化学工业出版社（北京市东城区青年湖南街 13 号　邮政编码 100011）
印　　装：北京科印技术咨询服务有限公司数码印刷分部
787mm×1092mm　1/16　印张 17½　字数 434 千字　　2025 年 5 月北京第 3 版第 6 次印刷

购书咨询：010-64518888　　　　　　　　售后服务：010-64518899
网　　址：http://www.cip.com.cn
凡购买本书，如有缺损质量问题，本社销售中心负责调换。

定　　价：48.00 元

前 言

　　本书作为"过程装备与控制工程"专业的一门综合性专业课教材，第二版出版至今已有10年，书中部分内容已滞后相关标准和工程实践。为此，于2018年9月，成立了第三版编写组，经多方意见征集和研究讨论，达成共识：第三版仍维持前两版综合性强、实践性鲜明的特点，但针对当前过程工业与学科发展以及教学的需要，尤其是工程教育专业认证的要求，对全书内容重新进行了梳理、调整、更新和补充，对引用的规范、标准也全部进行了更新。

　　全书共分12章：第1章根据具体过程工业生产流程的特点，提出《过程装备成套技术》的内容及要求；第2章介绍项目可行性研究与评价，并介绍设计方案对经济、节能、环境、健康、安全的影响的评价方法和要求；第3章介绍工艺设计及设备布置图；第4章介绍过程装备的设计与选型；第5章介绍过程装备的布置设计；第6章介绍管道系统设计；第7章介绍过程装置的控制系统设计；第8章介绍过程设备及管道的绝热设计；第9章介绍过程设备的腐蚀与防护方法；第10章介绍过程装置的安装；第11章简要介绍成套过程装置的试车与验收；第12章给出了过程装备成套设计示例。

　　第三版由南京工业大学廖传华教授、郑州大学张军教授和华南理工大学李静教授主编，第1、第5、第6、第10、第12章由廖传华教授修订，第2章由魏新利教授修订，第3、第11章由张军教授修订，第4章由王银峰副教授修订，第7章由靳遵龙教授修订，第8、9章由李静教授修订。全书由黄振仁教授主审。本书的编写工作得到"江苏高校品牌专业建设工程资助项目"（PPZY2015A022）和南京工业大学重点教材建设项目的资助。

　　全书从材料的收集整理、文稿的写作到修订等方面都得到了前版主编黄振仁教授、魏新利教授以及原版各章节编写人员的大力支持。黄振仁教授对全书作了详细认真的审阅并给出了很多中肯的修改意见。魏新利教授对全书的体系结构提出了宝贵的建议。此外，西安石油大学樊玉光教授、华陆工程科技有限责任公司郭卫疆教授级高级工程师、中国五环工程有限公司蔡晓峰教授级高级工程师均对本书的修订提出了很好的建议，并提供了大量的工程资料和最新标准。本书在编写过程中，得到了各主编学校相关领导的大力支持，在此一并表示衷心的感谢。尽管我们用心工作，但由于水平有限，书中不妥之处在所难免，热诚欢迎读者批评指正。

编者

2019 年 7 月

第一版前言

"过程装备成套技术"是过程装备与控制工程专业的一门综合性专业课程。随着现代科学技术的迅速发展和市场经济体制在我国逐步形成，社会的人才需求越来越趋向于高素质复合型。为使学生具备更好的社会适应能力，一方面要加强各种基本能力培养，另一方面还要进一步调整知识结构、拓宽知识面，掌握一些相近学科的知识。本课程的设置及内容选取正是基于这样的出发点。为此，本课程的内容涉及新产品生产工艺开发和项目可行性研究、工艺设计、经济性评价和环境评价、机器和设备的型式选择、重要工艺参数的自动控制方案选择与设计、管道设计、绝热与防腐蚀设计、装置的安装及检验、装置的试车等与过程装置设计、建设全过程有关的各种工程知识。

本课程以小型过程工业装置设计、建设所需具备的知识为构架，以学习工程材料、化工原理、过程设备设计、过程机械和过程装备控制技术及应用等课程为基础。凡上述课程中学过的内容本书原则上不再重复。补充上述课程中没涉及的某些知识，并努力将各自独立的技术知识贯穿起来。本课程的内容选取和编写格式更接近工程实际。由于本课程具有很强的综合性和实践性，仅靠传统的课堂教学手段难以达到预期的教学效果。为此，在教学过程中将配合使用一些现代化教学手段，还拟进行一次综合性专业课课程设计。该课程设计是一个涉及多门专业课程知识的小型工程设计。我们在本课程试行过程中遇到的最大困难是缺少适合学生课程设计使用的参考书，设计参考资料不全、不多、不新。为此《过程工业成套设备设计指南》（兼作课程设计指导书）即将出版。该参考资料将以某一过程工业生产装置的设计全过程为纲，在表达设计过程的同时，摘引所用到全部最新实用设计资料，鉴于篇幅的关系，所有表格均为摘要加注出处。希望每个学生按照指南的程序基本上能够独立完成一个小型工业生产装置或其中某个局部的设计，获得过程工业装置工程设计的基本训练。同时，"指南"可以作为本教材的辅助教学资料，起到帮助学生掌握本课程教学内容并拓宽知识面的辅助作用。

本课程大纲于 1998 年 5 月首次在由浙江大学、南京工业大学、郑州大学、北京化工大学、江苏石油化工学院、青岛化工学院、武汉化工学院等十院校组成的《化工机械专业课程体系与教学内容改革的研究》课题组工作会议上提出并进行了讨论。当年 12 月在南京召开专题研讨会最后确定编写大纲，会后编写工作即全面展开。本书由南京工业大学黄振仁教授和郑州大学魏新利教授任主编，江苏石油化工学院卓震教授为本书主审。参加编写的有：黄振仁（第 1、10 章），魏新利、刘宏（第 2、3、4 章），顾海明、黄振仁（第 5 章），廖传华、顾海明（第 6 章），李瑾（第 7 章），王定标（第 8 章），尹华杰（第 9 章），张新年（第 11 章），张锁龙（第 12 章）。

本课程是一门新设课程，在正式出版前编印了试用本，在南京工业大学和郑州大学进行了试用，同时向兄弟院校和企业、研究单位的有关人员广泛征求意见。虽然得到了很多帮助，但在内容的深广程度的把握方面仍不敢说十分恰当。又考虑到为了使本书能有较大的使用面，内容偏于全、多一些，而且选取了一些不是很适合教学而工程实践却比较有用的资料。本书按本科3学分所需教学内容进行编写，其他情况可酌情处理。叙述性内容可自学，实践性内容可现场参观或看录像。本书也可以供"过程工业工艺"类专业学生和"过程装备与控制工程"专业大专学生使用，也可供从事过程工业生产管理的技术人员参考。

本教材编写过程中得到了有关院校的领导和教学主管部门的关心、支持和指导，许多同行也提供了很多很好的意见和建议。在本书正式出版之时向他们和所有为本书编写工作予以支持和帮助的同志表示衷心的感谢。

本书的编写历时两年多，虽然我们在编写过程中反复推敲、反复修改，力求为读者提供一本有实用价值的教材和参考读物，但鉴于编者的认识水平和学术水平所限，不妥之处在所难免。敬请使用本书的师生和其他读者不吝赐教，多提宝贵意见，不胜感谢。

编者

2001. 1

第二版前言

本书作为"过程装备与控制工程"专业的一门新设专业课"过程装备成套技术"的第一本教材，自 2001 年问世以来，得到广泛的关注。本课程很强的综合性和实践性的鲜明特点得到很高的评价。以本教材建设为核心的课程建设成果获江苏省教学成果一等奖。本教材被列入教育部普通高等教育"十一五"国家级规划教材和江苏省精品教材建设项目。

鉴于本教材已出版 6 年，有些内容有了许多新的进展，特别是压力管道的安全管理，2003 年 3 月 11 日国务院颁布国务院令（第 373 号），将压力管道与锅炉、压力容器、电梯、起重机械、客运索道、大型游乐设施一并列为涉及生命安全、危险性较大的特种设备，制订出版了一批新规范、新标准。原版本已严重脱离工程实践现状。这次改版对管道设计部分进行了全面修订。引入压力管道的概念，将压力管道的基础知识、材料选择、零部件、强度计算、柔性分析、结构设计、振动等各项内容全部按最新规范、标准进行了改编，与工程实践完全一致。

本书的编写宗旨是宣扬一种理念，即不同课程的知识不是孤立的，而是相互关联的，只有将各种自成体系的知识进行有机集成、灵活运用，才能解决工程实际问题。本课程的主要任务是将本专业的多门专业基础课程和专业课程的知识进行关联、集成，并补充工程实践中需要的若干其他学科的知识，为学生架构一个与工程实践相一致的知识体系，培养全方位分析考虑问题的思维模式。

初版教材使用情况各异，教材本身对学时差别具有较好的适应性，教材中的内容有的与其他课程有联系，有的可以自学。教学的核心内容在于培养学生综合运用所学各种知识解决工程实际问题的能力。为此，这次改版增加了附录及两道综合自检习题，供学生自我测试对课程知识掌握程度和综合运用所学专业知识解决工程实际问题的能力。综合自检习题是根据南京工业大学该课程教学中多年考试、考核的题目整理改编而成，具有很强的可行性和很高的可信度，希望对读者切实掌握本教材的核心内容有所帮助。

本次改版基本保持原来的体系和结构。使用初版教材的师生指出的问题和提出的修改建议，在新版的教材中基本都得到了体现。在此向他们表示衷心的感谢。但这次改编的面有一定的局限性，不妥和不足之处在所难免，恳请使用本教材的同行和读者批评指正，不胜感谢。

编者

2008.1

目 录

1　绪论

2　项目可行性研究与评价

3　工艺流程设计

4　过程装备的设计与选型

5　过程装备的布置设计

6　管道系统设计

7　过程控制工程设计

8　绝热设计

9　防腐工程

10 过程装备安装

11 试车与验收

12 过程装备成套设计示例——甲醇制氢

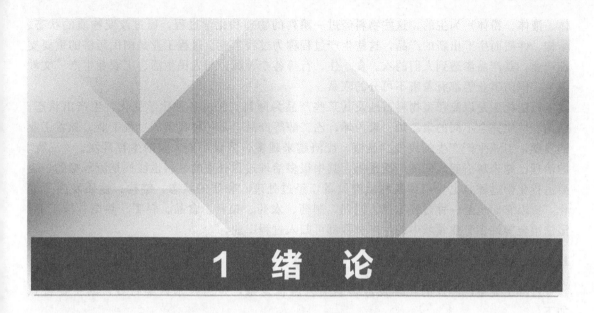

1 绪 论

随着国民经济的飞速发展和人民生活水平的不断提高，流程型材料制造业即过程工业为满足人民群众日益增长的物质需求做出了巨大的贡献。

1.1 工业过程与过程工业

1.1.1 工业过程

人与动物最本质的区别在于制造和使用工具。在原始社会，人类还没有学会使用工具，处于一种与其他动物同等的地位，完全靠"天生"的东西来解决生活中的一切需要。为了求得生存并改善生活条件，人类在与大自然斗争的过程中学会了制造和使用工具，在改造客观世界中形成了生产力，并使之不断发展。随着生产力自低级向高级发展，人类在不断改善自己物质生活的同时，也创造了灿烂的文化。

冶炼术的发明使人类从石器时代进入铜器时代，大大提高了生活的质量，开始向文明社会进军，但进程一直都很缓慢。直到瓦特发明蒸汽机，取代以往的人力、畜力和水力，人类社会开始进入工业时代，生活与文明才得以完全改观。

工业时代的典型特点是以蒸汽机作为动力，大批量生产各种产品，以满足人们日益提高的衣、食、住、行等方面的需要，涌现了大量高技术含量的纺织、食品、汽车、建筑工业，并形成和发展起一批新的工业城市。此后，内燃机和电力的广泛应用，促使科学技术进一步发展，生产效率全面提高，进而使工业过程的生产规模更加扩大，逐渐形成现代工业。

工业过程就是指采用各种机械和设备、实现各类产品批量化生产的过程。从广义上讲，只要是采用机械设备进行大批量产品生产的过程，都可称其为工业过程，如汽车工业、船舶工业、化学工业、纺织工业等。

1.1.2 过程工业

在工业生产中，很多生产过程是以处理流程型物料（需要密闭连续输送的物料，包括气

1

体、液体、粉体）为主的，这些物料经过一系列的物理和化学过程，通过改变物质的状态、结构、性质而生产出新的产品，这些生产过程称为过程工业。过程工业是国民经济的重要支柱产业，其产品渗透到人们的衣、食、住、行等各个领域，与人民生活、工农业生产、文教卫生、国防事业等都有着密不可分的联系。

石油化工是以流程型物料石油及其某些产品为原料，经过各种化学变化，生产出状态、结构、性质完全不同的聚乙烯、聚丙烯、乙二醇等产品，是一种典型的过程工业。随着工业的发展，工业生产产生的废气、废液、废渣越来越多，严重污染人类的生存环境。"三废"的治理已越来越引起人们的广泛重视，其中很多治理过程处理的物料也往往是流程型的，也要进行化学过程，也要用到各种反应设备，经过处理，物质的状态、结构、性质发生了变化，所以它们也是一种过程工业。同理，制药、农药、染料、食品、轻工、热电、核工业、湿法冶金等许多工业领域中的生产过程都可归入过程工业。

1.1.3　过程工业的特点

过程工业生产涉及的化学反应多、工艺流程复杂，是高技术密集行业，其主要特点如下：

ⅰ.产品种类多。至今，由过程工业生产的产品已达46000多种，并仍有新品种不断被开发。

ⅱ.生产路线多样。在过程工业中，同一种原料可以生产不同的产品，不同的原料也可以生产相同的产品，因此，如何选择合适的生产路线对提高过程工业的经济性非常重要。

ⅲ.反应物料相态多样化。过程工业中较少遇见均相物料体系，经常是非均相物料体系。

ⅳ.化学反应复杂。一个产品的生产往往要经过一连串的化学反应，有些反应本身常常是复杂反应，如平行反应、串联反应、可逆反应、链反应等。一个反应有时生成多种异构物，伴随生成主产物的同时还有副产物生成。

ⅴ.生产条件苛刻。能自发进行的反应无法生产具有使用功能的产品，因此过程工业的生产条件非常苛刻，概括起来说，就是"高温、高压；低温、负压；易燃、易爆、有毒、有腐蚀性"。

ⅵ.高技术密集度。由于过程工业具有的特点，为保证生产过程的长周期高效运行，对技术的要求非常高。另外，由于新工艺新产品的开发时间长，费用高，而且成功率低，因此过程工业也呈现出技术垄断性强、销售利润高的特点。

随着全球"节能减排"战略的实施，过程工业正在朝"低消耗、低污染、高产出"的方向转型，其发展呈现出"高参数、大容量、精细化"的特点，对工艺开发、设备设计与制造、自动控制等提出了更高的要求，对专业技术人员的需求将越来越大。

1.2　典型成套装备示例

过程工业在化肥、石油化工、制药、染料、农药、轻工、生物工程、环保等行业中都有广泛的应用。为完成任务，必须将满足各种不同目的的机器与设备用管道连接起来，以组成一个完整的生产系统或者叫作成套生产装置。

图1-1所示为石油化工中的管式炉乙烷裂解制乙烯生产流程。原料乙烷和循环乙烷经热水预热后，到裂解炉对流层，加入一定比例的稀释蒸汽进一步预热，然后进入裂

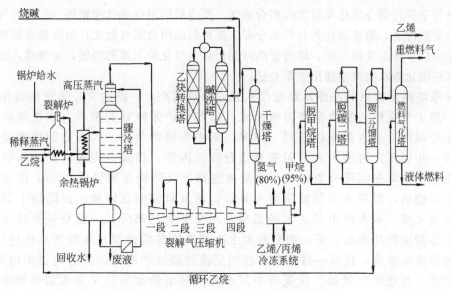

图 1-1　管式炉乙烷裂解制乙烯生产流程图

解炉辐射段裂解，裂解气到余热锅炉迅速冷却，再进入骤冷塔进一步冷却，将水和重质成分冷凝成液体从塔底分出。冷却后的裂解气经离心式压缩机压缩（三段压缩）送碱洗塔除去酸性气体，进乙炔转换塔除去乙炔，再经压缩机四段增压后到干燥塔除去水分，进入乙烯/丙烯冷冻系统，烃类物质降温冷凝，分出氢气。冷凝液先分出甲烷，再在碳二分馏塔得乙烯产品，乙烯循环使用，碳三以上成为燃料。流程中的机器主要是离心式压缩机，设备有裂解炉、余热锅炉和各种塔。所有机器、设备之间全部用管子、管件、阀门等连接形成一套生产装置。

图 1-2 所示为煤炭清洁利用领域中的水煤浆制备及煤气化过程的工艺流程。原料煤经皮带输送和破碎筛分，小于 25mm 的碎煤进入煤斗后，经计量进入磨煤机，与一定量的工艺

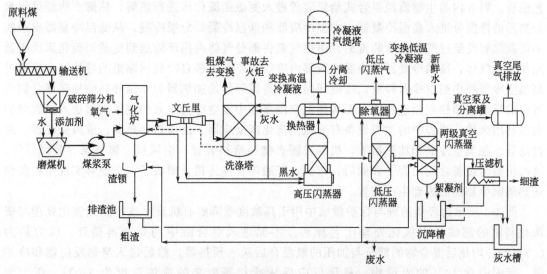

图 1-2　水煤浆制备及煤气化过程的工艺流程图

水混合并磨成具有一定粒度分布的水煤浆，由煤浆泵送至气化炉，与空分来的氧气在约1400℃条件下进行部分氧化反应生成粗合成气。反应后的粗合成气和熔渣一起流经气化炉下部的激冷室激冷后，熔渣固化并与气体分开。激冷后的粗合成气经文丘里洗涤器和洗涤塔二级洗涤除尘后，送至变换工序。熔渣被激冷固化后由气化炉下部的渣锁，定期排入渣池，再由捞渣机将固化渣从渣池中捞出装车外送。

由洗涤塔侧面排出的洗涤水经激冷水泵后分成两路，一路去文丘里洗涤器作为洗涤水；另一路去气化炉的激冷室作为激冷水。出气化炉激冷室的黑水与出洗涤塔底部的黑水一起经减压后进入高压闪蒸器，闪蒸出水中溶解的气体。闪蒸后的黑水经过低压闪蒸器进一步闪蒸，再进入真空闪蒸器进行两级闪蒸。经真空闪蒸后的黑水经过沉降槽给料泵送至沉降槽沉降分离细渣。沉降槽底部的沉降物含固量约 20%，由沉降槽底流泵送至压滤机，经脱水后的滤饼装车外运，滤液自流到沉降槽。沉降槽上部溢流清液自流到灰水槽，灰水槽中的灰水经低压灰水泵分为三部分，一部分送至锁斗冲洗水罐作为锁斗排渣的冲洗水；另一部分经废水冷却器冷却后排至污水处理系统进行处理，达到排放标准后排放；还有一部分灰水连同变换冷凝液和高压闪蒸分离器中的冷凝液、补充新鲜水一起送至除氧器。除氧器中灰水经洗涤塔给水泵送至灰水加热器中，与高压闪蒸汽换热以后送至洗涤塔作为系统洗涤补充水循环使用。合成气洗涤塔不足的洗涤水由变换工段来的变换高温冷凝液补充。

高压闪蒸器顶的闪蒸汽经灰水加热器与灰水换热降温后，再经高压闪蒸冷却器进一步冷却后，进入高压闪蒸分离罐，分离后的气体去变换工段的冷凝液汽提塔，作为部分汽提用气（气体尾气经火炬放空），分离后的冷凝液返回除氧器。低压闪蒸器顶的闪蒸汽也回到除氧器作为脱氧加热蒸汽。真空闪蒸器为上下两级闪蒸，每级顶部的闪蒸汽分别经真空冷凝器和分离器，分离后的气体经惰性气体真空泵和真空泵缓冲罐分离后放空。真空泵分离罐分离后的冷凝液进入灰水槽。气化炉的烧嘴用循环冷却水冷却。

整个流程中的机器有原煤输送机、破碎筛分机、磨煤机、煤浆泵等，设备有气化炉、洗涤塔、换热器等。所有机器、设备之间全部用管子、管件、阀门等连接形成一套生产装置。

图 1-3 所示为新能源开发利用领域中的生物质整合式流化床热解分级制取液体燃料的工艺流程。料斗内的生物质经组合式给料装置进入变截面流化床进行热解，热解产物经过气炭分离后的挥发分进入高温冷凝器、中温冷凝器和低温冷凝器分级冷凝，从低温冷凝器出来的不可凝热解气经过气体滤清装置后，由煤气泵将部分气体再循环输送到变截面流化床反应器用作流化气体，高温冷凝器和中温冷凝器内吸收的热量由各自冷凝回路里的导热油介质通过高温空冷器和中温空冷器释放，冷凝回路里的高温导热油加热器和中温导热油加热器分别将各自的导热油预热到预定温度，而从高温空冷器和中温空冷器出来的热风则被送入炭燃烧炉内以利用余热。流程中的主要设备有变截面流化床反应器、反应器换热器、旋风分离器、炭过滤器、各类空冷器和加热器等，机器有固态物料给料装置、引风机、煤气泵、鼓风机等。这些机器与设备之间用管子和阀门、弯头、三通等管件连接，形成了一个能够实现生物质快速热解制生物油的成套生产装置。

图 1-4 所示为环境治理与保护领域中用于高浓度难降解有机废水或污泥无害化处理与资源化利用的超临界水氧化处理工艺流程。污泥进入混合罐中均化和再循环，压力约为0.7MPa。均化后混合物的部分与加压的氧混合后送入预热器，然后送入绝热反应器和冷却器。污泥中含 10% 的固形物，氧化反应后从冷却器出来的流体温度为 330℃，压力为25.2MPa，可产生 8～10MPa 的蒸汽。该蒸汽被分离成气相和液相，液相被送入固液分离器

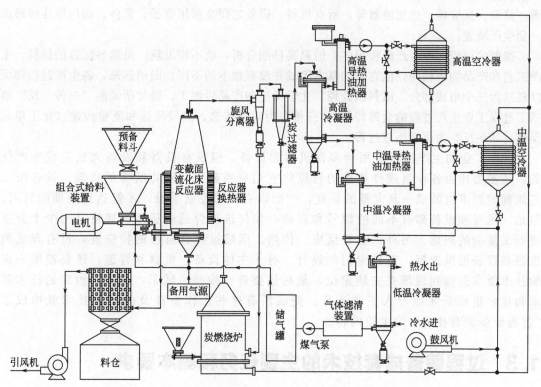

图 1-3 生物质整合式流化床热解分级制取液体燃料的工艺流程

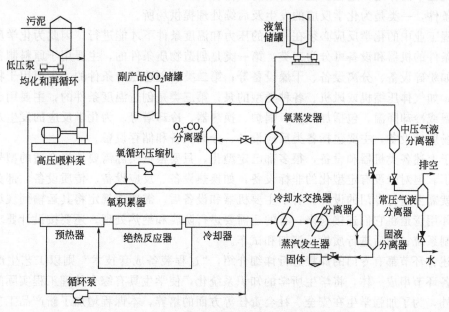

图 1-4 超临界水氧化处理工艺流程图

中，分离出的固体被减压和储存，液相被减压，气态的 CO_2 从中压气液分离器的顶部分离并被液化。流程中的机器有低压泵、高压喂料泵、循环泵、氧循环压缩机等，设备有均化罐、储罐、反应器、热交换器等，所有机器、设备之间全部用管子、管件、阀门等连接形成一套生产装置。

类似的过程工业生产流程很多，但只要仔细分析，就不难发现，虽然各流程的原料、生产工艺和产品均不相同，但它们的基本组成并没有根本的不同。归纳起来，各生产过程都可以概括为三个组成部分：原料预处理、化学反应和产品后加工。通常所说的"三传一反"概括了过程工业生产过程的全部特征，"三传"为动量传递、热量传递和质量传递（化工单元操作）；"一反"为化学反应过程。

过程工业的生产过程要用到多种机器和设备，但仅有机器和设备无法完成生产任务，还需要用由各种组成件构成的管道将它们联系起来，即将所需的机器、设备按工艺流程的要求组装成一套完整的装置，并配以必要的控制手段，才能达到预期的目的。但是，机器和设备都有不同的型号和规格，如何选择合适的机型、规格是一个十分重要而又复杂的问题。另外，有些反应、传热、压缩过程有自己的特殊性，没有现成的机器和设备可供选择，需作专门的设计。有了主体设备、机器和管道，还要按照一定的技术要求运输到现场并安装定位，最后还要进行检验、试车，达到了预定的技术要求和技术指标后才能投入正常运行。完成所有这些工作所涉及的各项技术就构成了"过程装备成套技术"的主要内容。

1.3 过程装备成套技术的主要任务和基本要求

从 1.2 中列举的几个典型过程工业生产流程可以看到，所有过程工业的核心是化学反应，但不同产品生产所用的原料和生产工艺不同，所用的机器和设备也不同。大体而言，按在工艺流程中的作用，过程工业中所用的机器和设备可分为两大类：一类是为化学反应的发生创造条件，一类是为化学反应的发生及后续处理提供场所。

过程工业中的化学反应必须在一定的压力和温度条件下才能进行，因此为化学反应的发生创造条件的机器和设备可分为三类：第一类是创造物质条件的，主要用于原料制备和产品精制，如粉碎设备、分离设备、干燥设备等；第二类是创造压力条件的，主要用于物料的加压输送，如气体压缩机或风机、各种类型的泵；第三类是创造温度条件的，主要用于物料的加热升温或冷却降温，包括加热炉、锅炉、换热器、冷却塔等。为化学反应的发生及后续处理提供场所的设备，主要包括各类反应设备、分离设备和储存设备。

对于上述各类机器和设备，很多都已定型化，只要根据实际需要选择合适的型号和规格就可以了。但对于没有定型化的非标设备，如换热设备、反应设备、传质设备、部分储存设备等，就需要进行专门的设计。有了主要机器和设备后，需要按规定将其运输到现场，安装就位，并用管道将它们连接起来；有的还需要进行防腐和绝热处理；还要按设计要求配置相应的控制系统；最后进行质检、清扫和试车。

上述各环节都有专门的课程进行详细介绍，"过程装备成套技术"则以工艺生产过程为主线将各环节串成一体，将学生所学的知识系统化，使学生具有综合处理工程实际问题的能力。另外，为了加强学生在安全、社会责任等方面的培养，本课程增加了新产品工艺过程评价（包括经济评价、环境影响评价、安全评价、节能评价与水土保持方案等）的内容，为学生以后承担过程工业不同生产环节的技术工作进行知识储备。

综上所述，这是一门综合性、实践性较强的课程。希望通过本课程的学习，使学生能够针对复杂工程问题，开发、选择和使用恰当的技术、资源和现代信息技术工具；能够基于工程相关背景知识进行合理分析，评价设计方案对社会、环境、健康、安全、法律、文化以及社会可持续发展的影响，并理解设计者应承担的责任。

2 项目可行性研究与评价

所谓成套过程装备就是为实现特定工艺性能所设计或选定的、能将具有各种不同性能的众多部分（生产设备）有机结合而成的整体（复杂工程），是过程工业生产的基础。一套可以进行过程工业生产的装置，可以新建，也可以在旧装置基础上进行改建、扩建。但是无论新建、改建还是扩建，都需要作为一个生产建设项目进行论证、审核或者审批，确定建设项目是否可行，为正确进行投资决策提供科学依据。即在既定的范围内针对项目的技术、经济、环境保护、安全生产、职业病防治、节能、水土资源利用等多个方面进行分析和论证，以便最合理地利用资源，达到预期的社会和经济效益。

2.1 项目审核、审批程序与要求

一套过程工业生产装置从设计到投产运行，需要以工业生产建设工程项目的形式，对政治、经济、社会、技术等项目影响因素进行具体调查、研究、分析，确定有利和不利的因素，分析项目必要性、可行性，评估项目经济、环境和社会效益，并报送国家相关部门进行立项、核准或备案后，才能进行建设并投入生产。

（1）项目审核、审批的基本程序

一般过程工业项目核准的基本程序如下。

ⅰ.编制可行性研究报告并上报审批，政府有关部门下达同意开展前期工作的函；

ⅱ.编制节能评估报告上报审批；

ⅲ.申报项目规划选址意见书；

ⅳ.申报土地预审，由县、市到省；

ⅴ.编制环境影响评价报告上报审批；

ⅵ.编制水土保持方案报告和水资源论证报告上报审批；

ⅶ.编制安全预评价报告上报审批；

ⅷ.编制职业病预评价报告上报审批；

ⅸ.取得上述全部文件后上报核准，获得批复后才可进入项目建设、试产、生产阶段。

（2）项目审核、审批的基本要求

可行性研究 根据行业对相关生产建设项目可行性研究报告编制的要求，通过对项目的市场需求、资源供应、建设规模、工艺路线、设备选型、环境影响、资金筹措、盈利能力等方面的研究，从技术、经济、工程等角度对项目进行调查研究和分析比较，并对项目建成以后可能取得的经济效益及社会环境影响进行科学预测，为项目决策提供公正、可靠、科学的投资咨询意见，并编制《项目可行性研究报告》报有关部门审批、核准、备案。

节能评估 根据国家《固定资产投资项目节能评估和审查办法》等有关法律法规和项目建设当地政府的有关要求进行编制，并报有关部门审批、核准、备案。

环境影响评价 根据《中华人民共和国环境保护法》《建设项目竣工环境保护验收管理办法》等有关法律法规和项目建设当地政府的有关要求进行编制，并报有关部门审批、核准、备案。

水土保持方案 根据《中华人民共和国水土保持法》《开发建设项目水土保持方案编报审批管理规定》以及《开发建设项目水土保持设施验收管理办法》等有关法律法规和规定进行编制，并报水利部门审批。

对跨流域（特指国家确定的重要江河、湖泊）取水的，取水许可审批的总水量超过流域水资源可利用量的情况下，需要根据《建设项目水资源论证管理办法》和《建设项目水资源论证报告书审查工作管理规定》等规定，对新增取水的项目编制《水资源论证报告书》并上报水利主管部门审批。

安全生产 根据《中华人民共和国安全生产法》等法律法规的规定，对新建项目编制《安全预评价报告》《安全专篇》及《安全验收报告》并申报。

职业病防控 根据《中华人民共和国职业病防治法》的规定，对新建项目等可能产生职业病危害的，在可行性论证阶段应当向卫生行政部门提交职业病危害预评价报告。建设项目在竣工验收前，应当进行职业病危害控制效果评价。建设项目竣工验收时，其职业病防护设施需经卫生行政部门验收合格后，方可投入正式生产和使用。

2.2 可行性研究报告

可行性研究报告分为政府审批核准用可行性研究报告和融资用可行性研究报告。审批核准用的可行性研究报告侧重关注项目的社会、经济效益和影响，融资用的可行性报告侧重关注项目在经济上是否可行。

2.2.1 可行性研究的依据和基本要求

（1）可行性研究的依据

进行项目可行性研究的依据主要包括：国家经济和社会发展的长期规划，部门与地区规划，经济建设的指导方针、任务、产业政策、投资政策和技术经济政策以及国家和地方法规，包括对该行业的鼓励、特许、限制、禁止等有关规定等；经过批准的项目建议书和在项目建议书批准后签订的意向性协议，主要工艺和装置的技术资料，项目承办单位与有关方面达成的如投资、原料供应、建设用地、运输等方面的初步协议等；由国家批准的资源报告，国土开发整治规划、区域规划和工业基地规划；国家进出口贸易政策和关税政策；拟建厂址当地的生态、环境、经济、社会等基础资料；有关国家、地区和行业的工程技术、经济方面的法令、法规、标准定额资料等；由国家颁布的建设项目可行性研究及经济评价的有关规定；包含各种市场信息的市场调研报告。

在项目可行性研究报告编制过程中，尤其是对项目做经济评价时，还需要参考《中华人民共和国会计法》《企业会计准则》《中华人民共和国企业所得税法实施条例》《中华人民共和国增值税暂行条例实施细则》《建设项目经济评价方法与参数》及必须遵守的国内外其他工商税务法律文件。

（2）可行性研究的基本要求

可行性研究报告应根据国家或主管部门对项目建议书的审批文件，由项目法人委托有资质的设计单位或工程咨询单位进行编制。应按国民经济和社会发展长远规划，行业、地区发展规划及国家的产业政策、技术政策的要求，在项目建议书的基础上对建设项目的技术、工程、环保和经济进一步论证。

在可行性研究中，必须做好基础资料的收集工作。对于收集的基础资料，要按照客观实际情况进行论证评价，如实地反映客观经济规律。从客观数据出发，通过科学分析，得出项目是否可行的结论。

可行性研究报告的内容深度必须达到国家规定的标准，基本内容要完整，应尽可能多地应用数据资料，避免粗制滥造。在做法上要掌握好以下几个要点：

ⅰ.先论证，后决策，做到数据准确，论证充分，结论明确，以满足决策者定方案定项目的需要。

ⅱ.处理好项目建议书、可行性研究、评估这三个阶段的关系，哪一个阶段发现不可行都应当停止研究。

ⅲ.可行性研究中选用的主要设备的规格、参数应能满足预订货的要求，引进技术设备的资料应能满足合同谈判的要求，确定的主要工程技术数据应能满足项目初步设计的要求。

ⅳ.要多方案比较，择优选取，对于涉外的项目，可行性研究的内容及深度还应尽可能与国际接轨。

ⅴ.要具体论述项目建设在经济上的必要性、合理性、现实性，技术和设备上的先进性、适用性，财务上的盈利性、合法性，生态环境上的可行性，安全生产的可靠性，职业病防控的可行性，建设上的可行性。

ⅵ.可行性报告应反映可行性研究过程中出现的某些方案的重大分歧及未被采纳的理由，以供决策者权衡利弊进行决策审批。

2.2.2　可行性研究报告内容

各类投资项目可行性研究的内容及侧重点因行业特点而差异很大，一般过程工业可行性研究报告主要包括如下内容。

总论　概括性论述项目及建设（主办）单位基本情况、编制依据及原则、研究范围及编制分工、项目背景及建设理由、产业政策与企业投资战略、主要研究结论。

市场分析与价格预测　包括市场及目标市场分析、产品营销策略研究、产品价格预测等。

原料、辅助材料及燃料供应　包括原料供应，辅助材料供应，燃料供应，原料、辅助材料及燃料供应的风险分析等。

建设规模、产品方案及总工艺流程　包括建设规模、原料构成及性质、产品方案、总工艺流程等。

　　工艺装置技术及设备方案　包括工艺技术选择，工艺概述、流程及消耗定额，工艺设备技术方案，工艺装置"三废"排放，占地、建筑面积及定员，工艺及设备风险分析等。

　　自动控制　包括全厂控制系统及仪表选型、工艺装置自动控制方案、储运系统自动控制方案、公用工程及辅助生产设施自动控制方案、中央控制室或控制室设计方案、设计中采用的主要标准及规范等。

　　厂址选择　主要包括建厂条件、厂址选择与地区土地规划符合情况等。

　　总图运输及土建　包括全厂总图（平面及竖向）、全厂运输（厂内外交通运输）及全厂土建工程（地基与基础工程、主体结构、建筑装饰装修、建筑屋面）等。

　　储运　包括主要储运工艺流程、采用的主要标准和规范、储存系统、装卸设施、输转与调和设施、全厂性管网及放空系统、全厂化学药剂设施、厂外储运工程等。

　　公用工程及辅助生产设施　包括给排水，供电，电信，供热及化学水，采暖、通风及空调，空压站及氮氧站，冷冻站，维修，中心化验室，其他辅助设施等。

　　节能　包括能耗指标及分析、节能措施综述、节能单元、设计中采用的主要标准及规范等。

　　节水　包括用水指标及分析、主要节水措施、节水单元、设计中采用的主要标准及规范等。

　　消防　包括火灾危险性分析，危险区域的消防检测及报警方式，可依托的消防条件，消防系统方案，主要工程量、消防设施费用等。

　　环境保护　主要包括建设地区环境质量现状、执行的环境标准、建设项目污染及治理措施、环境管理及监测、主要环境保护项目、环境保护投资、建设项目环境影响、存在的环保问题及建议等。

　　职业安全卫生　包括建设项目选址安全条件论证，职业危险、有害因素分析，安全对策措施，安全卫生监督与管理，职业安全卫生专用投资估算等。

　　组织机构及人力资源配置　包括企业管理体制及组织机构、生产倒班制及人力资源配置、人员的来源及培训、项目实施计划、实施进度计划、项目招标内容等。

　　投资估算及资金筹措　包括投资估算编制说明、投资估算编制依据、投资估算编制方法、投资估算结果及投资水平分析、投资估算应注意的问题、资金来源及融资方案等。

　　财务分析　包括财务分析依据、基础数据与参数，成本费用估算及单位成本分析，销售收入、营业税金及附加，财务分析，改扩建项目财务分析，中外合资经营项目财务分析，安全、环保和试验项目财务分析，不确定性分析与风险分析，经济评价结论和建议等。

　　经济费用效益分析　包括基础参数、费用效益调整原则、投资估算、经营费用效益评价等。

　　区域经济与宏观经济影响分析　包括对区域现存发展条件、经济结构、城镇建设、劳动就业、土地利用、生态环境等方面现实和长远影响的分析，对国民经济总量增长、产业结构调整、生产力布局、自然资源开发、劳动就业结构变化、物价变化、收入分配等方面的影响的分析。

　　社会效益分析　包括社会评价，风险分析等。

　　项目竞争力分析　包括市场竞争力分析，技术竞争力分析，系统、节能及人力资源竞争力分析，财务竞争力分析，竞争力综合评价等。

主要技术经济指标汇总 报告应明确提出项目可行与否的结论性意见，并列出主要技术经济指标。

此外还应有相关的附件、附表和附图等内容。

2.3 工艺路线的选择

过程工业具有原料、工艺与产品的多方案性，即过程工业可以从不同原料出发，制得同一种产品；也可从同一种原料出发，经过不同的加工工艺，得到不同的产品；有时从同一种原料制取同一种产品，还有许多不同的加工工艺。因此在工程项目可行性研究阶段，要对工艺过程进行综合分析，对工艺路线进行比较与选择，以便确定一个最适宜的工艺过程来获得产品。

实际上在许多情况下，尤其在可行性研究阶段，只要权衡比较一些重要的变量，就能淘汰大量的工艺过程方案而选出其中的一两个工艺过程，并不需要对每个工艺过程都进行仔细的设计计算。这种比较往往要经过调查、分析、成本估算、评价等环节来进行。

（1）调查与分析

通过文献专利的调查可以掌握一般的技术动向，也可以掌握现有的工艺技术和将来可能实现的工艺技术。为了得到有关工艺的最新情报，向该项工艺技术所有者致函调查是最实际的方法。一般从工艺技术所有者那里可以获得表 2-1 所示的信息。

表 2-1 来自工艺所有者的信息

项目	内容	非机密信息	机密信息
实用的数据 *	装置建设费用	○（推算值）	○（实际费用）
	原料消耗量	○	○
	辅助原料及催化剂费	○	○
	公用工程消耗量	○	○
	所需操作人员	○	○
	维修费	○	○
设计情报 **	工艺说明	○（极简单）	○（详细）
	工艺流程图	○（即使有也很简单）	○
	工程程序表	×	○
	结构材料（腐蚀问题）	×	○
	仪表及控制	×	○（要求时才有）
操作数据	操作手册	×	○
	原料规格	○	○
	产品规格及试样	○	○
	装置操作数据	×	○（部分或全部）
	运行上的各种问题	×	○（部分或全部）
	废物处理	○（部分）	○
	安全卫生	×	○
	装置考察	○（根据情况简单考察）	○

项目	内容	非机密信息	机密信息
研究过程	实验室数据	×	○（部分或全部）
	中试装置数据	×	○（一般为全部）
	放大计算	×	○（要求时才有）
	腐蚀试验	×	○
	专利	○（部分）	○
	申请中的专利	×	○（部分或全部）
	相竞争的工艺情报	○（一般的商业性讨论）	○（范围广泛的情报）
	计划中的研究项目	×	○（部分）

注：○—有；×—无；＊—供经济评价用的非机密信息多为乐观性数据；＊＊—根据有无工业装置而定。

根据调查所得到的信息，必要时再通过实验补充数据，进行工艺试设计，掌握技术上的难点。并对工艺过程的灵活性，有关的特殊控制因素，工业上的效率，对环境生态的影响，对能源的需求，对水资源的需求，对交通运输条件的要求，今后发展的可能性，对废物和副产品的生成量、处置方式以及各种设备或原料是否容易得到等进行技术、经济和社会分析。将某一工艺工业化，并且获得预想的收益是不容易的，为了成功，必须避免采用风险性大的工艺。

（2）评价与选择

工艺评价主要是按现行财税制度规定及产品市场价格，在生产成本（包括直接材料费、直接燃料及动力费、直接工资和职工福利及制造费等）和费用估算的基础上，计算所选工艺在财务上的盈利能力和偿债能力。具体计算与评价方法详见 2.4 节。

选择工艺路线的总原则是：生产安全可靠，技术先进，经济合理，社会效益好，符合国家相关法律法规要求。

生产安全可靠是指在选择工艺路线时，应考虑获得此工艺的技术资料是否有困难；特殊设备的设计和加工是否可能；该工艺是否成熟；对于高温高压等操作条件和易燃易爆及有毒物质的处理是否有相应的安全措施；为防止公害，还必须考虑三废治理，要求做到环保设施和职业健康安全设施与主体工程同时设计、同时施工、同时投产。

技术先进常常表现为劳动生产率高，排放低，资源利用充分，绿色环保，消耗定额低。为了使所选择的工艺路线在技术上先进，必须熟悉现有的各种生产方法及其优缺点，必须了解科学研究和开发的最新成果，并能把这些成果应用于设计和生产中。

经济合理就是尽可能采用投资少、成本低、利润大的方案。生产成本是一项综合性的技术经济指标。

社会效益好是指项目实施后为社会所作的贡献，也称外部间接经济效益，就是最大限度地利用有限的资源满足人们日益增长的物质文化需求。

符合国家的相关法律法规就是在设计各个环节，以实现社会可持续发展为目标，严格执行国家有关社会、生态环境、资源、健康、安全、文化等相关法律法规。

典型工艺路线选择顺序参见图 2-1。

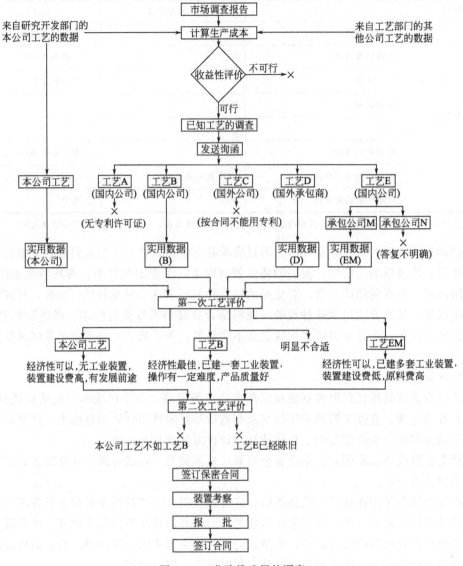

图 2-1　工艺路线选择的顺序

2.4　经济评价

可行性研究阶段的经济评价，应按照内容要求，对建设项目的财务可接受性和经济合理性进行详细、全面的分析论证，为项目的科学决策提供经济方面的依据。

建设项目经济评价包括财务评价、国民经济评价及必要的社会效益分析。

《建设项目经济评价方法》与《建设项目经济评价参数》是建设项目经济评价的重要依据。经济评价工作应由符合资质要求的咨询中介机构承担。

建设项目的经济评价，对于财务评价结论和国民经济评价结论都可行的建设项目，可予以通过，反之应予否定。对于国民经济评价结论不可行的项目，一般应予否定。对于关系公共利益、国家安全和市场不能有效配置资源的经济和社会发展的项目，如果国民经济评价结论可行，但财务评价结论不可行，应重新考虑方案，必要时可提出经济优惠措施的建议，使项目具有财务生存能力。

2.4.1 财务评价

财务评价是遵循现行财税制度和规定，根据现行市场价格，计算工程项目在财务上的收入和支出，并测算一个项目投入的资金所能带来的利润，考察项目的盈利能力、偿债能力等财务状况，据以判别工程项目的财务可行性。

（1）财务评价的盈利能力分析

财务评价的盈利能力分析分为静态指标和动态指标。

静态指标有：总投资收益率、项目资本金净利润率和投资回收期。动态指标有：财务净现值和财务内部收益率。

① 总投资收益率（ROI） 表示总投资的盈利水平，指项目达到设计能力后正常年份的年息税前利润或运营期内年平均息税前利润（EBIT）与项目总投资（TI）的比率，其计算式为

$$ROI = \frac{EBIT}{TI} \times 100\%$$

在财务评价中，总投资收益率高于同行业的收益率参考值，表明用总投资收益率表示的盈利能力满足要求。

② 项目资本金净利润率（ROE） 表示项目资本金的盈利水平，指项目达到设计能力后正常年份的年利润或运营期内年平均净利润（NP）与项目资本金（EC）的比率，其计算式为

$$ROE = \frac{NP}{EC} \times 100\%$$

项目资本金净利润率高于同行业的净利润率参考值，表明用项目资本金利润率表示的盈利能力满足要求。

③ 投资回收期（P_t） 是以项目的净收益回收全部投资（包括建设投资和流动资金）所需的时间，一般以年为单位，自建设开始年算起，如果从投产年算起，应注明。其计算式为

$$\sum_{t=1}^{P_t} (CI - CO)_t = 0$$

式中　　CI——年现金流入量；

　　　　CO——年现金流出量；

$(CI - CO)_t$——第 t 年净现金流量。

投资回收期可用财务现金流量表（全部投资）累计净现金流量计算求得。投资回收期短，表明项目投资回收快，抗风险能力强。其计算式为

$$P_t = T - 1 + \frac{\left| \sum_{i=1}^{T-1} (CI - CO)_i \right|}{(CI - CO)_T}$$

式中　T——各年累计净现金流量首次为正值或零的年数。

④ 财务净现值（FNPV） 是指项目按行业的基准收益率或设定的折现率（i_c），将计算期内各年的净现金流量折现到建设期初的现值之和。财务净现值大于零或等于零的项目是可行的，其计算式为

$$FNPV = \sum_{t=1}^{n} (CI - CO)_t (1 + i_c)^{-t}$$

⑤ 财务内部收益率（FIRR） 是指项目在整个计算期内各年净现金流量现值累计等于零时的折现率，它反映项目所占用资金的盈利率，是考察项目盈利能力的主要动态评价指标。其计算式为

$$\sum_{t=1}^{n} (CI - CO)_t (1 + FIRR)^{-t} = 0$$

式中　n——计算期。

在财务评价中将求出的全部投资或自有资金（投资者的实际出资）的财务内部收益率与行业的基准收益率或设定的折现率比较，当 $FIRR \geqslant i_c$ 时，即认为其盈利能力已满足最低要求，在财务上是可以考虑接受的。

（2）财务评价的偿债能力分析

项目偿债能力分析是通过计算利息备付率、偿债备付率和资产负债率等指标，分析判断财务主体的偿债能力。

① 利息备付率（ICR） 是指借款偿还期内的息税前利润（EBIT）与应付利息（PI）的比值，它从付息资金来源的充裕性角度反映项目偿付债务利息的保障程度，其计算公式为

$$ICR = \frac{EBIT}{PI}$$

利息备付率应分年计算。利息备付率高，表明利息偿付的保障程度高。利息备付率应当大于1，并结合债权人的要求确定。

② 偿债备付率（DSCR） 是指在借款偿还期内，用于计算还本付息的资金（$EBITDA - T_{AX}$）与应还本付息金额（PD）的比值，它表示可用于还本付息的资金偿还借款本息的保障程度，其计算公式为

$$DSCR = \frac{(EBITDA - T_{AX})}{PD}$$

式中　$EBITDA$——息税前利润加折旧和摊销；

　　　T_{AX}——企业所得税；

　　　PD——应还本付息金额，包括还本金额和计入总成本费用的全部利息。融资租赁费用可视同借款偿还。运营期内的短期借款本息也应纳入计算。

偿债备付率应分年计算，偿债备付率高，表明可用于还本付息的资金保障程度高。偿债备付率应大于1，并结合债权人的要求确定。

③ 资产负债率（LOAR） 是指各期末负债总额（TL）同资产总额（TA）的比率，其计算公式为

$$LOAR = \frac{TL}{TA} \times 100\%$$

适度的资产负债率，表明企业经营安全、稳健，具有较强的筹资能力，也表明企业和债权人的风险较小。项目财务分析中，在长期债务还清后，可不再计算资产负债率。

2.4.2　国民经济评价

国民经济评价是在财务评价的基础上，采用国家规定的参数和影子价格调整项目的投入物和产出物，从而对项目的效益和费用进行计算分析。

国民经济评价以经济内部收益率为主要指标。根据项目特点和实际需要，可计算经济净现值、经济净现值率、外汇效果及外部效果与无形效果等指标。

（1）经济内部收益率（EIRR）

EIRR 系经济净现值累计等于零时的折现率。其经济含义是：项目占用的投资对国民经济的净贡献能力。经济内部收益率大于或等于社会折现率，表明项目投资对国民经济的净贡献能力达到了要求的水平，因而该项目是可以接受的。经济内部收益率的计算式为

$$\sum_{t=1}^{n} (CI - CO)_t (1 + EIRR)^{-t} = 0$$

式中　　n——计算期。

（2）经济净现值（ENPV）和经济净现值率（ENPVR）

经济净现值是反映项目对国民经济所作贡献的绝对指标，它是用社会折现率将项目计算期内各年的净收益折算到建设起点（建设初期）的现值之和。当经济净现值大于零时，表示国家为拟建项目付出代价后，除得到符合社会折现率的社会盈余外，还可以得到以现值计算的超额社会盈余。经济净现值率是反映项目单位投资为国民经济所作贡献的相对指标，它是经济净现值与投资现值之比。其计算式分别为

$$ENPV = \sum_{t=1}^{n} (CI - CO)_t (1 + i_s)^{-t}$$

$$ENPVR = \frac{ENPV}{I_P}$$

式中　　i_s——社会折现率；

　　　　I_P——投资（包括固定资产和流动资金）的现值；

　　　　n——计算期。

（3）外汇效果

外汇效果是针对涉及产品创汇及替代进口节汇的项目，计算经济外汇净现值、经济换汇成本、经济节汇成本等指标，以进行外汇效果分析。

① 经济外汇净现值（$ENPV_F$）　是按国民经济评价中效益、费用的划分原则，采用影子价格、影子工资和社会折现率（i_s）计算、分析、评价项目实施后对国家外汇收支影响的重要指标。通过经济外汇流量表可以直接求得经济外汇净现值，用以衡量项目对国家外汇真正的净贡献（创汇）或净消耗（用汇），其计算式为

$$ENPV_F = \sum_{t=1}^{n} (FI - FO)_t (1 + i_s)^{-t}$$

式中　　FI——外汇流入量；

　　　　FO——外汇流出量；

$(FI-FO)_t$——第 t 年的净外汇流量；

　　　　n——计算期。当有产品替代进口节汇时，可按净外汇计算经济外汇净现值。

② 经济换汇成本　是分析、评价项目实施后在国际上的竞争力，进而判断其产品应否出口的指标。它是指用影子价格、影子工资和社会折现率计算的，为生产出口产品而投入的国内资源现值（人民币，单位为元）与生产出口产品经济外汇净现值（外币单位，如美元）之比，亦即换取 1 美元外汇所需要的人民币金额。其计算式为

$$\text{经济换汇成本} = \frac{\sum_{t=1}^{n} DR_t (1 + i_s)^{-t}}{\sum_{t=1}^{n} (FI - FQ)_t (1 + i_s)^{-t}}$$

式中　DR_t——项目在第 t 年为出口产品投入的国内资源（包括投资、原材料、工资及其他收入）。

③ 经济节汇成本　当有产品替代进口节汇时，应计算经济节汇成本，即节约 1 美元外汇所需的人民币金额，它等于项目计算期内生产替代进口产品所投入的国内资源的现值与生产替代进口产品的经济外汇净现值之比。经济换汇成本或经济节汇成本（元/美元）小于或等于影子汇率，表明该项目国际竞争力强。

（4）外部效果与无形效果

一个项目，除了由其投入和产出所产生的直接费用和直接效益外，还会对社会其他部门产生间接费用和间接效益，称为外部效果，也称外在效果。外部效果的识别和计算只适用于从全社会利益出发的经济分析，而不在项目的财务账目中反映，可以作为辅助指标，如劳动就业、分配效果等，要另行计算。

由于项目的费用和效益的不能定量或无形而无法衡量者称为无形效果，可在评价总结中予以定性评述和估量。

2.4.3　不确定性分析与经济风险分析

项目经济评价所采用的数据大部分来自预测和估算，具有一定程度的不确定性。为分析不确定性因素变化对评价指标的影响，估计项目可能承担的风险，应进行不确定性分析与经济风险分析，提出项目风险的预警、预报和相应的对策，为投资决策服务。

不确定性分析主要包括盈亏平衡分析和敏感性分析。经济风险分析过程包括风险识别、风险估计、风险评价与风险应对。

（1）不确定性分析

① 盈亏平衡分析　盈亏平衡点一般采用公式计算，也可利用盈亏平衡图求取（图 2-2），盈亏平衡点可采用生产能力利用率或产量表示，总成本与营业额扣税金及附加的交点即为盈亏平衡点。可按下列公式计算

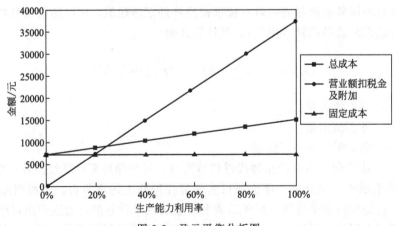

图 2-2　盈亏平衡分析图

$$BEP_{生产能力利用率}=\frac{年固定成本}{年营业收入-年可变成本-年营业税金及附加}\times100\%$$

或

$$BEP_{产量}=\frac{年固定总成本}{单位产品价格-单位产品可变成本-单位产品营业税金及附加}$$

该值小，说明项目适应市场需求变化的能力大，抗风险能力强。当采用含增值税价格时，式中分母还应扣除增值税。

② 敏感性分析　是指通过分析不确定性因素发生增减变化时，对财务或经济评价指标的影响，计算敏感度系数和临界点，找出敏感因素。通常只进行单因素敏感性分析。

敏感度系数（SAF）　指项目评价指标变化率与不确定性因素变化率之比，可按下式计算

$$SAF=\frac{\Delta A/A}{\Delta F/F}$$

式中　$\Delta F/F$——不确定性因素 F 的变化率，如建设投资、工期等；

$\Delta A/A$——不确定性因素 F 发生 ΔF 变化时，评价指标 A 的相应变化率，如净现值 $FNPV$ 或内部收益率 $FIRR$。

$SAF>0$ 表示评价指标与不确定性因素同方向变化；$SAF<0$ 表示评价指标与不确定性因素反方向变化。$|SAF|$ 越大，表明评价指标 A 对于不确定性因素 F 越敏感；反之，则不敏感。

临界点（转换值）　指不确定性因素的变化使项目由可行变为不可行的临界数值，一般采用不确定性因素相对基本方案的变化率或其对应的具体数值表示。临界点可通过敏感性分析图得到近似值，也可采用试算法求解。

图 2-3 以某个评价指标（如内部收益率）为纵坐标，以不确定因素的变化率为横坐标作图，同时标出该指标的基准值线（如基准折现率），求出该指标随不确定因素变化的曲线与基准值线的交点，即为临界点。它表示按照该评价指标基准值的要求，允许该不确定因素变化的最大幅度。变化幅度超过这个极限，项目将由可行转为不可行。如图 2-3 所示，例如某项目的产品销售价格降低幅度不能超过约 26%，否则项目将不可行。

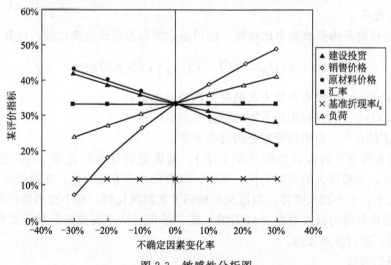

图 2-3　敏感性分析图

（2）风险分析

① 影响风险分析的因素　影响项目实现预期经济目标的风险因素来源于法律法规及政策、市场供需、资源开发与利用、技术的可靠性、工程方案、融资方案、组织管理、环境与社会、外部配套条件等几个方面。

② 风险识别　是采用系统论的观点对项目全面考察、综合分析，找出潜在的各种风险因素，并对各种风险进行比较、分类，确定各因素间的相关性与独立性，判断其发生的可能性及对项目的影响程度，按其重要性进行排序或赋予权重。

③ 风险评估　是采用主观概率和客观概率的统计方法，确定风险因素的概率分布，运用数理统计分析方法，计算项目评价指标相应的概率分布或累计概率、期望值、标准差。

④ 风险评价　是根据风险识别和风险评估的结果，依据项目风险判别标准，查找影响项目成败的关键风险因素。项目风险大小的评价标准应根据风险因素发生的可能性及其造成的损失来确定，一般采用评价指标的概率分布或累计概率、期望值、标准差作为判别标准，也可采用综合风险等级作为判别标准。

⑤ 风险应对　根据风险评价的结果，研究规避、控制与防范风险的措施，为项目全过程风险管控提供依据。

常用的风险分析方法包括专家调查法、层次分析法、概率树法、CIM 模型及蒙特卡罗模拟等分析方法，应根据项目具体情况，选用一种或几种方法组合使用。

2.4.4　方案经济比选

方案经济比选是寻求合理经济和技术方案的必要手段，也是项目评价的重要内容。项目经济评价中宜对互斥方案和可转化为互斥方案的方案进行比选。方案经济比选常采用效益比选法、费用比选法和最低价格法进行。

（1）效益比选方法

效益比选方法包括净现值比较法、净年值比较法、差额投资内部收益率比较法。

① 净现值比较法　比较备选方案的财务净现值或经济净现值，以净现值大的方案为优。比较净现值时应采用相同的折现率。

② 净年值比较法　比较备选方案的净年值，以净年值大的方案为优。比较净年值时应采用相同的折现率。

③ 差额投资财务内部收益率比较法　使用备选方案差额现金流比较，计算式为

$$\sum_{t=1}^{n}\left[(CI-CO)_{\text{大}}-(CI-CO)_{\text{小}}\right](1+\Delta FIRR)^{-t}=0 \tag{2-1}$$

式中　$(CI-CO)_{\text{大}}$——投资大的方案的财务净现金流量；

　　　$(CI-CO)_{\text{小}}$——投资小的方案的财务净现金流量；

　　　$\Delta FIRR$——差额投资财务内部收益率。

计算差额投资财务内部收益率（$\Delta FIRR$），与设定的基准收益率（i_c）进行对比，当 $\Delta FIRR \geqslant i_c$ 时，以投资大的方案为优，反之，以投资小的方案为优。在进行多方案比较时，应先按投资大小，由小到大排序，再依次就相邻方案两两比较，从中选出最优方案。

④ 差额投资经济内部收益率（$\Delta EIRR$）法　采用经济净现金流量替代式(2-1)中的财务净现金流量，进行方案比选。

（2）费用比选法

费用比选法包括费用现值比较法和费用年值比较法。

① 费用现值比较法　计算备选方案的总费用现值并进行对比，以费用现值较低的方案为优。

② 费用年值比较法　计算备选方案的费用年值并进行对比，以费用年值较低的方案为优。

（3）最低价格（服务收费标准）法

在相同产品方案比选中，以净现值为零推算备选方案的产品最低价格（P_{min}），以最低产品价格较低的方案为优。

在多方案比较中，应分析不确定性因素和风险因素对方案比选的影响，判断其对比选结果的影响程度，必要时，应进行不确定性分析或风险分析，以保证比选结果的有效性。

2.5 节能评估

节能评估和审查工作作为一项节能管理制度，对深入贯彻落实节约资源基本国策，严把能耗增长源头关，全面推进资源节约型、环境友好型社会建设具有重要的现实意义。对未按规定取得节能审查批准意见和未按规定提交节能登记表的固定资产投资项目，政府主管部门不予审批、核准。

2.5.1 节能评估类型与方法

2.5.1.1 节能评估类型

节能评估分为节能技术措施评估、节能管理措施评估、单项节能工程评估、节能措施效果评估、节能措施经济性评估等类型。

（1）节能技术措施评估

根据项目用能方案，综述生产工艺、动力、建筑、给排水、暖通与空调、照明、控制、电气等方面的具体措施，包括：节能新技术、新工艺、新设备应用；能源的回收利用，如余热、余压、可燃气体回收利用；资源综合利用，新能源和可再生能源利用等。

分析节能技术措施的可行性和合理性。如生产强度对节能措施有较大影响，可针对不同的生产强度分别评估可行性和合理性。

（2）节能管理措施评估

按照 GB/T 23331《能源管理体系要求》、GB/T 15587《工业企业能源管理导则》等标准的要求，评价项目的节能管理制度和措施，包括节能管理机构和人员的设置情况。按照 GB 17167《用能单位能源计量器具配备与管理通则》等标准要求，编制能源计量器具一览表、能源计量网络图等，评价项目能源计量制度建设情况，包括能源统计及监测、计量器具配备、专业人员配置等情况。

（3）单项节能工程评估

分析评估单项节能工程的工艺流程、设备选型、单项节能量计算方法、单位节能量投资、投资估算及投资回收期、技术指标及可行性等。

（4）节能措施效果评估

分析计算主要节能措施的节能量，对单位产品（运输量、建筑面积）能耗、主要工序能耗、单位投资能耗等指标，进行国际国内对比分析，说明通过采取节能措施，设计指标是否能达到同行业国内先进水平或国际先进水平。

（5）节能措施经济性评估

计算节能技术和管理措施成本及经济效益，评估节能技术措施、管理措施的经济可行性。

2.5.1.2 节能评估方法

节能评估的方法主要有类比分析法、标准规范对照法、专家经验判断法、产品单耗对比法、能量平衡分析法等。

（1）类比分析法

根据国家及各地的能源发展政策及相关规划，结合项目所在地的自然条件及能源利用条件，与同行业领先能效水平对比，分析判断项目能源利用是否科学合理。

（2）标准规范对照法

标准对照法是指通过对照相关节能法律法规、产业政策、标准和规范等，对项目能源利用的科学合理性进行分析评估，特别是强制性标准、规范及条款应严格执行。适用于项目用能方案、建筑热工设计方案、设备选型、节能措施等的评价。

（3）专家经验判断法

利用专家的经验、知识和技能评估项目的能源利用情况。适用于项目用能方案、技术方案、能耗计算中经验数据的取值、节能措施的评价。根据项目所涉及的相关专业，组织相应的专家，对项目采取的用能方案是否合理可行、是否有利于提高能源利用效率进行分析评价；对能耗计算中经验数据的取值是否合理可靠进行分析判断；对项目拟选用节能措施是否适用及可行进行分析评价。

（4）产品单耗对比法

根据项目能耗情况，通过项目单位产品的能耗指标与规定的项目能耗准入标准、国际国内同行业先进水平进行对比分析。适用于工业项目工艺方案的选择、节能措施的效果及能耗计算的评价。如不能满足规定的能耗准入标准，应全面分析产品生产的用能过程，找出存在的主要问题并提出改进建议。

（5）能量平衡分析法

能量平衡是以拟建项目为对象的能量平衡，包括各种能量的收入与支出的平衡，消耗与有效利用及损失之间的数量平衡。能量平衡分析就是根据项目能量平衡的结果，对项目用能情况进行全面、系统地分析，以便明确项目能量利用效率，能量损失的大小、分布与损失发生的原因，以利于确定节能目标，寻找切实可行的节能措施。

以上评估方法为节能评估通用的方法，可根据项目特点选择使用。在具体的用能方案评估、能耗数据确定、节能措施评价方面还可以根据需要选择使用其他评估方法。

2.5.2 节能评估要求

节能评估一般分为三个阶段：前期准备、分析评估和评估报告编制。

前期准备阶段的主要工作内容，包括确定评估范围、收集基础资料、确定评估依据以及开展现场调研；分析评估阶段的主要内容包括项目建设方案评估、节能措施效果评估、项目能源利用状况评估和能源消费影响评估。

（1）准备阶段

确定评估范围 节能评估的范围原则上应与项目投资建设范围一致，并涵盖项目的完整用能体系，体现能源购入存储、加工转换、输送分配、终端使用的整个过程。如为依托原项目建设的改建、扩建项目，则原项目相关既有设施的用能情况也应纳入评估范围。

收集基础资料 节能评估应收集的基础资料包括：建设单位基本情况；项目基本情况；项目用能情况；项目所在地的气候区属及其主要特征；项目所在地的社会经济概况等。

确定评估依据　评估依据是评价判断项目能源利用情况的基础和根据。主要包括：相关的法律、法规、部门规章；规划、产业政策；标准及规范；节能工艺、技术、装备、产品等推荐目录以及国家明令淘汰的生产工艺、用能产品和设备目录；类比工程及其用能资料等。

开展现场调研　根据项目特点与基础资料收集情况，确定现场调研的工作任务并开展相应的踏勘、调查和测试。现场调研应重点关注的内容包括项目进展情况，项目计划使用的能源资源情况，周边可利用的余能情况，改建、扩建项目原项目的用能状况和存在问题、类比工程实际情况等。

（2）分析评估

项目建设方案评估　项目建设方案评估是节能评估的核心，通常可从工艺方案、总平面布置、用能工序（系统）及设备、能源计量器具配备方案、能源管理方案等方面分别展开，评估内容应根据项目实际情况确定。

节能措施效果评估　针对节能评估过程中提出的优化、调整和完善建议，进行全面梳理，逐条分析评价项目节能措施的合理性、适用性、可行性，分析预测主要节能措施的节能量，并对采取这些节能措施预期可达到的能效水平、产生的节能效果进行说明。

项目能源利用状况评估　首先应依据行业特点和项目实际情况，明确项目所适用的主要能效指标，按照相关标准要求进行项目能量平衡分析并核算项目能效指标，说明项目能源消费结构，评价项目能效水平，分析存在问题并提出改进建议。

能源消费影响评估　根据项目所在地能源消费总量控制目标，或根据节能目标、能源消费水平、国民经济发展预测等，计算在指定经济规划时期内的项目所在地能源消费增量控制数，对比同时期内项目综合能源消费量、综合能耗指标核算结果，分析项目对所在地能源消费增量和完成节能目标的影响。如为改、扩建项目，应与项目新增能源消费量进行对比，其综合能源消费量应扣除原项目综合能源消费量。

（3）评估报告编制

节能评估报告是完整记录项目节能评估过程与结果的文件，体现项目投入正常运行后能源利用情况的预见性评定，按照有关标准要求进行编制。

2.5.3　节能评估报告内容

节能评估报告是指在项目节能评估的基础上，由有资质的单位出具的节能评估报告书或节能评估报告表，报告要求内容如下。

①　**评估依据**　相关法律、法规、规划、行业准入条件、产业政策，相关标准及规范，节能技术、产品推荐目录，国家明令淘汰的用能产品、设备、生产工艺等目录，以及相关工程资料和技术合同等。

②　**项目概况**　建设单位基本情况：建设单位名称、性质、地址、邮编、法人代表、项目联系人及联系方式，企业运营总体情况。

项目基本情况：项目名称、建设地点、项目性质、建设规模及内容、项目工艺方案、总平面布置、主要经济技术指标、项目进度计划等（改建、扩建项目需对项目原基本情况进行说明）。

项目用能概况：主要供、用能系统与设备的初步选择，能源消耗种类、数量及能源使用分布情况（改建、扩建项目需对项目原用能情况及存在的问题进行说明）。

③　**能源供应情况分析评估**　项目所在地能源供应条件及消费情况；项目能源消费对当地能源消费的影响。

④ 项目建设方案节能评估 项目选址、总平面布置对能源消费的影响；项目工艺流程、技术方案对能源消费的影响；主要用能工艺和工序及其能耗指标和能效水平；主要耗能设备及其能耗指标和能效水平；辅助生产和附属生产设施及其能耗指标和能效水平。

⑤ 项目能源消耗及能效水平评估 项目能源消费种类、来源及消费量分析评估；能源加工、转换、利用情况（可采用能量平衡表）分析评估；能效水平分析评估，包括单位产品（产值）综合能耗、可比能耗，主要工序（艺）单耗，单位建筑面积分品种实物能耗和综合能耗，单位投资能耗等。

⑥ 节能措施评估 包括节能技术措施、节能管理措施评估以及节能措施效果评估和节能措施经济性评估。对于未纳入建设项目主导工艺流程和拟分期建设的节能工程，应进行单项节能工程评估。

⑦ 存在问题及建议

⑧ 结论

⑨ 附图、附表 厂（场）区总平面图、车间工艺平面布置图、主要耗能设备一览表，主要能源和耗能工质品种及年需求量表，能量平衡表等。

2.6　环境影响评价

建设项目环境影响评价，是在项目可行性研究阶段，对其选址、设计、施工等过程，特别是运营和生产阶段可能带来的环境影响进行分析、预测和评估，提出预防或者减轻不良环境影响的对策和措施，为项目选址、设计及建成投产后的环境管理提供科学依据。

环境影响评价按时间顺序分为环境现状评价、环境影响预测与评价及环境影响后评价。按环境要素又分为大气、地表水、地下水、土壤、噪声、固体废物和生态环境影响评价等。

环境影响评价的范围包括建设项目整体实施后可能对环境造成的影响范围，具体根据环境要素和专题环境影响评价技术导则的要求确定。环境影响评价技术导则中未明确具体评价范围的，根据建设项目可能的影响范围确定。

2.6.1　环境影响因素与评价方法

（1）环境影响因素识别

根据建设项目的直接和间接行为，结合建设项目所在区域发展规划、环境保护规划、环境功能区划、生态功能区划及环境现状，分析可能受上述行为影响的环境影响因素。

应明确建设项目在建设阶段、生产运行、服务期满后（可根据项目情况选择）等不同阶段的各种行为与可能受影响的环境因素间的作用效应关系、影响性质、影响范围、影响程度等，定性分析建设项目对各环境因素可能产生的污染影响与生态影响，包括有利与不利影响、长期与短期影响、可逆与不可逆影响、直接与间接影响、累积与非累积影响等。

环境影响因素识别可采用矩阵法、网络法、地理信息系统支持下的叠加图法等。

（2）评价因子筛选

根据建设项目的特点、环境影响的主要特征，结合区域环境功能要求、环境保护目标、评价标准和环境制约因素，筛选确定评价因子。

建设项目有若干影响环境的污染因子，需要确定主要的污染因子。根据地区的环境特征找出敏感因素，综合分析确定主要污染因子。对主要污染因子的发生、迁移和转化所造成的环境影响进行预测，包括发生量、排放量预测，环境影响预测。常用的方法有：经验判断预测、数学模式预测、模拟实验预测等。

（3）环境影响评价方法

环境影响评价应采用定量与定性评价相结合的方法，以量化评价为主。常用的环境影响评价方法有：列表清单法、矩阵法、网络法、图形叠置法、组合计算辅助法、指数法、环境影响预测模型、环境影响综合评价等。

环境影响评价技术导则规定了评价方法的，应采用规定的方法。选用非环境影响评价技术导则规定方法的，应根据建设项目环境影响特征、影响性质和评价范围等分析其适用性。

2.6.2 环境影响评价程序与要求

（1）环境影响评价的程序

分析判定建设项目选址选线、规模、性质和工艺路线等与国家和地方有关环境保护法律法规、标准、政策、规范、相关规划、环境影响评价结论及审查意见的符合性，并与生态保护红线、环境质量底线、资源利用上线和环境准入负面清单进行对照，作为开展环境影响评价工作的前提和基础。

环境影响评价工作一般分为三个阶段，即调查分析和工作方案制定阶段，分析论证和预测评价阶段，环境影响报告书（表）编制阶段。具体流程见图 2-4。

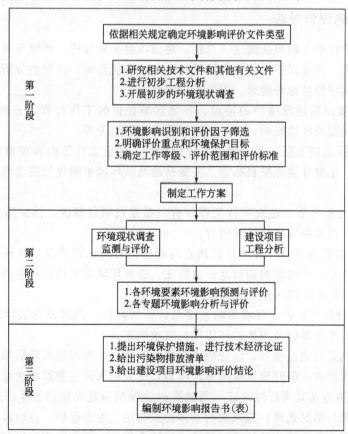

图 2-4 环境影响评价工作程序图

（2）环境影响评价的要求

依法评价　依据我国环境保护相关法律法规、标准、政策和规划，根据环境影响评价范围内各环境要素适用的环境质量标准及相应的污染物排放标准依法进行评价。

科学评价　规范环境影响评价方法，科学分析项目建设对环境质量的影响，体现环境影响评价的预防功能。在环境影响评价的组织实施中必须坚持可持续发展战略和循环经济理念，做到科学、公正和实用。

突出重点　根据建设项目的工程内容及其特点，明确与环境要素间的作用效应关系，对建设项目主要环境影响予以重点分析和评价。重点把握选址选线环境论证、环境影响预测和环境风险防控等方面。

信息公开　建设项目选址、建设、运营全过程环境信息应公开，建设项目环境影响报告书（表）相关信息和审批后环保措施落实情况应公开。

加强管理　建设项目在投入生产或者使用前，建设单位应当依据环评文件及其审批意见，委托第三方机构编制建设项目环境保护设施竣工验收报告，向社会公开并向环保部门备案。对长期性、累积性和不确定性环境影响突出，有重大环境风险或者穿越重要生态环境敏感区的重大项目，应开展环境影响后评价，落实建设项目后续环境管理。

分级评价　建设项目各环境要素专项评价原则上应划分工作等级，一般可划分为三级。一级评价对环境影响进行全面、详细、深入评价，二级评价对环境影响进行较为详细、深入评价，三级评价可只进行环境影响分析。

2.6.3　环境影响评价报告

环境影响评价报告一般包括概述，总则，建设项目工程分析，环境现状调查与评价，环境影响预测与评价，环境保护措施及其可行性论证，环境影响经济损益分析，环境管理与监测计划，环境影响评价结论和附录、附件等内容。

①　**概述**　简要说明建设项目的特点、环境影响评价的工作过程、分析判定相关情况、关注的主要环境问题及环境影响、环境影响评价的主要结论等。

②　**总则**　包括编制依据、评价因子与评价标准、评价工作等级和评价范围、相关规划及环境功能区划、主要环境保护目标等。应概括地反映环境影响评价的全部工作成果，突出重点。

③　**建设项目工程分析**　建设项目工程分析包括建设项目概况，污染影响因素分析，生态影响因素分析，污染源源强核算等内容。

④　**环境现状调查与评价**　环境现状调查与评价内容应根据建设项目环境影响因素识别结果，针对可能产生的环境影响和当地环境特征，选择环境要素进行相应的调查与评价。调查评价的范围包括环境功能区划和主要的环境敏感区。

⑤　**环境影响预测与评价**　环境影响预测与评价的时段、内容及方法均应根据工程特点与环境特性、评价工作等级及当地的环境保护要求确定。

对存在环境风险的建设项目，应分析环境风险源项，计算环境风险后果，开展环境风险评价。对存在较大潜在人群健康风险的建设项目，应分析人群主要暴露途径。

⑥　**环境保护措施及其可行性论证**　明确提出建设项目建设阶段、生产运行阶段和服务期满后（可根据项目情况选择）拟采取的具体污染防治、生态保护、环境风险防范等环境保护措施；分析论证拟采取措施的技术可行性、经济合理性、长期稳定运行和达标排放的可靠性、满足环境质量改善和排污许可要求的可行性、生态保护和恢复效果的可达性；给出责任

主体、实施时段，估算环境保护投入，明确资金来源。

⑦ 环境影响经济损益分析　以建设项目实施后的环境影响预测与环境质量现状进行比较，从环境影响的正负两方面，用定性与定量相结合的方式，对建设项目的环境影响后果（包括直接和间接影响、不利和有利影响）进行货币化经济损益核算，估算建设项目环境影响的经济价值。

⑧ 环境管理与监测计划　按建设项目建设阶段、生产运行、服务期满后（可根据项目情况选择）等不同阶段，针对不同工况、不同环境影响和环境风险特征，提出具体环境管理要求。明确污染物排放的管理要求，明确各项环境保护设施和措施的建设、运行及维护费用保障计划。

环境监测计划应包括污染源监测计划和环境质量监测计划。根据建设项目环境影响特征、影响范围和影响程度，结合环境保护目标分布，制定环境质量定点监测或定期跟踪监测方案。对以生态影响为主的建设项目应提出生态监测方案。对存在较大潜在人群健康风险的建设项目，应提出环境跟踪监测计划。

⑨ 环境影响评价结论　对建设项目的建设概况、环境质量现状、污染物排放情况、主要环境影响、公众意见采纳情况、环境保护措施、环境影响经济损益分析、环境管理与监测计划等内容进行概括总结，结合环境质量目标要求，明确给出建设项目的环境影响可行性结论。

对存在重大环境制约因素、环境影响不可接受或环境风险不可控、环境保护措施经济技术不满足长期稳定达标及生态保护要求、区域环境问题突出且整治计划不落实或不能满足环境质量改善目标的建设项目，应提出环境影响不可行的结论。

⑩ 附录、附件　应包括项目依据文件、相关技术资料、引用文献等。

报告文字应简洁、准确，文本应规范，计量单位应标准化，数据应真实、可信，资料应翔实，应强化先进信息技术的应用，图表信息应满足环境质量现状评价和环境影响预测评价的要求。不同建设项目对环境的影响差异很大，编制的环境影响报告书内容应有所不同。

2.7　水土保持方案

水土保持方案是指生产建设项目建设过程中，开展水土保持生态建设的初步设计报告书。

生产建设项目在建设过程中，可能破坏植被、恶化环境；淤积河道、加剧洪涝灾害；降低岩土稳定性，引发地质灾害；占用土地，改变土壤理化性质、危害农田。因此，应依据相关法律法规，部门及地方政府规章，规范性文件，技术标准，技术文件和其他资料编制水土保持方案。

水土保持方案编制应对开发建设项目过程中造成的水土资源损害，从保护生态、保护自然景观、水土保持的角度论证主体工程设计的不合理性，从主体工程的各个环节、各个方面查找缺陷，补充和完善水土保持设计，并对主体设计提出修改和完善建议，以达到最大限度地保护生态、控制扰动范围、减少植被破坏和水土流失、快速有效修复生态系统的目的。

依法应当编制水土保持方案的生产建设项目中的水土保持设施，应当与主体工程同时设计、同时施工、同时投产使用。水土保持设施未经验收或者验收不合格的，生产建设项目不得投产使用。

2.7.1 水土保持方案编制要求

（1）总体要求

方案的编制应结合开发建设项目的特点，阐述编制水土保持方案的目的和意义。方案编制的依据包括：法律法规依据；项目建议书、可行性研究报告等；环境影响评价大纲及报告书；水土保持方案编制大纲及审查意见；水土保持方案编制委托书（合同）或任务书。方案编制采用的技术标准包括有关水土保持的国家标准、行业标准和地方标准等。

（2）阶段要求

可行性研究阶段：根据《开发建设项目水土保持方案编报审批管理规定》所规定的内容和建设项目可行性研究报告，编制水土保持方案报告书。

初步设计阶段：根据水行政主管部门批准的水土保持方案（可行性研究阶段）报告书，对各项水土流失防治工程进行初步设计。

技施设计阶段：主要是按项目水土保持初步设计，进行各项水土保持工程的技术设计和施工图设计。

2.7.2 水土保持方案报告

水土保持方案报告书主要包括：前言；方案设计的深度、水平年和服务期；项目概况；项目区概况；水土流失预测；防治方案；水土保持监测；投资概（估）算；效益分析；实施的保证措施；结论与建议等内容。

① 前言　简述工程概况、项目建设的必要性和前期工作进展情况；项目区的地形地貌及特征（如山区、丘陵区、风沙区、平原区等）、所属重点区域、水土流失类型和侵蚀等级、水土流失防治标准执行等级；水土保持方案大纲和报告书编制过程。

② 方案设计深度、水平年和方案服务期　新建（含改建、扩建）项目的方案设计深度为可行性研究深度。已经开工的补报项目方案应达到初步设计深度。设计水平年指方案拟定的各项水土保持措施全面到位，并开始发挥防护作用的时间，一般为主体工程完工后的第 1 年。生产类项目的方案服务期，从施工准备阶段开始计算一般不超过 10 年。

③ 项目概况　项目概况包括工程概况；工程占地情况；工程总体布局（线）；施工组织和施工工艺；土石方平衡；固体废弃物排放等情况。

④ 项目区概况　指项目区的自然地理和社会经济情况的简要说明，同时还应重点介绍工程周边小范围内（一般可取 500～2000m 区域）的基本情况，包括自然地理情况；社会经济情况；水土流失现状及防治情况。简要介绍项目区自然和人为水土流失现状与当地水保区划（三区）的关系、所处的重点区域（小流域）、水保工作经验与问题。说明本项目区所属的土壤侵蚀类型区、侵蚀等级、水土流失容许值。

总结项目区和周边水土流失防治经验及教训。如种植成功的植物种类、工程选型及其防治水土流失效果、管理方面的经验教训等，为本项目防治水土流失提供借鉴。

⑤ 水土流失预测　一般可按主体施工区、土石料场区、施工道路区、弃土弃渣场区、施工生产生活区等分区段、分时段进行水土流失量和水土流失危害预测。

水土流失量预测　扰动地表面积按项目建设施工和生产运行中占压的土地类型、数量，损坏的水土保持设施类型、面积等预测；按照划分的预测区段、时段分别预测排放的固体废弃物。计算各预测区段的原地貌水土流失量、预测时段内的水土流失总量、工程建设施工造成的新增水土流失量。

水土流失危害预测　包括水土流失对下游河道、水库淤积和行洪的影响；集中排水对下游（河沟道、耕地、道路等）的冲刷影响；施工生产、生活用水排放对区域水环境的影响；对项目区及周边生态环境和土地的影响；可能诱发的崩塌、滑坡、泥石流灾害等。

⑥ 防治方案　针对项目特点确定方案的防治原则，根据防治原则，确定防治标准和目标，进而划分防治责任范围，并对防治区域进行分区。然后对防治区域内具有水土保持功能的工程进行水土保持分析与评价，找出与水土保持要求不符的部分，并根据分析与评价结果，提出补充完善措施和意见，进行防治措施布局和设计，构建整个工程的防治措施体系。

⑦ 水土保持监测　针对项目特点确定监测目的，根据监测目的，划分检测时段，对监测范围进行分区，并确定监测内容和方法，然后进行监测点的布设和设计。

监测点的布设要具有典型性，能够代表项目区内具有相同监测内容的类型区；监测点一般按临时点设置，有条件的可设置长期监测点，或依托已有的监测点；各类监测设施均应有典型设计，确定所需的仪器、设备型号和数量及所需的各类资料、监测设施形式和监测设备。

⑧ 投资概（估）算　一般采用《水土保持工程概（估）算编制规定》《水土保持工程概算定额》等文件中提到的计算方法，也可按照建设单位要求采用该行业编制规定和定额计算。投资概（估）算应有专题报告书。

⑨ 效益分析　包括水土流失防治效果、生态效益和经济效益分析。

⑩ 实施的保证措施　包括管理措施、水土保持投资、后续设计、防治责任、水土保持工程监理、水土保持监测、监督管理、竣工验收等。

⑪ 结论与建议　结论包括本工程的水土保持特点，水土流失预测结论；主要的水土保持措施和工程量；方案编制的结论性意见，包括各项指标达标情况、对生态的影响、结论等。在可研阶段，从水土保持角度论证项目可行性以及对主体工程的总体评价及修正性意见。

建议包括对下阶段工作的指导性意见；对与本项目有关联的其他工程提出编制水土保持方案要求。

⑫ 相关的附件附图　报告编制单位应在《编制开发建设项目水土保持方案资格证管理办法》规定的业务范围开展工作。核定、审查、校核等主要编制人员应具有相应级别的上岗资质证书。

2.8　安全评价

安全评价是安全系统工程的一个重要组成部分。它以实现安全为目的，应用安全系统工程的原理和方法，辨识与分析工程、系统、生产经营活动中的危险、有害因素，预测发生事故或造成职业危害的可能性及其严重程度，提出科学、合理、可行的安全对策建议，做出评价结论。

《中华人民共和国安全生产法》规定：矿山、金属冶炼建设项目和用于生产、储存、装卸危险物品的建设项目，应当按照国家有关规定进行安全条件论证和安全评价。《安全生产许可证条例》规定：国家对矿山企业、建筑施工企业和危险化学品、烟花爆竹、民用爆炸物品生产企业实行安全生产许可制度。企业未取得安全生产许可证的，不得从事生产活动。企业取得安全生产许可证，应依法进行安全评价。

2.8.1 安全评价的分类

安全评价按照实施阶段的不同分为三类：安全预评价、安全验收评价和安全现状评价。

（1）安全预评价

在建设项目可行性研究阶段、工业园区规划阶段或生产经营活动组织实施之前，根据相关的基础资料，辨识与分析建设项目、工业园区、生产经营活动潜在的危险、有害因素，确定其与安全生产法律法规、标准、行政规章、规范的符合性，预测发生事故的可能性及其严重程度，提出安全对策措施建议，做出安全评价结论。

（2）安全验收评价

在建设项目竣工后、正式生产运行前或工业园区建设完成后，通过检查建设项目安全设施与主体工程同时设计、同时施工、同时投入生产和使用的情况或工业园区内的安全设施、设备、装置投入生产和使用的情况，检查安全生产管理措施到位情况，检查安全生产规章制度健全情况，检查事故应急救援预案建立情况，审查确定建设项目、工业园区建设对安全生产法律法规、标准、规范要求的符合性，从整体上确定建设项目、工业园区的运行状况和安全管理情况，做出安全验收评价结论。

（3）安全现状评价

针对生产经营活动中企业或园区的事故风险、安全管理等情况，辨识与分析其存在的危险、有害因素，审查确定其与安全生产法律法规、规章、标准、规范要求的符合性，预测发生事故或造成职业危害的可能性及其严重程度，提出安全对策措施建议，做出安全现状评价结论。

安全现状评价既适用于一个生产经营单位或一个工业园区的评价，也适用于某一特定的生产方式、生产工艺、生产装置或作业场所的评价。

国家安全生产监督管理部门对有关安全评价的管理、程序、内容等基本要求做出了相应的规定，分别制定了《安全评价通则》《安全预评价导则》《安全验收评价导则》《安全现状评价导则》等标准。

2.8.2 安全评价的基本程序与方法

（1）基本程序

安全评价一般分为准备工作、实施评价和编制评价报告三个阶段。

① 准备工作　确定本次评价的对象和范围，编制安全评价计划，准备相关的法律法规、标准、规章、规范，获取被评价单位概况，获取项目安全设施、设备、装置概况及管理机构设置及人员配置、安全投入等可用于安全评价的资料。

② 实施评价　对相关单位提供的工程施工技术和管理资料进行审查；按事先拟定的现场检查计划，查看工程施工项目部的安全管理、施工技术的安全实施、施工环境，查看监控预警的安全控制工作是否到位、是否符合相关法规、规范的要求；通过辨识与分析危险、有害因素，按相关标准的有关规定对各评价单元进行定性、定量评价；提出安全对策建议，做出评价结论。

③ 编制评价报告　安全评价报告内容应全面，条理应清楚，数据应完整，提出建议应可行，评价结论应客观公正；文字应简洁、准确，论点应明确，利于阅读和审查。

评价报告的主要内容应包括：评价对象的基本情况、评价范围和评价重点、安全评价结果及安全管理水平、安全对策意见和建议，施工现场问题照片以及明确整改时限。

（2）安全评价方法

安全评价方法有很多种，每种评价方法都有其适用范围和应用条件。在进行安全评价时，应该根据安全评价对象和要实现的安全评价目标，选择适用的安全评价方法。常用安全评价方法有：安全检查（SR）、安全检查表分析（SCA）、预先危险分析（PHA）、故障类型及影响分析（FMEA）、危险与可操作性研究（HAZOP）、事件树分析（ETA）、事故树分析（FTA）、危险指数评价方法（RR）、作业条件危险性评价法（LEC）等。

2.8.3　安全评价报告

根据国家有关安全评价技术导则，安全预评价、安全验收评价和安全现状评价报告内容有不同的要求。

2.8.3.1　安全预评价报告

安全预评价报告由以下几部分内容组成。

① 目的　结合评价对象的特点，阐述编制安全预评价报告的目的。

② 依据　给出有关的法律法规、标准、规章、规范和评价对象被批准设立的相关文件及其他有关参考资料等安全预评价依据。

③ 评价对象概况　介绍评价对象的选址、总图及平面布置、水文情况、地质条件、工业园区规划、生产规模、工艺流程、功能分布、主要设施、设备、装置、主要原材料、产品（中间产品）、经济技术指标、公用工程及辅助设施、人流、物流等概况。

④ 辨识危险、有害因素　列出辨识与分析危险、有害因素的依据，阐述辨识与分析危险、有害因素的过程。

⑤ 划分评价单元　阐述划分评价单元的原则、分析过程等。

⑥ 选定评价方法　列出选定的评价方法，并做简单介绍。阐述选定此方法的原因。详细列出定性、定量评价过程。明确重大危险源的分布、监控情况以及预防事故扩大的应急预案内容。给出相关的评价结果，并对得出的评价结果进行分析。

⑦ 给出安全对策建议　包括依据、原则、内容。

⑧ 做出评价结论　应简要列出主要危险、有害因素评价结果；指出评价对象应重点防范的重大危险有害因素；明确应重视的安全对策建议；明确评价对象潜在的危险、有害因素；了解在采取安全对策措施后，有害因素能否得到控制以及受控的程度；评价对象从安全生产角度是否符合国家有关法律法规、标准、规章、规范的要求。

⑨ 附录　安全预评价报告还应包括规范性附录和资料性附录。

2.8.3.2　安全现状评价报告

安全现状评价报告一般包括以下几部分内容。

① 前言　简述评价目的与意义。

② 目录　列出报告的主要内容。

③ 评价项目概述　包括评价项目概况，评价范围，评价依据。

④ 评价程序和评价方法　按照现场实际选择评价方法。

⑤ 危险、有害因素分析　包括工艺过程、物料、设备、管道、电气、仪表自动控制系统，水、电、汽、风、消防等公用工程系统，危险物品的储存方式、储存设施、辅助设施、周边防护距离及其他。

⑥ 定性、定量化评价及计算　通过分析，对上述生产装置和辅助设施所涉及的内容进

行危险、有害因素识别后，运用定性、定量的安全评价方法进行定性化和定量化评价，确定危险程度和危险级别以及发生事故的可能性，为提出安全对策提供依据。

⑦ 事故原因分析与重大事故的模拟　包括重大事故原因分析，重大事故概率分析，重大事故预测、模拟。

⑧ 对策措施与建议　包括依据、原则、内容。

⑨ 评价结论　同 2.8.3.1 中⑧。

⑩ 附件　包括数据表格、平面图、流程图、控制图等安全评价过程中制作的图表文件；评价方法的确定过程和评价方法介绍；评价过程中专家的意见；评价机构和生产经营单位交换意见汇总表及反馈结果；生产经营单位提供的原始数据资料目录及生产经营单位证明材料；法定的检测检验报告。

安全现状评价报告的内容要详尽、具体，特别是对危险、有害因素的分析要准确，提出的事故隐患整改计划科学、合理、可行、有效。安全现状评价要由懂工艺和操作、仪表电气、消防以及安全工程的专家共同参与完成，评价组成员的专业能力应涵盖评价范围所涉及的专业内容。

2.8.3.3　安全验收评价报告

安全验收评价报告一般应由以下几部分内容组成。

① 概述　包括安全验收评价依据，建设单位简介，建设项目概况，生产工艺，主要安全卫生设施和技术措施，建设单位安全生产管理机构及管理制度。

② 主要危险、有害因素识别　包括主要危险、有害因素及相关作业场所分析，建设项目所涉及的危险、有害因素并指出存在的部位。

③ 总体布局及常规防护设施措施评价　包括总平面布局，厂区道路安全，常规防护设施和措施；评价结果。

④ 易燃易爆场所评价　包括爆炸危险区域划分符合性检查，可燃气体泄漏检测报警仪的布防安装检查，防爆电气设备安装认可，消防检查（主要检查是否取得消防安全认可）；评价结果。

⑤ 有害因素安全控制措施评价　包括防急性中毒、窒息措施，防止粉尘爆炸措施，高、低温作业安全防护措施，其他有害因素控制安全措施；评价结果。

⑥ 特种设备监督检验记录评价　包括压力容器与锅炉（包括压力管道）、起重机械与电梯、厂内机动车辆及其他危险性较大设备的监督检验记录评价；评价结果。

⑦ 强制检测设备设施情况检查　包括安全阀，压力表，可燃、有毒气体泄漏检测报警仪及变送器，其他强制检测设备设施情况；检查结果。

⑧ 电气安全评价　包括变电所，配电室，防雷、防静电系统及其他电气安全检查；评价结果。

⑨ 机械伤害防护设施评价　包括夹击伤害、碰撞伤害、剪切伤害、卷入与绞碾伤害、割刺伤害及其他机械伤害的防护设施评价；评价结果。

⑩ 工艺设施安全联锁有效性评价　包括工艺设施安全联锁设计、工艺设施安全联锁相关硬件设施、开车前工艺设施安全联锁有效性验证记录的评价；评价结果。

⑪ 安全生产管理评价　包括安全生产管理组织机构、安全生产管理制度、事故应急救援预案、特种作业人员培训、日常安全管理的评价；评价结果。

⑫ 安全验收评价结论　在对现场评价结果分析归纳和整合基础上，做出安全验收评价结论，包括建设项目安全状况综合评述，归纳、整合各部分评价结果提出存在问题及改进建

议，建设项目安全验收总体评价结论。

⑬ 附件 包括数据表格、平面图、流程图、控制图等安全评价过程中制作的图表文件，建设项目存在问题与改进建议汇总表及反馈结果，评价过程中专家意见及建设单位证明材料。

⑭ 附录 包括与建设项目有关的批复文件（影印件），建设单位提供的原始资料目录与建设项目相关数据资料目录。

安全评价应遵循科学、公正、客观、真实的原则。评价机构除了从合同评审、资料收集与审核、评价方案的制定与审核、现场勘查等环节采取措施进行质量控制外，还应制定严格的评价报告编制、审核、签发程序和作业指导书。评价报告一般实行三级审核制度，即内部审核、技术负责人审核和质量负责人审核。

2.9 职业病危害评价

职业病危害是指可能导致从事职业活动的劳动者患职业病的各种危害，是职业活动中影响劳动者健康的各种危害因素的统称。

根据《中华人民共和国职业病防治法》要求和《工作场所职业卫生监督管理规定》，对于新建项目，职业病危害评价范围原则上以拟建项目可行性研究报告中提出的建设内容为准，并包括建设项目建设施工过程职业卫生管理要求的内容。对于改建、扩建建设项目和技术改造、技术引进项目，评价范围还应包括建设单位的职业卫生管理基本情况以及所有设备设施的利用内容。

存在职业病危害的用人单位，应当委托具有相应资质的职业卫生技术服务机构，定期对工作场所进行职业病危害因素检测与评价。

2.9.1 职业有害因素及职业病危害评价分类

（1）引起职业病的主要因素

可能引起职业病的主要因素按照来源可分为三类：生产工艺过程中产生的有害因素，包括化学、物理、生物因素等；劳动过程中的有害因素和生产环境中的有害因素。按照引起职业病的种类可分为如下几类危害因素。

导致职业性尘肺病的危害因素 如矽尘、煤尘、石墨尘、炭黑尘、石棉尘、滑石尘、水泥尘、云母尘、陶瓷尘、铝尘、电焊烟尘、铸造粉尘等。

导致职业性中毒的危害因素 如铅及其化合物、汞及其化合物、锰及其化合物、镉及其化合物、铍及其化合物、铊及其化合物、钡及其化合物、钒及其化合物、磷及其化合物、砷及其化合物、氯及其化合物、氟及其化合物、苯类化合物以及二氧化硫、硫化氢、光气、氨、一氧化碳等。

导致职业性皮肤病的危害因素 如导致接触性皮炎的危害因素：硫酸、硝酸、盐酸、氢氧化钠、三氯乙烯、重铬酸盐、三氯甲烷、β-萘胺、铬酸盐、乙醇、醚、甲醛、环氧树脂、尿醛树脂、酚醛树脂、松节油、苯胺、润滑油、对苯二酚等；导致光敏性皮炎的危害因素：焦油、沥青、醌、蒽醌、蒽油、木酚油、荧光素、六氯苯、氯酚等；导致电光性皮炎的危害因素：紫外线；导致黑变病的危害因素：焦油、沥青、蒽油、汽油、润滑油、油彩等；导致痤疮的危害因素：沥青、润滑油、柴油、煤油、多氯苯、多氯联苯、氯化萘、多氯萘、多氯酚、聚氯乙烯等；导致溃疡的危害因素：铬及其化合物、铍及其化合物、砷化合物、氯化钠等；导致化学性皮肤灼伤的危害因素：硫酸、硝酸、盐酸、氢氧化钠等；导致其他职业性皮肤病的危害因素：油彩、高湿、有机溶剂等。

导致职业性眼病的危害因素　如导致化学性眼部灼伤的危害因素：硫酸、硝酸、盐酸、氮氧化物、甲醛、酚、硫化氢等；导致电光性眼炎的危害因素：紫外线等；导致职业性白内障的危害因素：放射性物质、三硝基甲苯、高温、红外线等。

导致职业性耳鼻喉口腔疾病的危害因素　如导致噪声聋的噪声；导致铬鼻病的铬及其化合物、铬酸盐；导致牙酸蚀病的氟化氰、硫酸酸雾、硝酸酸雾、盐酸酸雾等。

导致职业性肿瘤的危害因素　如导致肺癌、间皮瘤的石棉；导致膀胱癌的联苯胺；导致白血病的危害因素苯；导致肺癌的危害因素氯甲醚；导致肺癌、皮肤癌的危害因素砷；导致肝血管肉瘤的危害因素氯乙烯；导致肺癌的危害因素焦炉烟气、铬酸盐等。

（2）职业病危害评价分类

职业病危害评价是对职业病危害因素接触水平、职业病防护设施与效果、其他相关职业病防护措施与效果以及职业病危害因素对劳动者的健康影响情况等做出的综合评价，并提出补充措施和建议，以控制和降低职业病危害程度。一般包括建设项目的职业病危害预评价、职业病危害控制效果评价以及职业病危害现状评价。

职业病危害预评价　可能产生职业病危害的建设项目，在可行性论证阶段，对建设项目可能产生的职业病危害因素、危害程度、对劳动者健康影响、防护措施等进行预测性卫生学分析与评价，确定建设项目在职业病防治方面的可行性，为职业病危害分类管理和职业病防护设施设计提供依据。

职业病危害控制效果评价　建设项目竣工验收前，对工作场所职业病危害因素、职业病危害程度、职业病防护措施及效果、对劳动者健康的影响等做出综合评价。

职业病危害现状评价　在正常生产状况下，对用人单位工作场所职业病危害因素及其接触水平、职业病防护设施及其他职业病防护措施与效果、职业病危害因素对劳动者的健康影响等进行综合评价。

2.9.2　职业病危害评价方法与程序

2.9.2.1　职业病危害评价方法

根据职业病危害评价的类别与评价内容，职业病危害评价可采用职业卫生检测法、类比法、检查表法、职业健康检查法以及风险评估法等方法进行定性或定量评价，必要时可采用其他评价方法。

职业卫生检测法　依据职业卫生相关检测规范和方法，对化学因素、物理因素、生物因素等进行检测，对照职业卫生相关标准，对检测结果进行分析和评价。

类比法　利用与拟评价建设项目相同或相似企业或场所的职业卫生调查、工作场所职业病危害因素浓度（强度）检测以及文献检索等结果，类推拟评价建设项目接触职业病危害因素作业工种（岗位）的职业病危害因素预期接触水平。

检查表法　依据国家有关职业卫生的法律法规、标准规范以及相关操作规程、职业病危害事故案例等，通过对评价项目的详细分析和研究，列出检查单元、项目、内容、要求等，编制成表，逐项检查评价项目的符合情况及其存在的问题、缺陷等。

职业健康检查法　按照职业健康监护有关规定，对接触职业病危害因素的劳动者进行职业健康检查，根据职业健康检查结果评价接触职业病危害因素作业的危害程度。

风险评估法 划分评价单元（根据建设项目的特点和评价的要求，将生产工艺、设备布置或工作场所划分成若干相对独立的部分或区域），识别和分析其可能产生的职业病危害因素以及接触职业病危害因素作业的工种（岗位）。推测不同工种（岗位）职业病危害因素的接触水平，利用接触水平与相关接触限值标准的对比评估其职业病危害的程度与分级，并根据分级结果提出相应的职业病防护措施要求。

2.9.2.2 职业病危害评价程序

职业病危害评价分为准备阶段、实施阶段、报告编制阶段和审核阶段。

（1）准备阶段

收集资料 收集职业病危害评价所需的相关资料，应收集的主要资料包括：项目相应的立项、设计文件及有关批复；项目概况；生产过程中使用的原料、辅料、中间品及产品等；生产工艺、生产设备；有关设备、化学品的中文说明书；劳动定员及工作制度；职业病危害防护措施；相关设计图纸（项目区域位置图、总体布局图、生产工艺流程图等）；有关职业卫生现场检测资料；有关劳动者职业健康监护资料等。还有国家、地方、行业有关职业卫生方面的法律、法规、规章、标准和规范等。

前期调查 调查和分析工程概况、总体布局、生产工艺和设备及布局、生产过程的原辅料及产品、工作制度与工种（岗位）设置、职业病防护设施与应急救援设施、个人使用的职业病防护用品、建筑卫生学、辅助用室、职业卫生管理、职业健康监护等情况，识别生产工艺过程、劳动过程、生产环境中可能产生或存在的职业病危害因素，并确定主要职业病危害因素及其来源、发生（散）方式以及影响人员等。

职业病危害因素分析 在前期调查的基础上，分析接触职业病危害因素作业的工种（岗位）及其工作地点、接触方式、接触时间与频度，以及所接触职业病危害因素的特性、侵入途径、可能引起的职业病及其他健康影响等。

编制和审核职业病危害评价方案 职业病危害评价方案包括概述、评价依据、评价范围与评价单元、评价内容与评价方法、前期调查结果与职业病危害因素分析结果、检测方案以及评价工作的组织计划等。

（2）实施阶段

职业卫生检测 按照检测方案实施检测（预评价除外），并整理和分析各类接触职业病危害因素作业工种（岗位）的职业病危害因素接触水平、职业病防护设施以及建筑卫生学等其他内容的检测结果。

职业病危害分析与评价 根据职业病危害评价的类别，选择适当的评价方法，并结合相关标准要求，对职业病危害因素接触水平、职业病防护设施设置、个人使用的职业病防护用品配备、应急救援设施设置等评价内容的符合性或有效性进行评价。

提出补充措施及建议 在全面分析、评价的基础上，针对职业病防护措施存在的不足，从职业病防护设施、个人使用的职业病防护用品、应急救援设施、总体布局、生产工艺及设备布局、建筑卫生学、辅助用室、职业卫生管理、职业健康监护等方面，综合提出控制职业病危害的具体补充措施及建议。

给出评价结论 在全面总结评价工作的基础上，归纳各项评价内容的评价结果，对建设项目或用人单位职业病防治工作的符合性或有效性做出总体评价。确定拟建项目的职业病危害类别，明确拟建项目在采取了可行性研究报告和评价报告所提防护措施的前提下，能否满足国家和地方对职业病防治方面法律、法规、标准的要求。

（3）报告编制阶段

汇总准备与实施阶段获取的各种资料、数据，根据职业病危害评价的类别，编制职业病危害评价报告。

（4）报告审核阶段

职业病危害评价应遵循科学、公正、客观、真实的原则。评价机构除了从合同评审、资料收集与审核、评价方案的制定与审核、职业卫生调查等环节采取措施进行质量控制外。还应制定严格的评价报告编制、审核、签发程序和作业指导书。评价报告一般实行三级审核制度，即内部审核、技术负责人审核和质量负责人审核。

2.9.3　职业病危害评价报告内容

2.9.3.1　职业病危害预评价报告

建设项目职业病危害预评价报告由以下内容组成。

① 建设项目概况　建设项目名称、性质、规模、拟建地点、建设单位、项目组成、辐射源项及主要工程内容等。对于改建、扩建建设项目和技术引进、技术改造项目，还应阐述建设单位的职业卫生管理基本情况以及工程利旧的情况。

② 职业病危害因素及其防护措施评价　概括拟建项目可能产生的职业病危害因素及其来源，理化性质，可能接触职业病危害因素作业的工种（岗位）及其相关的工作地点、作业方法、接触时间与频度、可能引起的职业病以及其他人体健康影响等。按照划分的评价单元，针对可能接触职业病危害作业的工种（岗位）及其相关工作地点，给出各个主要职业病危害因素的预期接触水平及其评价结论；针对可能存在的职业病危害因素发生（散）源或生产过程，给出拟设置的职业病防护设施及其合理性与符合性评价结论；针对可能接触职业病危害作业的工种（岗位），给出拟配备个人使用职业病防护用品及其合理性与符合性评价结论；针对可能存在的发生急性职业损伤的工作场所，给出拟设置应急救援设施及其合理性与符合性评价结论。

③ 综合性评价　给出建设项目拟采取的总体布局、生产工艺及设备布局、辐射防护措施、建筑卫生学、辅助用室、职业卫生管理、职业卫生专项投资等与法规符合性评价的结论，列出其中的不符合项。

④ 职业病防护措施及建议　提出控制职业病危害的具体补充措施；给出建设项目建设施工过程职业卫生管理的措施建议。

⑤ 评价结论　确定拟建项目的职业病危害类别；明确拟建项目在采取了可行性研究报告和评价报告所提防护措施的前提下，是否能满足国家和地方对职业病防治方面法律、法规、标准的要求。

2.9.3.2　职业病危害控制效果评价报告

建设项目职业病危害控制效果评价报告包括以下内容。

① 建设项目概况　建设项目名称、性质、规模、拟建地点、建设单位、项目组成、辐射源项、主要工程内容、试运行情况、职业病防护设施设计专篇的建设施工落实情况以及项目建设施工过程中职业卫生管理情况的简介等。

② 职业病危害评价　按照划分的评价单元，针对接触职业病危害作业的工种（岗位）及其相关工作地点，给出各个主要职业病危害因素的接触水平及其评价结论；针对职业病危害因素的发生（散）源或生产过程，给出所设置的职业病防护设施及其合理性与有效性评价结论；针对接触职业病危害作业的工种（岗位），给出所配备的个人使用职业病防护用品及其符合性与有效性评价结论；针对可能发生急性职业损伤的工作场所，给出所设置应急救援

设施及其合理性与符合性评价结论。给出建设项目所采取的总体布局、生产工艺及设备布局、建筑卫生学、辅助用室、应急救援措施、职业卫生管理、职业健康监护等及其法规符合性评价的结论，列出其中的不符合项。

③ 措施及建议　针对建设项目试运行阶段存在的不足，提出控制职业病危害的具体补充措施与建议。

④ 评价结论　明确建设项目是否能满足国家和地方对职业病防治方面法律、法规、标准的要求，明确是否具备了职业病防护设施竣工验收条件。

2.9.3.3　用人单位职业病危害现状评价报告

用人单位职业病危害现状评价报告由如下内容组成。

① 概述　简述评价项目概况。

② 评价目的、依据、范围与内容　根据评价目的所采用的有关法律、法规、规章和标准以及依据职业病危害评价的类别，确定评价内容、场所以及过程等。

③ 评价单元划分　根据被评价用人单位职业病危害实际情况，将评价内容合理划分为若干个评价单元。

④ 评价方法、程序与质量控制　用文字结合框图的方式，简述评价方法、程序及评价机构对评价活动全过程质量控制的措施。

⑤ 用人单位概况　概述用人单位的基本情况。

⑥ 总体布局与生产工艺和设备布局　对用人单位总体布局进行描述，并进行评价；对生产工艺进行描述；列出设备明细表，并用示意图描述设备布局情况；对用人单位设备布局进行评价。

⑦ 建筑卫生学　对建筑卫生学内容进行描述并进行检测与评价。

⑧ 职业病危害因素辨识及对人体健康的影响　按照评价内容和划分的评价单元，明确各岗位职业病危害因素的种类，并描述存在职业病危害暴露劳动者的接触情况；分析职业病危害因素对人体健康的影响，明确职业病危害因素可导致的职业病名称和职业禁忌种类，了解可能引起急性中毒的危害因素，还应明确其应急救援措施。

⑨ 职业病危害因素检测结果与评价　对职业病危害因素检测过程进行描述，用列表的方式对职业病危害因素检测结果进行描述，并进行评价。

⑩ 职业病防护与应急救援设施　分别列表说明用人单位职业病防护设施和应急救援设施的设置情况，必要时可将拍摄的职业病防护设施照片作为报告书内容，以增强描述分析的清晰性；对用人单位职业病防护设施和应急救援设施的维护情况进行客观描述；对用人单位职业病防护设施和应急救援设施进行评价。

⑪ 职业健康防护　对用人单位职业健康监护情况进行描述与评价；对用人单位个人防护用品选用及佩戴情况进行描述并进行评价；对用人单位辅助用室进行描述并进行评价。

⑫ 职业卫生管理　对用人单位职业卫生管理制度的完整性及执行、落实程度进行描述，并逐项进行评价。

⑬ 结论与建议　对用人单位职业病危害现状及职业病危害防治现状进行逐项评价；对用人单位职业病危害风险进行分类；对用人单位职业病防治工作提出建议。

⑭ 附表　用人单位职业病危害现状汇总表。

学习要点

本章要求了解新建、改建、扩建生产建设项目审核审批的基本程序与要求；了解在项目设计环节应考虑的社会、健康、安全、法律、文化以及环境等因素；了解项目可行性研究的基本要求与可行性研究报告内容。掌握工艺路线选择的原则及顺序；掌握项目经济评价、节能评估、环境影响评价、水土保持方案制定、安全评价、职业病危害评价的依据、目的和意义。详细了解相关评价的基本原则、程序、方法、主要工作内容以及报告编制的要求。

参考文献

[1] 中国石油天然气股份有限公司炼油化工建设项目可行性研究报告编制规定（修订版）.中国石油规划总院.2014.
[2] HJ 2.1—2016 建设项目环境影响评价技术导则 总纲.
[3] GB/T 31341—2014 节能评估技术导则.
[4] GB/T 35580—2017 建设项目水资源论证导则.
[5] AQ 8001—2007 安全评价通则.
[6] AQ 8002—2007 安全预评价导则.
[7] AQ 8003—2007 安全验收评价导则.
[8] GBZ/T 277—2016 职业病危害评价通则.
[9] AQ/T 8009—2013 建设项目职业病危害预评价导则.
[10] AQ/T 8010—2013 建设项目职业病危害控制效果评价导则.
[11] AQ/T 4270—2015 用人单位职业病危害现状评价技术导则.
[12] GBZ/T 298—2017 工作场所化学有害因素职业健康风险评估技术导则.

3 工艺流程设计

工艺流程设计是在确定的原料路线和技术路线基础上进行的，它与工艺设计及车间布置设计紧密相关，是决定整个车间（装置）基本面貌的关键性步骤，对设备设计和管道设计等单项设计也起着决定性的作用。

3.1 工艺设计的内容及设计文件

过程装备是进行过程工业生产的"硬件"，过程工艺是进行过程工业生产的"软件"。只有具备能生产优质产品的、具有特定工艺性能的成套过程装备（即过程装置），才能保证生产产品的产量和质量。而过程装置工艺性能的好坏，则取决于工艺设计，本节重点介绍工艺设计的内容及设计文件。

3.1.1 工艺设计的内容和程序

过程工艺设计包括的内容有：原料和技术路线的选择；工艺流程设计；物料衡算；能量衡算；工艺设备设计与选型；车间布置设计；管路设计；非工艺设计项目的考虑，即由工艺设计人员提出非工艺设计项目的设计条件；编制设计文件，包括设计说明书、附图（流程图、布置图和设备图等）和附表（设备一览表和材料汇总表）。

根据设计内容的深度，通常把工艺设计分为初步设计和施工图设计两个阶段。有时也分为初步设计、扩（大）初（步）设计和施工图设计三个阶段。

（1）初步设计的主要内容和程序

初步设计的主要内容和程序可用图 3-1 表示。图右边的双线方框表示该步的设计成品。

（2）施工图设计的主要内容和程序

工艺施工图设计的内容、程序以及此阶段工艺与非工艺设计的相互配合交叉进行的情况可用图 3-2 表示。图中双线方框代表施工图的设计成品。

3.1.2 初步设计的设计文件

初步设计的设计文件包括设计说明书和说明书的附图、附表等两部分。

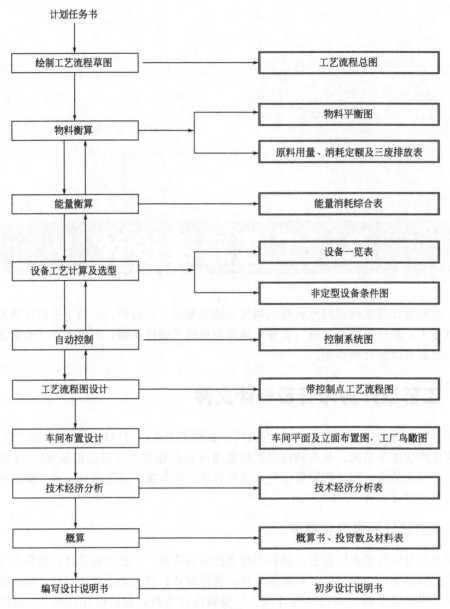

图 3-1　初步设计程序

　　初步设计说明书的内容和编写要求，依据设计的范围（整个工厂，一个车间或一套装置）、规模的大小和业主的要求而不同，对炼油厂、化工厂初步设计的内容和编写要求，有相应的文件规定。其初步设计文件主要包括如下内容。

　　工程筹建概况简述　说明企业性质，简述建设背景、投资限额、进度要求及发展远景等。

　　设计依据　批准的建设项目的设计任务书（可行性研究报告）及其批文；总体设计及其批文、引进技术合同的名称和合同号；与业主（建设单位）签订的设计合同；与业主召开的设计条件会议纪要；政府部门对消防、环境保护、劳动安全卫生等方面的批文；业主提供项目实施所需的原材料和公用工程供应报告以及其他有关文件和协议等；设计中采用的新工艺、新技术、新设备、新材料的科学试验报告及技术鉴定证书。

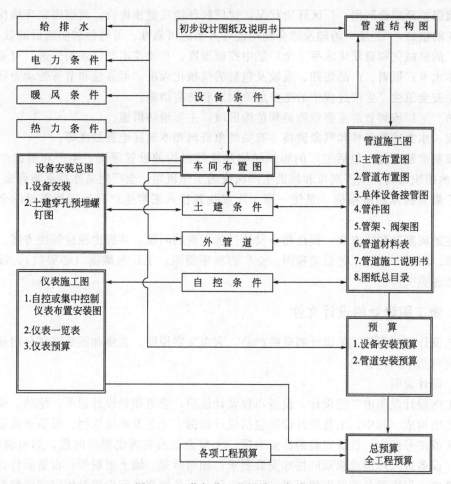

图 3-2　工艺与非工艺设计配合关系

设计指导思想　贯彻执行国家基本建设的方针政策，使设计做到切合实际、技术先进、经济合理、安全适用；贯彻"五化"（一体化、露天化、轻型化、社会化、国产化）的措施和效果；引进技术与设备的范围及理由。

设计范围及设计分工　列出本设计包括的项目，按生产装置、辅助装置、公用工程、通讯及交通运输、办公及生活福利设施的顺序予以说明；当两个或多个设计单位承担设计时，应明确各设计单位所承担的工程项目和相互的衔接关系。

建厂规模及产品方案　工厂（装置）的设计生产能力、生产潜力、发展余地；产品品种、规格、数量。

主要原材料、燃料的规格　消耗量及来源以及供应的可靠性。

生产方法及全厂总流程　论述技术先进性和经济合理性，着重说明工艺特点、安全措施以及节能措施等。

厂址概况　厂区的地理位置，现有交通运输状况；全厂占地面积及占用可耕地面积；需拆迁的建、构筑物的情况及其他的特殊问题。

公用工程及辅助工程　工厂水、电、汽、气等动力的消耗量及其来源。厂内原材料及产品储存、装卸方式、储存期、仓库或储存场地的确定。工厂维修量，全厂性修理车间的组成和规模，修理能力以及外部协作程度。

环境保护及综合利用　厂区环境状况，建厂区环境质量预评价。贯彻国家环境保护法和有关文件的措施，"三废"治理及综合利用设计方案的可靠性、可行性和实施后的效益。

工厂的机械化和自动化水平　全厂集中控制程度、自控技术和仪表的先进、可靠性，最佳化操作水平；原料、产品装卸、运输及包装的机械化程度、可靠性和节省劳动力程度。

劳动安全卫生　生产过程中的主要危险因素和防范措施。

消防　工厂或装置的主要危险品和危险区域，主要消防措施。

工程、水文地质条件和气象资料　有关气象资料和本地区地震烈度等。

管理制度及定员　包括工厂的组织结构及管理机构的设置原则。生产和辅助生产装置（车间）的组织结构；生产岗位和辅助生产岗位的工作班制；全厂定员逐项逐类列表说明。

全厂综合技术经济指标　是使一座工厂或装置投入正常生产和运行所需要的全部资金情况。

存在的问题及解决方案　提出初步设计过程发现的问题，并提出相应解决方案。

附图、附表　全厂工艺总流程图；全厂物料平衡图；工厂鸟瞰图（必要时）。设计依据中所列的各类文件。

3.1.3　施工图设计的设计文件

工艺设计施工图是工艺设计的最终产品，它由文字说明、表格和图纸三部分组成，其设计文件应包括下列内容。

（1）设计说明

施工图设计说明由工艺设计，设备布置设计说明，管道布置设计说明，绝热、隔声及防腐设计说明构成。其中，工艺设计说明包括设计依据，工艺及系统说明。设备布置设计说明包括分区或图号规定；设备安装的注意事项；大型设备吊装需说明的问题，如吊装的顺序、要求等；设备进入厂房或框架的特殊安装要求，如可拆梁、墙上留洞等；设备附件，如滑动板、弹簧座、保冷设备的聚丙烯板等；设备支架；设备维修空间设置及固定式维修设备的说明；采用的国家及部颁标准。管道布置设计说明包括材料供应情况；管道预制及安装要求；管架；静电接地；管道脱脂、吹扫、清洗；采用的国家及部颁标准，列出标准名称及标准号，说明标准应由施工单位自备。隔热、隔声设计说明包括隔热材料的选用，工程中遇到的隔热等级（如隔热、防烫、保冷等的具体要求），采用的隔热、隔声结构及标准，施工要求，采用的国家及部颁标准等。防腐设计说明包括涂漆的范围，采用的涂料名称，施工要求，涂漆的颜色，埋地管道的外防腐，管道的内防腐，采用的国家及部颁标准等。

（2）有关图纸

图纸目录、首页图，管道及仪表流程图，分区索引图，设备布置图，设备安装图，管道布置图，软管站布置图，伴热系统图，管道轴测图索引及管道轴测图，设备管口方位图，管架图索引及特殊管架图，特殊管件图等。

（3）有关表格

管道特性表，设备一览表，特殊阀门和管道附件数据表，设备安装材料一览表，伴热表，管段材料表索引及管段材料表，管架表，波纹膨胀节数据表，弹簧汇总表，管道材料等级索引表及等级表，阀门技术条件表，隔热材料表，防腐材料表，综合材料表。

设计文件是设计成果的汇总，是进行下一步工作的依据。对设计文件和图纸要进行认真的自校和复校。对文字说明部分，要求做到内容正确、严谨、重点突出、概念清楚、条理性强、完整易懂；对设计图纸和表格则要求正确无误，整洁清楚，编排合理，满足施工、安装、生产、维修及工艺的要求。

3.2 工艺设计中的全局性问题

在工厂整套设计过程中，需要考虑的因素很多。如果考虑不周，会对工程项目的经济状况产生影响，甚至使建成的工厂无利可图。例如厂址的选定、总图布置、安全与卫生、公用工程、自动控制、土建设计、技术经济等，都是十分重要的，它们是整套设计中必须考虑的全局性问题。本节只作简要讨论。

3.2.1 厂址的选择与总图布置

（1）厂址的选择

工厂的地理位置对于企业的成败具有重大的影响，厂址选择的好坏与工厂的建设进度、投资数量、经济效益以及环境保护等方面关系密切，所以它是基本建设的一个重要环节。

在选择厂址时，应该考虑：原料和市场，能源供应，气候条件，运输条件，供水条件，对环境的影响，劳动力来源，节约土地，协作条件，防灾等。

（2）总图布置

总图布置设计的任务是要总体地解决全厂所有的建筑物和构筑物在平面和竖向上的布置，运输网和地上、地下工程技术管网的布置，行政管理、福利及美化设施的布置等问题，亦即工厂的总体布局。工厂总体布局主要应该满足生产要求、安全要求和发展要求。

① 生产要求 总体布局首先要求保证径直和短捷的生产作业线，尽可能避免交叉和迂回，使各种物料的输送距离为最小。同时将水、电、汽耗量大的车间尽量集中，形成负荷中心，并使其与供应源靠近，使水、电、汽输送距离为最小。

工厂总体布局还应使人流和货流的交通路线径直和短捷，避免交叉和重叠。

② 安全要求 化工厂具有易燃、易爆、有毒的特点，厂区应充分考虑安全布局、严格遵守防火、卫生等安全规范和标准的有关规定，重点是防止火灾和爆炸的发生。

③ 发展要求 厂区布置要求有较大的弹性，对于工厂的发展变化有较大的适应性。也就是说，随着工厂不断的发展变化，厂区的不断扩大，厂内的生产布局和安全布局方面仍能保持合理的布置。

3.2.2 安全防火与环境保护

化学工业，特别是石油化学工业，由于生产上的特点，火灾、爆炸的危险性以及环境污染的问题甚于其他企业，因此，设计中的安全防火和环境保护必须高度重视。

（1）设计中应考虑的防火防爆问题

在工艺设计中，需要考虑防火防爆的方面是很多的。诸如在选择工艺操作条件时，在物料配比上要避免可燃气体或蒸汽与空气混合物落入爆炸极限范围内。需要使用溶剂时，在工艺允许的前提下，应尽量选用火灾危险性小的溶剂；使用的热源尽量不用明火，而用蒸汽或熔盐加热；在易燃、易爆车间应设置氮气储罐，用氮气作为事故发生时的安全用气，并配有备用的氮气吹扫管线。

建筑设计的防爆可从两个方面解决：一方面是合理布置厂房的平面和空间，消除爆炸可能产生的因素，缩小极限爆炸的范围，保证工人的安全疏散。另一方面是从建筑结构和建筑材料上来保证建筑物的安全，减轻建筑物在爆炸时所受的损害。例如在建筑布置上，将需要防爆的生产部分与一般生产部分用防爆墙隔开，防止相互影响，防爆车间必需设置足够的安全疏散用门、通道和楼梯，疏散用门一律向外开启。又如，在设计防爆车间的结构时，一般来说，用梁、柱系统的框架结构形式比砖墙承重的结构形式更好，因为在发生爆炸时，填充墙易于推倒，而使主要结构不致受到破坏并且易于修复。设计上还必须保证防爆车间有足够的泄压面积。

根据所设计装置的爆炸危险性选用相应等级的电气设备、照明灯具和仪表。所有能产生火花的电器开关等均应与防爆车间隔离。

要防止静电放电现象的发生，在化工车间中，传动带的传动，流体在管路中的流动均能产生静电，因此在金属设备及管道上均应设置可靠的接地装置。防爆车间应设置避雷针。

从通风上要保证易燃易爆气体和粉尘迅速排除，保证在爆炸极限以外的浓度下操作，设备布置上要避免在车间中形成死角以防止爆炸性气体及粉尘的积累。产生爆炸性物质的设备应有良好的密闭性，使爆炸性物质不致散发到车间中去。

（2）设计工作中的防毒与环境保护

首先，工艺设计上应尽量选用无毒或低毒的原料路线。对同一产品，如果存在两条或两条以上的原料路线的话，在经济上合理、工艺上可行的前提下，尽量采用无毒或低毒的原料路线。选用催化剂时，在催化剂活性差别不大的前提下，尽量采用无毒或低毒催化剂。工艺上还应考虑综合利用，把生产过程中产生的副产物加以回收，不仅可以增加经济效益，还可减少污染。

设计中要考虑防止大气污染。工业废气中的污染物有二氧化硫、氮氧化物及各种有机物气体和蒸汽以及粉尘、烟雾、雾滴、雾气等。为确保居民的身体健康，应保证居住区大气中有害物质最高允许浓度不超过国家规定标准。

设计中还要考虑到防止水质的污染，即防止有毒物质排入地面水或渗入地下水，造成水质的恶化。所以要按照 GB 5749—2006《生活饮用水卫生标准》及 GB 3838—2002《地表水环境质量标准》等标准选择水源和设计污水处理、排放系统。

3.2.3 公用工程

公用工程包括动力、供排水和采暖通风等内容。

（1）动力

在工厂中，动力首先是以电能的方式供应的，搅拌机、泵、鼓风机、气体压缩机、提升机等通常都由电动机带动，有时也使用蒸汽透平。

设计时，需要确定是使用电网的电力还是自备发电厂的电力。自备电厂除得到电力外，还有可能得到副产蒸汽以供工艺和加热使用。使用电网电力，则需设置锅炉房，以生产蒸汽。在大型工厂，为了综合利用能量，常使供热系统和生产装置（例如换热设备、放出大量反应热的反应器等）以及动力系统（例如发电设备、各种机、泵）密切结合，成为工艺-动力装置。这样做，可以大大降低能量消耗，甚至做到"能量自给"。

（2）供排水

工厂用水可以取自工厂的自备水源或市政供水系统。如果需要的水量大，工厂自备水源较为经济。自备水源可来自深井、河流、湖泊及其他蓄水系统，可靠的水源（质和量）是建设工厂的先决条件。

为了节约工业用水，大量使用冷却水的工厂应循环使用冷却水，将经过换热设备的热水，送入冷却塔或喷水池降温。大型工厂使用循环冷却水是十分普遍的，循环水水质好且稳定，能满足长期连续稳定操作的要求，只需补充少量新鲜水和排出少量循环水就可以了。

（3）采暖通风

采暖通风是卫生工程，旨在保证厂房具有适宜的工作条件（温度、湿度以及洁净的空气）。因为过程工业生产在许多情况下劳动条件较差，如高温和发散有害气体或有侵蚀性的气体，处理易燃、易爆的原料和粉尘，需设置通风系统以改善劳动条件，保障安全生产。有些生产过程要求室内有一定的温度和湿度（如人造纤维厂的拉丝车间），这就需要在通风系统中考虑调节空气温度和湿度，在采暖地区还要进行冬季采暖的设计。

3.2.4　自动控制

过程工业生产的自动控制主要是针对温度、压力、流量、液位、成分和物性等参数的控制问题。其基本要求可归纳为三项，即安全性、经济性和稳定性。安全性是指在整个生产过程中，确保人身和设备的安全，通常采用参数超限报警、事故报警和联锁保护等措施加以保证。由于过程工业高度连续化和大型化的特点，通过在线故障预测和诊断，设计容错控制系统等手段，进一步提高运行的安全性。经济性，旨在通过对生产过程的局部优化或整体优化控制，达到低生产成本、高生产效率和能量充分利用的目的。稳定性的要求是指控制系统具有抑制外部干扰，保持生产过程长期稳定运行的能力。

过程控制的任务就是在了解、掌握工艺流程和生产过程的静态和动态特性的基础上，根据上述三项要求，通过对控制对象的分析综合，采用适宜的技术手段加以实现。详见第7章。

3.2.5　土建设计

土建设计包括全厂所有的建筑物、构筑物（框架、平台、设备基础、爬梯等）设计。

过程工业生产有易燃、易爆、腐蚀性等特点，因此对有某些特殊要求的建筑，可参照GB 50016—2014《建筑设计防火规范》进行设计。

为了减少爆炸事故对建筑物的破坏作用，建筑设计中的基本措施就是利用泄压和抗爆结构。

在工厂的土建设计中，结构功能比式样重要得多。结构功能要适用于工艺要求，如设备安装要求，扩建要求和安全要求等。

3.3　工艺流程设计及工艺流程图

流程设计的主要任务包括两个方面：一是确定生产流程中各个生产过程的具体内容、顺序和组合方式，以达到加工原料制得所需产品的目的；二是绘制工艺流程图，以图解的形式表示生产过程中，当原料经过各个单元操作过程时，物料和能量发生的变化及其流向，以及采用了哪些过程和设备。此外还要求通过图解形式表示出管道和计量——控制流程。

3.3.1　工艺流程设计

（1）工艺流程设计的原则

尽可能采用先进设备、先进生产方法及成熟的技术，以保证产品质量；"就地取材"，充分利用当地原料，以便获得最佳的经济效果；采用高效率的设备，降低原材料消耗及水电气消耗，以便降低产品成本；经济效益高；充分预计生产的故障，以便即时处理，保证生产的稳定性。

工艺流程设计的主要依据是原料性质、产品质量和品种、生产能力以及今后的发展余地等。

（2）工艺流程设计应考虑的问题

① 从工艺和技术考虑　工艺流程设计应满足的要求如下。

ⅰ.尽量采用能使物料和能量有高利用率的连续过程。

ⅱ.反应物在设备中的停留时间既要使之反应完全，又要尽可能的短。

ⅲ.维持各个反应在最适宜的工艺条件下进行，多相反应尽可能增大反应物间的接触面。不同性质的反应或需要不同条件的分阶段的反应，宜在相应的各特殊设计的设备中进行。在同一设备中进行多种条件要求不同的反应，往往引起恶劣的后果。

ⅳ.设备或机械的设计要考虑到流动形态对过程的影响，也要考虑到某些因素可能变化，如原料成分的变化，操作温度的变化等。

ⅴ.尽可能使机械构造、反应系统的操作和控制简单、灵敏和有效。

ⅵ.及时采用新技术和新工艺。有多种方案可以选择时，选直接法代替多步法，选原料种类少且易得的路线代替多原料路线，选低能耗方案代替高能耗方案，选接近于常温常压的条件代替高温高压的条件，选污染或废料少的方案代替污染严重的方案等，但也要综合考虑。

ⅶ.为易于控制和保证产品质量一致，在技术水平和设备材质等允许下，大型单系列或少系列优于小型多系列，且便于实现微机控制。

② 从经济、管理、环保、安全考虑　工艺流程设计应满足以下要求。

ⅰ.选用小而有效的设备和建筑，以降低投资费用，并便于管理和运输，同时，也要考虑到操作、安全和扩建的需要。

ⅱ.工厂应接近原料基地和销售地域，或有相应规模的交通运输系统。

ⅲ.现代过程工业装置的趋向是大型、高效、节能、自动化、微机控制；而一些精细产品则向小批量、多品种、高质量方向发展。选取工艺方案要掌握市场信息，并结合具体情况，因地制宜，充分利用当地资源和有利条件。

ⅳ.用各种方法减少不必要的辅助设备或辅助操作，例如利用地形或重力进料以减少输送机械。

ⅴ.选用适宜的耐久抗蚀材料，既要考虑在很多情况下，跑、冒、滴、漏所造成的损失，远比节约某些材料的费用要多；也要考虑到化工生产是折旧率较高的部门。

ⅵ.工序和厂房的衔接安排要合理。

ⅶ.创造有职业保护的安全工作环境，减轻体力劳动。

ⅷ.重视环境保护，搞好三废治理，污染处理装置应与生产同时投产。

总之，应依靠技术进步来提高生产。

3.3.2　工艺流程图

工艺流程设计涉及面很广，内容往往比较复杂，从具体的设计工作进程来看，它最先开始，随着工艺及其他专业设计工作的进展，要不断做一些修改，而几乎在最后完成。它是由浅入深、由定性到定量逐步分段进行的，因此在设计的不同阶段，流程图的深度也有所不同。一般可将流程图分为：工艺流程草图、工艺物料流程图、带控制点的工艺流程图和管道及仪表流程图。

在设计初始阶段绘制的叫工艺流程草图，或叫工艺流程方块图，它为将要进行的物料衡算、能量计算以及部分设备的工艺计算服务，不编入设计文件。只能定性地标出物料由原料转化为产品的变化、流向以及所采用的各种工艺过程及设备。图 3-3 为甲醇制氢过程的工艺流程草图。

在物料计算完成后就开始绘制工艺物料流程图，它以图形与表格相结合的形式来反映物料衡算结果。其作用是为设计审查提供资料，为进一步设计提供依据，为日后生产操作提供参考。图 3-4 为甲醇制氢过程的工艺物料流程图。

当设备设计结束，控制方案也确定下来之后，就可以绘制带控制点的工艺流程图。在车间布置设计时，还会对流程图作一些修改，最后得到正式的带控制点的工艺流程图，作为设计成果编入初步设计阶段的设计文件中。带控制点的工艺流程图由物料流程、控制点和图例三部分组成。

管道及仪表流程图是设备布置设计和管道布置设计的基本资料，也是仪表测量点和控制调节器安装的指导性文件。它是在施工图设计阶段进行的，管道及仪表流程图又叫施工流程图。它与初设阶段的带控制点的工艺流程图的主要区别在于：它不仅更为详细地描绘了该装置的全部生产过程，而且着重表达全部设备的全部管道连接关系，测量、控制及调节的全部手段。现在一般只绘制管道及仪表流程图而不再绘制带控制点的工艺流程图。二者的称谓往往也互用。甲醇制氢过程的管道及仪表流程图见图 3-5。

3.3.3　工艺流程图的绘制

（1）工艺流程草图（参见图 3-3）

工艺流程草图包括以下内容。

ⅰ.设备示意图。按设备大致几何形状画出，甚至画方块图也可以。

ⅱ.流程管线及流向箭头。包括全部物料管线和部分辅助管线，如水、汽、气等。

ⅲ.文字注释。如设备名称、物料名称、来自何处、去何处等。

工艺流程草图由左至右展开，设备轮廓线用细实线，物料管线用粗实线，辅助管线用中实线画出。在图的下方或其他显著位置，列出各设备的位号。设备位号由四个单元组成，如下所示。

1—设备类别代号；2—设备所在主项的编号；3—主项内同类设备顺序号；4—相同设备的数量尾号

设备类别代号，一般取设备英文名称的第一个字母（大写）作代号。具体规定见表 3-1。

表 3-1　设备类别代号

设备类别	代号	设备类别	代号
塔	T	火炬、烟囱	S
泵	P	容器（槽、罐）	V
压缩机、风机	C	起重运输设备	L
换热器	E	计量设备	W
反应器	R	其他机械	M
工业炉	F	其他设备	X

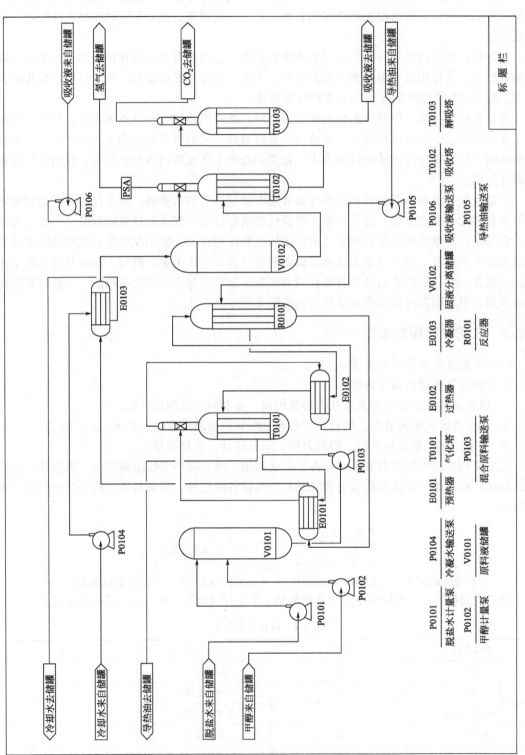

图 3-3 甲醇制氢过程的工艺流程草图

P0101	P0104	E0101	T0101	E0102	V0102
脱盐水计量泵	冷凝水输送泵	预热器	气化塔	过热器	固液分离储罐
P0102	V0101	E0101	P0103	E0103	R0101
甲醇计量泵	原料液储罐		混合原料输送泵	冷凝器	反应器

P0106	T0102	T0103
吸收液输送泵	吸收塔	解吸塔
P0105		
导热油输送泵		

标 题 栏

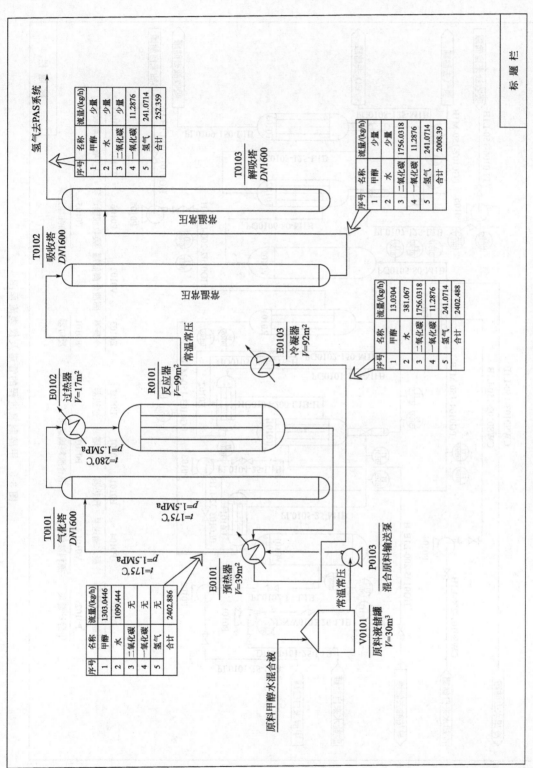

图 3-4 甲醇制氢过程的工艺物料流程图

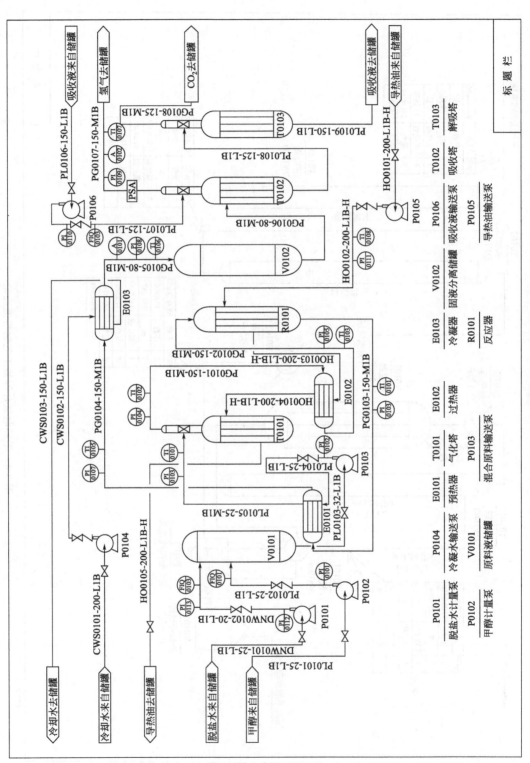

图 3-5　甲醇制氢过程的管道及仪表流程图

主项编号采用两位数字，从 01 开始，最大为 99。

设备顺序号按同类设备在工艺流程中流向的先后顺序编制，采用两位数字，从 01 开始，最大 99。

两台或两台以上相同设备并联时，它们的位号前三项完全相同，用不同的数量尾号予以区别。按数量和排列顺序依次以大写英文字母 A、B、C、…作为每台设备的尾号。

同一设备在施工图设计和初步设计中位号是相同的。初步设计经审查批准取消的设备及其位号在施工图设计中不再出现；新增的设备则应重新编号，不准占用已取消的位号。

设备位号在流程图、设备布置图及管道布置图中书写时，在规定的位置画一条粗实线——设备位号线。线上方书写位号，线下方在需要时可书写名称。

（2）工艺物料流程图（参见图 3-4）

工艺物料流程图一般以车间（装置）为单位绘制，图形不一定按比例。在保证图样清晰的原则下，图纸常采用 A2 或 A3。长边过长时，幅面允许加长，也可分张绘制。

其中常用设备的图形目前已有统一规定（见 HG/T 20519.31）。设备在图上要标注位号及名称，有时还要注明某些特性数据。

物料经过设备产生变化时，则需标注物料变化前后各组分的名称、流量、质量百分数、摩尔流量和每项的总数等，具体项目可按需要增减；其标注方式：可在流程的起始部分和物料产生变化的设备后，从流程线上用指引线引出，列表表示。如图 3-4 所示，指引线及表格皆用细实线绘制。若物料组分复杂，变化又多，在图形部分列表困难时，可在流程图下方，自左向右按流程顺序逐一列表表示，并编制序号，而相应的流程线上则标注其序号，以便对照。各组分的名称可以直接写明也可写成代号。

物料在流程中某些参数（如温度、压力等）可在流程线旁注出。

（3）管道及仪表流程图（参见图 3-5）

施工图设计中的管道及仪表流程图（PID），有时也叫作带控制点的工艺流程图。初步设计和施工图设计中的这两种图的绘制原则相同，只是前者设备结构形式画得比较简单，辅助管线及公用系统管线画得简单些。这里重点介绍管道及仪表流程图的阅读与绘制。

管道及仪表流程图是用图示的方法把工艺流程和所需的全部设备、机器、管道、阀门及管件和仪表表示出来。它是设计和施工的依据，也是开车、停车、操作运行、事故处理及维修检修的指南。

① 分类　管道及仪表流程图分为工艺管道及仪表流程图、辅助及公用系统管道及仪表流程图。

工艺管道及仪表流程图是以工艺管道及仪表为主体的流程图。辅助系统包括正常生产和开、停车过程中所需用的仪表空气、工厂空气、加热用的燃料（气或油）、制冷剂、脱吸及置换用的惰性气体、机泵的润滑油及密封油、放空系统等。公用系统包括自来水、循环水、软水、冷冻水、低温水、蒸汽、废水系统等。一般按介质类型分别绘制。

② 工艺管道及仪表流程图　一般以工艺装置的主项（工段或工序）为单元绘制，当工艺过程比较简单时，也可以装置为单元绘制。管道及仪表流程图不按比例绘制，但应示意出各设备相对位置的高低。一般设备（机器）图例只取相对比例，整个图面要协调、美观。管道及仪表流程图应采用标准规格的 A1 图幅。横幅绘制，流程简单者可用 A2 图幅。

当一个流程中包括有两个或两个以上相同的系统（如聚合釜、气流干燥、后处理等）时，可以绘制出一个系统的流程图，其余系统以细双点划线的方框表示，框内注明系统名称及其编号。当这个流程比较复杂时，可以绘制一张单独的局部系统流程图。在总流程图中，局部系统采用细双点划线方框表示，框内注明系统名称、编号和局部系统流程图图号，如图3-6 所示。

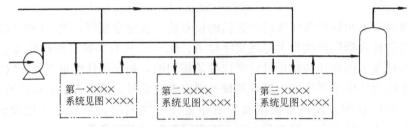

图 3-6　总流程图中局部系统表示方法

对于在工艺流程中局部复用定型设计或者采用制造厂提供的成套设备（机组）的管道及仪表流程图时，在图上对复用部分或者成套部分以双点划线框图表示，框内注明名称、位号或编号，填写有关图号，必要时加文字予以说明。

工艺管道及仪表流程图中工艺物料管道用粗实线，辅助管道用中粗线，其他用细实线。在辅助系统管道及仪表流程图中的总管用粗实线，其相应支管采用中粗线，其他用细实线。管道及仪表流程图中的设备（机器）、阀门、管件和管道附件都用细实线绘制（特殊要求者除外）。

设备、机器的绘制和标注　设备、机器图形按 HG/T 20519.31 绘制。

未规定的设备、机器的图形可以根据其实际外形和内部结构特征绘制，只取相对大小，不按实物比例。

如有可能，设备、机器上全部接口（包括人孔、手孔、卸料口等）均画出，其中与配管有关以及与外界有关的管口（如直连阀门的排液口、排气口、放空口及仪表接口等）则必须画出。管口一般用单细实线表示，也可以与所连管道线宽度相同，允许个别管口用双细实线绘制。一般设备管口法兰可不绘制。

图中各设备、机器的位置安排要便于管道连接和标注，其相互间物流关系密切者（如高位槽液体自流入储罐，液体由泵送入塔顶等）的高低相对位置要与设备实际布置相吻合。

一般要在两个地方标注设备位号：第一是在图的上方或下方，要求排列整齐，并尽可能正对设备，在位号线的下方标注设备名称。第二是在设备内或其近旁，此处仅注位号，不注名称。当几个设备或机器为垂直排列时，它们的位号和名称可以由上而下按顺序标注，也可水平标注，如图3-7 所示。

对于需隔热的设备和机器，要在其相应部位画出一段隔热层图例，必要时注出其隔热等级；有伴热者也要在相应部位画出一段伴热管，必要时可注出伴热类型和介质代号。如图3-8 所示。

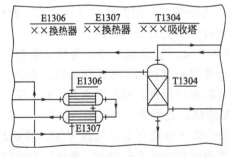

图 3-7　设备（机器）的位号和名称标注

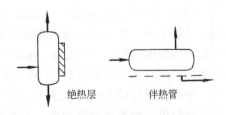

图 3-8　绝热层、伴热管标注方法

地下或半地下设备、机器，在图上要表示出一段相关的地面。地面以细实线表示。设备、机器的支承和底（裙）座可不表示。复用的原有设备、机器及其包含的管道可用框图注出其范围，并加必要的文字标注和说明。

设备、机器自身的附属部件与工艺流程有关者，例如柱塞泵所带的缓冲罐、安全阀，列管换热器管板上的排气口，设备上的液位计等，它们不一定需要外部接管，但对生产操作和检测都是必需的，有的还要调试，因此图上应予以表示。

管道、阀门和管件的绘制和标注 绘出和标注全部工艺管道以及与工艺有关的一段辅助管道，绘出和标注上述管道上的阀门、管件和管道附件（不包括管道之间的连接件，如弯头、三通、法兰等），但为安装和检修等原因所加的法兰、螺纹连接件等仍需绘出和标注。

工艺管道包括正常操作所用的物料管道；工艺排放系统管道；开、停车和必要的临时管道。对于每一根管道均要进行编号和标注。管道及仪表流程图的管道应标注四个部分，即管道号（管段号）（由三个单元组成）、管径、管道等级和隔热（或隔声），总称为管道组合号。管道号和管径为一组，用一短横线隔开；管道等级和隔热为另一组，用一短横线隔开，两组间留适当的空隙。水平管道宜平行标注在管道的上方，竖直管道宜平行标注在管道的左侧。在管道密集、无处标注的地方，可用细实线引至图纸空白处水平（竖直）标注。各符号代表意义如图3-9所示。

PG	13	10	—	300	A1A	—	H
第1单元	第2单元	第3单元		第4单元	第5单元		第6单元

图 3-9 管道组合号

也可将管段号、管径、管道等级和绝热（或隔声）代号分别标注在管道的上下（左右）方，如下所示：

$$\frac{PG1310—300}{A1A—H}$$

第1单元为物料代号，如 PG、PW 分别代表工艺气体和工艺水；SW、HW、CW 分别代表软水、回水、循环冷却水；SC 代表蒸汽冷凝水等。

第2单元为主项编号，按工程规定的主项编号填写，采用两位数字，从 01 开始，至 99 为止。

第3单元为管道顺序号，相同类别的物料在同一主项内以流向先后为序编号。采用两位数字，从 01 开始，至 99 为止。以上三个单元组成管道号（管段号）。

第4单元为管道规格，一般标注公称通径，以 mm 为单位，只注数字，不注单位。凡采用 HG/T 20519 标准中Ⅱ系列外径管者，只需注数字，如：DN200 的公制管道，只需标注 "200"，2 英寸的英制管道，则表示为 "2″"。

第5单元为管道等级，由大写英文字母＋阿拉伯数字＋大写英文字母表示。第一位大写英文字母表示管道的公称压力（MPa），A～K 用于 ANSI 标准压力等级代号（其中 I、J 不用），L～Z 用于国内标准压力等级代号（其中 O、X 不用），见表3-2。

表 3-2 管道压力等级代号

压力等级 LB 用于 ANSI 标准	A		B		C		D		E		F		G
	150		300		400		600		900		1500		2500
压力等级 MPa 用于国内标准	L	M	N	P	Q	R	S	T	U	V	W
	1.0	1.6	2.5	4.0	6.4	10.0	16.0	20.0	22.0	25.0	32.0

第二位为顺序号，用阿拉伯数字表示，由 1 开始。

第三位大写英文字母表示管道材质类别：A—铸铁；B—碳钢；C—普通低合金钢；D—合金钢；E—不锈钢；F—有色金属；G—非金属；H—衬里及内防腐。

第 6 单元为隔热或隔声代号，详见 HG/T 20519.30 规定。

工艺流程简单、管道品种规格不多时，管道组合号中的第 5、6 两单元可省略。第 4 单元管道尺寸可直接填写管子的外径×壁厚，并标注工程规定的管道材料代号。详细参见 HG/T 20519.36、HG/T 20519.37 以及 HG/T 20519.38。

每根管道都要以箭头表示出其物料流向（箭头画在管线上）。图上的管道与其他图纸有关时，一般将其端点绘制在图的左方或右方，以空心箭头标出物流方向（入或出），注明管道编号或来去设备、机器位号、主项号或装置号（或名称）及其所在的管道及仪表流程图图号（该图号或图号的序号写在前述空心箭头内，见图 3-4）。

管道上的阀门、管件、管道附件的公称通径与所在管道公称通径不同时，要注出它们的尺寸，如有必要还需要注出它们的型号。它们之中的特殊阀门和管道附件还要进行分类编号，必要时以文字、放大图和数据表加以说明。

同一个管道号只是管径不同时，可以只注管径，如图 3-10（a）、（b）。同一管道号而管道等级不同时，应表示出等级的分界线，并注出相应的管道等级，如图 3-10（c）所示。在管道等级未完全确定时，用公称压力表示，如图 3-10（d）所示。异径管一律以大端公称直径乘以小端公称直径表示。

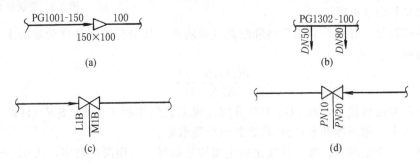

图 3-10　管道标注方法

管线的伴热管要全部绘出，夹套管可在两端只画出一小段，其他隔热管道要在适当部位绘出隔热图例。有分支管道时，图上总管及分支管位置要准确，而且要与管道布置图相一致。管线、阀门、管件和管道附件要按规定（HG/T 20519.32）进行绘制。

仪表的绘制和标注　绘出和标注全部与工艺有关的检测仪表、调节控制系统、分析取样点和取样阀（组）。其符号、代号和表示方法要符合自控专业规定（详见第 7 章）。

调节控制系统按其具体组成形式（单阀、四阀等）将所包括的管道、阀门、管件、管道附件——画出，对其调节控制的项目、功能、位置分别注出，其编号由仪表专业确定。调节阀自身的特征也要注明，例如传动形式：气动、电动或液动；气开或气闭；有无手动控制机构；阀本体或阀组是否有排放阀和其他特征等等。必要时也要标出或说明专业分工和范围。

分析取样点在选定的位置（设备管口或管道）标注和编号，其取样阀（组）、取样冷却器也要绘制和标注或加文字注明，如图 3-11 所示。

其中 A 表示人工取样点，1301 为取样点编号（13 为主项编号，01 为取样点序号）。

其他标注　由制造厂提供的成套设备（机组）在管道及仪表流程图上以双点划线框图表示出制造厂的供货范围。框图内注明设备位号，绘出与外界连接的管道和仪表线。如果采用

制造厂提供的管道及仪表流程图则要注明厂方的图号。也可以画
出其简单外形（参照设备、机器图例规定）及其与外部相连的管
路，注明位号、设备或机组自身的管道及仪表流程图（此流程图
另行绘制）图号。

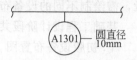

图 3-11 分析取样点的标注

若成套设备（机组）的工艺流程简单，可按一般设备（机
器）对待，但仍需注出制造厂供货范围。一般对随成套设备（机组）一起供应的管道、阀
门、管件和管道附件加文字标注。卖方也可加注英文字母 B.S 表示。

特殊设计要求　设计中一些特殊要求和有关事宜在图上不宜表示或表示不清楚时，可在
图上加附注，采用文字、表格、简图加以说明。例如对高点放空、低点排放设计要求的说
明；泵入口直管段长度要求；限流孔板的有关说明等。一般附注加在图签的上方或左侧。

③ 辅助及公用系统管道及仪表流程图　一般以装置（或主项）为单元，按介质类型不
同进行绘制。流程简单时各类介质的管道及仪表流程图可以绘制在一张图上。如果流程复
杂、介质种类多，则应分开绘制。各种介质的管道及仪表流程图无论是单张或多张绘制，一
定要便于识别和区分。图上的主管分配、支管连接要与工艺管道及仪表流程图符合。

管道及仪表流程图上各辅助物料的用户（设备或主项或装置）以方框图形表示，框内注
明该用户名称、编号（或位号）、所在图号。在框图内分别表示该介质管道在工艺管道及仪
表流程图中的管道编号和在本图的管道编号，此项内容也可引出单列表格加以说明。

辅助及公用系统管道及仪表流程图绘制的其他内容和要求等同工艺管道及仪表流程图。
在工艺管道及仪表流程图中已表示清楚的内容不再重复。

对流程简单、设备不多的工程项目，其辅助及公用系统管道及仪表流程图的内容可并入
工艺管道及仪表流程图，不再另行出图。

如果辅助及公用系统管道及仪表流程图的内容（或其中某项内容），在其他专业或主项
有关的管道及仪表流程图中表示清楚时，可不再出图。

对于复用设计做因地制宜设计时，其修改部分可在复用设计有关图纸上以方形框图标注
出来，并加修改标记。必要时可另外绘制修改部分的管道及仪表流程图，并注明修改的有关
事宜。

3.4　设备布置图

在工艺流程图与设备选型完成之后，下一步的工作就是将各工段与各个工艺设备按生产
流程在空间上（水平和垂直方向）进行组合布置，并用管道将它们连接起来构成成套生产装
置。前者称为设备布置，后者称为管道布置或配管设计。设备布置设计是否合理，直接关系
到装置能否正常、安全生产，安装检修是否方便，车间管理、能量利用、经济效益好坏等
问题。

（1）设备布置图的作用及内容

设备布置图是用来表示一个车间（一个工段或一套装置）的全部设备及设备管口方位在
厂房建筑内外安装布置的详图。厂房平面图上的设备布置图称为设备平面布置图或设备布置
平面图。设备布置图的内容包括：设备之间的相互关系；界区范围的总尺寸和装置内关键尺
寸，如建、构筑物的楼层标高及设备的相对位置；土建结构的基本轮廓线；装置内管廊、道
路的布置。

工程设计一般分为两个阶段：基础工程设计阶段和详细工程设计阶段。在不同设计阶

段，需绘制不同的设备布置图。

基础工程设计阶段共编制 4 版设备布置图：

ⅰ.初版设备布置图（简称"A"版），根据工艺流程、专利商建议及布置规定，结合工程的具体情况形成的初步概念编制的设备布置图；

ⅱ.内部审查版设备布置图（简称"B"版）；

ⅲ.用户审查版设备布置图（简称"C"版）；

ⅳ.确认版设备布置图（简称"D"版）。

详细工程设计阶段共编制 3 版设备布置图：

ⅰ.研究版或详 1 版设备布置图（简称"E"版），在详细工程设计开始，各专业开展工作，经多方研究改进后的设备布置图，此布置已成定局，作为下一步设计及提出条件的重要依据；

ⅱ.设计版或详 2 版设备布置图（简称"F"版），此版用于开展正式施工图的设计，布置图上应标注出全部设备定位尺寸，并表示出所有操作平台等；

ⅲ.施工版设备布置图（简称"G"版），根据管道设计的要求及其他问题的处理而对设计版作出修改，成为最终施工版设备布置图。

（2）设备布置图的绘制步骤

考虑设备布置图的视图配置，选定绘图比例，确定图纸幅面，绘制平面图（从底层平面起逐张绘制），画建筑定位轴线，画与设备安装布置有关的厂房建筑基本结构；画设备中心线，画设备、支架、基础、操作平台等的轮廓形状，标注尺寸；标注定位轴线、编号及设备位号、名称，必要时画分区界线，并作标注，绘制剖视图（绘制步骤与平面图大致相同，必要时才绘制剖视图），绘制方位标；编制设备一览表，注写有关说明，填写标题栏；检查、校核，最后完成图样。

（3）设备布置图的绘制

① 一般规定　设备布置图常用 1∶100 的比例，也可用 1∶200 或 1∶50 的比例，主要视装置的设备布置疏密程度、界区的大小和规模而定。但对于大型装置（或主项），需要进行分段绘制设备布置图时，必须采用统一的比例。设备布置图中标注的标高、坐标以 m 为单位，小数点后取三位数，至 mm 为止，其余的尺寸一律以 mm 为单位，只注数字，不注单位。如有采用其他单位标注尺寸时，应注明单位。一般采用 A1 图幅，不宜加长或加宽。遇特殊情况也可采用其他图幅。

标题栏中的图名，要写"××××设备布置图"以及"EL－×.×××平面""EL±0.000 平面""EL＋××.×××平面"或"×—×剖视"等。

每张设备布置图均应单独编号。同一主项的设备布置图不得采用一个号，并加上第几张、共几张的编号方法。在标题栏中应注明本类图纸的总张数。

标高的表示方法宜用"EL－×.×××""EL±0.000""EL＋×.×××"。对于"EL＋×.×××"，可将"＋"省略表示为"EL×.×××"。

② 图面安排及视图要求　根据设备布置图绘制平面图和剖视图。剖视图中应有一张表示装置整体的剖视图。对于较复杂的装置或有多层建、构筑物的装置，当平面图表示不清楚时，可绘制多张剖视图或局部剖视图。剖视符号规定用 A—A、B—B、C—C 等大写英文字母或Ⅰ—Ⅰ、Ⅱ—Ⅱ、Ⅲ—Ⅲ等数字形式表示。

设备布置图一般以联合布置的装置或独立的主项为单元绘制，界区以粗双点划线表示。

在设备布置平面图的右上角应画一个 0°与总图的设计北向一致的方向标。设计北以 PN

或 N 表示。

多层建筑物或构筑物，应依次分层绘制各层的设备布置平面图。如在同一张图纸上绘几层平面时，应从最底层平面开始，在图纸上由下至上或由左至右按层次顺序排列，并在图形下方注明"EL－×.×××平面""EL±0.000平面""EL＋××.×××平面"或"×—×剖视"等。

一般情况下，每一层只画一个平面图。当有局部操作台时，在该平面上可以只画操作台下的设备，局部操作平台及其上面的设备可以另画局部平面图。如不影响图面清晰，也可重叠绘制，操作平台下的设备画虚线。

一个设备穿越多层建、构筑物时，在每层平面上均需画出设备的平面位置，并标注设备位号。各层平面图是以上一层的楼板底面水平剖切的俯视图。

③ 图面表示内容及尺寸标注　按土建专业图纸标注建、构筑物的轴线号及轴线间尺寸，并标注室内外的地坪标高。按建筑图纸所示位置画出门、窗、墙、柱、楼梯、操作台、下水篦子、吊轨、栏杆、安装孔、管廊架、管沟（注出沟底标高）、明沟（注出沟底标高）、散水坡、围堰、道路、通道等。装置内如有控制室、配电室、生活及辅助间，应写出各自的名称。

用虚线表示预留的检修场地（如换热器抽管束），按比例画出，不标注尺寸，如图 3-12 所示。

图 3-12　预留的检修场地

非定型设备可适当简化，画出其外形，包括附属的操作平台、梯子和支架（注出支架图号）。无管口方位图的设备，应画出其特征管口（如人孔），并表示方位角。卧式设备，应画出其特征管口或标注固定端支座。

动设备可只画基础，表示出特征管口和驱动机的位置，如图 3-13 所示。

在设备中心线的上方标注设备位号，下方标注支承点的标高（如 POS EL＋××.×××）或主轴中心线的标高（如 ¢ EL＋××.×××），管廊、管架的架顶标高（如 TOS±EL××.×××）。

设备的类型和外形尺寸，可使用工艺专业提供的设备数据表中给出的有关数据和尺寸。设备数据表中未给出有关数据和尺寸的设备，应按实际外形简略画出。

④ 设备的平面定位尺寸　设备的平面定位尺寸尽量以建、构筑物的轴线或管架、管廊的柱中心线为基准线进行标注。卧式容器和换热器以设备中心线和固定端或滑动端中心线为基准线。立式反应器、塔、槽、罐和换热器以设备中心线为基准线。离心式泵、压缩机、鼓风机、蒸汽透平以中心线和出口管中心线为基准线。往复式泵、活塞式压缩机以缸中心线和曲轴（或电动机轴）中心线为基准线。板式换热器以中心线和某一出口法兰端面为基准线。直接与主要设备有密切关系的附属设备，如再沸器、喷射器、回流冷凝器等，应以主要设备的中心线为基准予以标注。

卧式换热器、槽、罐以中心线标高，立式、板式换热器以支承点标高，反应器、塔和立式槽、罐以支承点标高，泵、压缩机以主轴中心线标高或以底盘底面标高（即基础顶面标高）表示（如 POS EL＋××.×××）；对管廊、管架，注出架顶的标高（如 TOS EL＋××.×××）。

同一位号的设备多于三台时，在平面图上可以表示首末两台设备的外形，中间的仅画出基础，或用双点划线的方框表示。剖视图中的设备应表示出相应的标高。在平面图上表示重型或超限设备吊装的预留空地和空间。在框架上抽管束需要用起吊机具时，宜在需要最大起

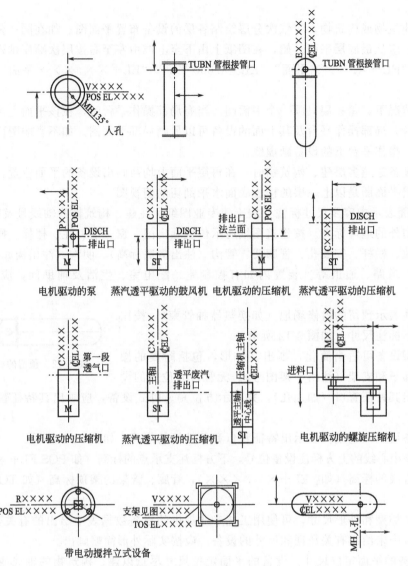

图 3-13　典型动设备标注

吊机具的停车位置上画出最大起吊机具占用位置的示意图。对于进出装置区有装卸槽车的，宜将槽车外形图示意在其停车位置上。

对有坡度要求的地沟等构筑物，标注其底部较高一端的标高，同时标注其坡向及坡度。在平面图上表示平台的顶面标高、栏杆、外形尺寸。需要时，在平面图的右下方可以列一个设备表，此表内容可以包括设备位号、设备名称、设备数量。

⑤ 图中附注　剖视图见图号××××。地面设计标高为 EL±0.000。图中尺寸除标高以 m 计外，其余按 mm 计。附注写在标题栏的正上方。

⑥ 修改栏　应按设计管理规定加修改栏，在每次修改版中按设计管理的统一要求填写修改标记、内容、日期及签署。

对大型装置（有分区），在设备布置图 EL+0.000 平面图的标题栏上方，绘制缩小的分区索引图，并用阴影线表示出该设备布置图在整个装置中的位置。

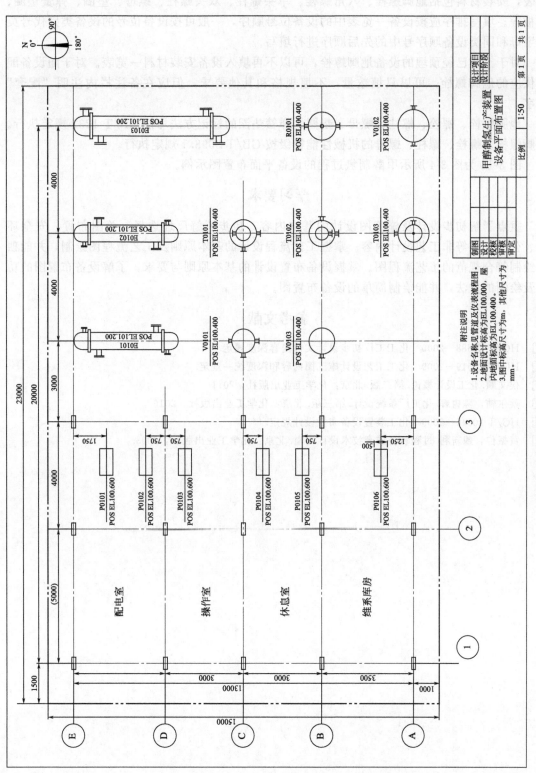

图 3-14 甲醇制氢过程的设备平面布置图

⑦ 设备安装材料一览表　对于设备安装中需要的安装材料，均应填写设备安装材料一览表，安装材料包括地脚螺栓、六角螺栓、单头螺柱、双头螺柱、螺母、垫圈、弹簧垫圈、垫板等。填写排序应按设备一览表中的设备位号顺序，一般可按设备位号的设备类别代号英文字母和同类设备顺序号中的先后顺序进行填写。

对于土建已经预埋的设备地脚螺栓，可以不再填入设备安装材料一览表。对于随设备配套供应的地脚螺栓，可以只填数量，不填规格和其他要求，但应在备注栏内注明"配套"二字。

地脚螺栓、螺栓、螺柱、螺母、垫圈、弹簧垫圈的标记方法均按 GB/T 1237 规定执行。地脚螺栓、螺栓、螺柱、螺母的机械性能等级按 GB/T 3098.1 规定执行。

图 3-14 为图 3-4 所示甲醇制氢过程的设备平面布置图示例。

学习要求

重点了解初步设计及施工图设计的基本内容，初步了解厂址选择、总图布置、安全环保、公用工程等非工艺设计内容。掌握工艺流程设计的基本原则及工艺流程图绘制，并能独立绘制符合规范的工艺流程图。掌握设备布置设计的基本原则与要求，了解设备布置图的功能及绘制的方法，并能绘制简单的设备布置图。

参考文献

[1] HG/T 20688—2000　化工工厂初步设计文件内容深度规定.
[2] HG/T 20519—2009　化工工艺设计施工图内容和深度统一规定.
[3] 侯文顺.化工设计概论.第二版.北京：化学工业出版社，2011.
[4] 蔡尔辅，陈树辉.化工厂系统设计.第三版.北京：化学工业出版社，2016.
[5] HG/T 20546—2009　化工装置设备布置设计规定.
[6] 黄振仁，魏新利.过程装备成套技术设计指南.北京：化学工业出版社，2003.

4 过程装备的设计与选型

根据过程装备在过程工业生产过程中的运动状态和所起的作用，可将过程工业中所涉及的装备分为两类：静设备和动设备。静设备的主体在生产过程中不存在运动；动设备的核心部件在生产过程中必定会发生运动。无论是动设备还是静设备，其在过程工业生产中均起着无可替代的作用，其性能的优劣决定生产过程能否长周期高效率运行，因此，对于过程工业中所使用的设备，均需根据其使用工艺条件进行准确的设计和选型。

4.1 过程设备的设计与选型

一般地，根据其在生产过程中所起的作用，可将过程设备分为传热设备、传质设备、反应设备和储运设备。这些设备大多在一定的温度和压力条件下工作，在进行设计时，一般分两步进行：首先进行工艺设计，以保证设备能满足工艺的要求，例如，换热设备使物料达到规定的温度，传质设备使产品达到规定的纯度和收率；然后进行设备的机械结构设计，以保证设备具有足够的强度和刚度，满足安全生产的要求。

过程设备工艺计算的主要内容包括：设备的物料衡算、能量衡算，设备的特性尺寸计算以及流体流动阻力与操作范围的计算等。机械结构设计的主要内容包括：在设备型式及主要尺寸已定的基础上，根据各种设备常用结构，参考有关资料与规范，详细设计设备各零部件的结构尺寸；选择各种构件的材料；设备强度计算；设备内件与管口方位设计；设备总装配图及零件图绘制；提出设备制造技术要求与规范。

4.1.1 传热设备的设计与选型

由于受物料存在状态及分子或原子间相互作用的限制，过程工业生产几乎无法在自然条件下进行，必须在一定的温度和压力条件下，通过改变物质的存在状态（物理变化）和化学特性（化学变化），才能生产出具有一定使用功能的产品。因此，传热设备必不可少。

传热设备在过程工业中的作用是：反应物料的加热或冷却；产品的冷凝或冷却；反应热量的取出或供应；液体的蒸馏、气化或稀溶液的蒸发；工业余热（废热）的回收和热能的综合利用。现代过程工业生产中对传热的要求可分为两种情况：一是强化传热，如各种换热设

61

备中的传热，要求传热速率快，传热效果好；另一种是削弱传热，如设备和管道的保温，要求传热速率慢，以减少热量（或冷量）的损失。

根据传热设备在过程工业中所起的作用，可分为两种类型：供热设备和换热设备。用于为工业过程提供热量或热介质的设备称为供热设备；用于进行物质间热量（或焓）传递的设备称为换热设备。

4.1.1.1 供热设备的选型

根据对供热介质的不同要求，过程工业中应用最为广泛的供热设备是锅炉和加热炉。

4.1.1.1.1 锅炉

锅炉的主要作用是为过程工业提供一定温度的蒸汽或热水，根据提供产物的不同，锅炉可分为蒸汽锅炉和热水锅炉。工业企业在生产上使用的大多数为蒸汽锅炉，生产温度≥100℃的热水锅炉也必须按蒸汽锅炉管理。

（1）锅炉的性能参数

为了表示锅炉的构造、燃料及燃烧方式、容量、参数以及运行经济性等特点，常用蒸发量、蒸汽（或热水）参数、受热面蒸发率或受热面发热率来描述。

① 蒸发量　是指蒸汽锅炉每小时所生产的额定蒸汽量，用以表征蒸汽锅炉容量的大小；如为生产热水的锅炉，其容量可用额定热功率来表征。

所谓额定蒸汽量或者额定热功率，是指锅炉在额定蒸汽参数、额定给水温度和使用设计燃料时，保证一定热效率条件下的最大连续蒸发量（或产热量）。蒸发量常用符号 D 来表示，单位为 t/h（或 kg/s），供热锅炉的蒸发量一般为 $0.1 \sim 65 \text{t/h}$。热功率常用符号 Q 来表示，单位是 MW。热功率与蒸发量之间的关系，可用式（4-1）表示

$$Q = 0.000278 D (h_q - h_{gs}) \tag{4-1}$$

式中　Q——锅炉的热功率，MW；

　　　D——锅炉的蒸发量，t/h；

　　　h_q——蒸汽的焓，kJ/kg；

　　　h_{gs}——给水的焓，kJ/kg。

对于热水锅炉

$$Q = 0.000278 G (h''_{rs} - h'_{rs}) \tag{4-2}$$

式中　G——热水锅炉每小时送出的水量，t/h；

　　　h'_{rs}——锅炉进水的焓，kJ/kg；

　　　h''_{rs}——锅炉出水的焓，kJ/kg。

② 蒸汽参数　是指锅炉出口处蒸汽的额定压力（表压力）和温度。额定压力和温度是锅炉设计时规定的蒸汽压力和温度。对生产饱和蒸汽的锅炉来说，一般只标明蒸汽压力；对生产过热蒸汽（或热水）的锅炉，则需标明压力和蒸汽（或热水）的温度。蒸汽压力常用符号 P 表示，单位为 MPa；蒸汽温度常用符号 t 表示，单位是℃或 K。

锅炉的蒸汽压力和温度是指过热器主汽阀出口处的过热蒸汽压力和温度。对于无过热器的锅炉，用主汽阀出口处的饱和蒸汽压力和温度表示。锅炉给水温度是指进省煤器的给水温度，对无省煤器的锅炉指进锅炉锅筒的水的温度。对产生饱和蒸汽的锅炉，蒸汽的温度和压力存在一一对应的关系。其他锅炉，温度和压力不存在这种对应关系。

③ 受热面蒸发率　锅炉受热面是指汽锅和附加受热面等与烟气接触的金属表面积，即烟气与水（或蒸汽）进行热交换的表面积。工程上一般以烟气放热的一侧为基准来计算受热

面面积的大小，用符号 H 表示，单位为 m^2。

$1m^2$ 受热面每小时所产生的蒸汽量，称为锅炉的受热面蒸发率，用 $D/H[kg/(m^2 \cdot h)]$ 表示。各受热面所处的烟气温度水平不同，它们的受热面蒸发率也有很大的差异。例如，炉内辐射受热面的蒸发率可达 $80kg/(m^2 \cdot h)$ 左右，对流管受热面的蒸发率只有 $20 \sim 30kg/(m^2 \cdot h)$。因此，对整台锅炉的总受热面来说，这个指标只反映蒸发率的一个平均值。鉴于各种型号锅炉的参数不尽相同，为便于比较，将 1 个标准大气压下的干饱和蒸汽（焓值为 $2680kJ/kg$）作为标准蒸汽，将锅炉的实际蒸发量 D 换算为标准蒸汽蒸发量 D_{bz}，受热面蒸发率就可用 D_{bz}/H 表示，其换算公式为

$$\frac{D_{bz}}{H} = \frac{D(h_q - h_{gs})}{2680H} \times 10^3 \tag{4-3}$$

对于热水锅炉，通常采用受热面发热率这个指标来表征，它指的是 $1m^2$ 热水锅炉受热面每小时所生产的热功率（或热量），用符号 Q/H 表示，单位为 MW/m^2，热水锅炉的 Q/H 一般为 $0.02325MW/m^2$。

受热面蒸发率或受热面发热率越高，则表示传热好，锅炉所耗金属量少，锅炉结构紧凑。这一指标常用来表示锅炉的工作强度，但还不能真实反映锅炉运行的经济性；如果锅炉排出的烟气温度很高，D/H 值虽大，但未必经济。

供热锅炉的容量、参数，既要满足生产工艺上对蒸汽的要求，又要便于锅炉房的设计、锅炉配套设备的供应以及锅炉本身的标准化，因而要求有一定的锅炉参数系列。我国工业锅炉已有标准系列和定型产品。

（2）锅炉的评价指标

锅炉的评价通常用经济性、可靠性及机动性三项指标来表示。

① 经济性　锅炉的经济性主要指热效率、成本、耗电量等。

热效率　热效率是表征锅炉运行经济性的主要指标，是指锅炉每小时有效利用于生产热水或蒸汽的热量占输入锅炉全部热量的百分数，即锅炉的有效利用热量 Q_1 占输入热量 Q_r 的百分比

$$\eta = \frac{Q_1}{Q_r} \times 100\% \tag{4-4}$$

锅炉的有效利用热量 Q_1 是指单位时间内工质在锅炉中所吸收的总热量，包括水和蒸汽吸收的热量以及排污水和自用蒸汽所消耗的热量。而锅炉的输入热量 Q_r 是指随每千克或每立方米燃料输入锅炉的总热量以及用外来热源加热燃料或空气时所带入的热量。

锅炉热效率高，说明这台锅炉在燃用 $1kg$ 相同燃料时，能生产更多参数相同的热水或蒸汽，因此能节约燃料。目前我国生产的燃煤供热锅炉，其热效率为 $60\% \sim 85\%$，燃油、燃气供热锅炉，其热效率为 $85\% \sim 92\%$。

实践证明，如果锅炉的蒸发量降低到额定蒸发量的 60% 时，锅炉的热效率会比额定蒸发量时的热效率低 $10\% \sim 20\%$。只有锅炉的蒸发量在额定蒸发量的 $80\% \sim 100\%$ 时，其热效率最高。因此，锅炉在额定蒸发量的 $80\% \sim 100\%$ 范围内才最为经济。

成本　锅炉的成本一般用钢材消耗率来表示，即锅炉单位蒸发量所消耗的钢材的质量，单位为 $t/(t/h)$。目前生产的供热锅炉的钢材消耗率在 $2 \sim 6t/(t/h)$ 左右。

锅炉参数、循环方式、燃料种类及锅炉部件结构对钢材消耗率均有影响。增大单机容量和提高蒸汽参数是减少金属消耗量和投资费用的有效途径。

在保证锅炉安全、可靠、经济运行的基础上应合理降低钢材消耗率，尤其是耐热合金钢

材的消耗率。锅炉钢架占大型锅炉金属耗量的比重很大，用水泥立柱不仅可大量节省钢材，而且可在现场浇灌，建设周期比钢结构缩短。

耗电量 供热锅炉产生1t蒸汽或热水所消耗的电的度数，称为锅炉的耗电量 [kW·h/(t·h)]。计算锅炉耗电量时，除了锅炉本体配套的辅机外，还涉及破碎机、筛煤机等辅助设备的耗电量。耗电量的多少与锅炉辅机设备的配置选型密切相关，尤其是燃料制备系统，还受燃料品种、燃烧方式的影响。目前生产的供热锅炉的耗电量一般在 10kW·h/(t·h) 左右。

锅炉不仅要求热效率高，而且也要求钢材消耗量低，运行时耗电量少。但是，这三个方面常是相互制约的，因此，衡量锅炉总的经济性应从这三方面综合考虑，切忌片面性。

② 可靠性 锅炉可靠性常用下列三种指标来衡量。

连续运行时间 即两次检修之间的运行时间，h；

事故率 $事故率 = \dfrac{事故停用时间}{运行总时间 + 事故停用时间} \times 100\%$

可用率 $可用率 = \dfrac{运行总时间 + 备用总时间}{统计期间总时间} \times 100\%$

③ 机动性 随着现代社会生活方式的变化，用户对锅炉的运行方式提出了更多的新要求，即要求锅炉运行有更大的灵活性和可调性。机动性的要求是：快速改变负荷，经常停运及随后快速启动的可能性和最低允许负荷下持久运行的可能性。这些要求已成为锅炉产品的重要性能指标。

(3) 锅炉的结构组成

① 锅炉的结构 锅炉按结构分为烟管锅炉（图 4-1）和水管锅炉（图 4-2）两类。

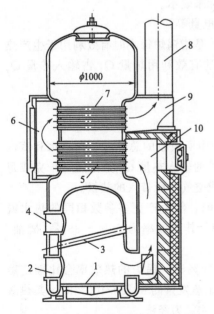

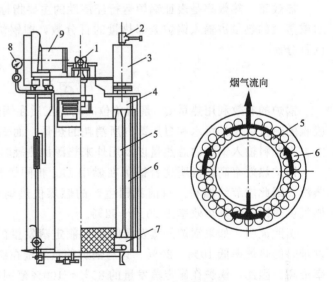

图 4-1 立式烟管锅炉

1—下炉排；2—下炉门；3—水冷炉排；
4—上炉门；5—第一烟管管束；
6—前烟箱；7—第二烟管管束；8—烟囱；
9—后上烟箱；10—后下烟箱

图 4-2 立置式水管锅炉

1—燃烧器；2—主蒸汽阀；3—汽水分离器；4—上环形集箱；
5—水冷壁管；6—对流管束；7—下环形集箱；
8—压力表；9—送风机

烟管锅炉中，高温烟气在火管和烟管内流动，以辐射和对流的方式加热管外的水产生蒸汽。烟管锅炉具有结构简单、水质要求低、运行维修方便等优点，但其热效率较低，钢材消耗量较大，一般为低参数小容量锅炉。在水管锅炉中，汽水工质在管内流动，高温烟气在管外冲刷并以辐射和对流的方式加热管内工质。水管锅炉装设过热器后可输出过热蒸汽，其受热面布置方便，传热性能好，热效率较高，钢材消耗率较低，可制成小容量低参数锅炉，也可制成大容量高参数锅炉。但水管锅炉对水质和运行水平的要求也高。为提高热效率，可在锅炉尾部布置省煤器和空气预热器。

② 锅炉的主要部件　锅炉由锅与炉两部分组成，其中锅是进行热量传递的汽水系统，由给水设备、省煤器、锅筒及对流管束等组成；炉是将燃料的化学能转化成热能的燃烧设备，由送风机、引风机、烟道、风管、给煤装置、空气预热器、燃烧装置、除尘器及烟囱等组成。燃料在炉子里燃烧产生高温烟气，以对流和辐射的方式通过气锅的受热面将热量传递给气锅内温度较低的水，产生热水或蒸汽。

锅筒内储存汽水，可适应负荷变化，内部设有汽水分离装置。锅筒是锅炉各受热面的闭合件，将锅炉各受热面联接在一起，并与水冷壁和不受热的下降管等组成水循环回路。直流锅炉无锅筒。

水冷壁是锅炉主要辐射受热面，水冷壁主要由作为上升管的水冷壁管组成，吸收炉膛的辐射热，加热管内工质，并保护炉墙。

炉墙是锅炉的外壳，同时起密封和保温作用。炉墙材料主要包括耐火材料、保温绝热材料和密封材料三类。此外还有填充料和其他辅料。

过热器用于将饱和蒸汽加热到额定过热蒸汽温度。生产饱和蒸汽的锅炉无过热器。

为了充分利用高温热量，在烟气离开锅炉前，先让其通过省煤器和空气预热器，对汽锅的进水和炉子的进风进行预热。

为了保证锅炉安全工作，锅炉上还应配备安全阀、压力表、水位表、高低水位报警器及超温超压报警装置等。

③ 工业锅炉的辅助装置　一般有风机、给水泵、水处理设备、除渣装置、除尘装置和余热回收设备等。风机用于将空气送入空气预热器加热后输往炉膛，并由引风机和烟囱组成的引风装置将烟气送往大气。给水泵将经过水处理设备处理过的给水送入锅炉。除渣装置从锅炉中除去灰渣并运走。除尘装置多为旋风分离器，以除去锅炉烟气中的灰尘，改善环境。

(4) 锅炉的炉型

工业锅炉的燃料多数为煤。锅炉按燃烧方式分为下列几种炉型。

手烧炉　采用固定炉排，加煤和出渣等操作均靠人力，热效率低，且不适应大容量锅炉耗煤多的要求。目前仅 0.5t/h 以下的小型锅炉仍在采用手烧炉。

链条炉　链条炉排是一种循环转动的炉排，煤从落煤斗落到炉排上，随着炉排的转动依次完成预热、着火、燃尽阶段。运行可靠，正常运转时基本不冒黑烟，对环境保护好。链条炉调节方便，热效率为 70%～80%，目前得到广泛采用。但维修工作量大，且不适于燃烧结焦性强的煤和劣质煤，单烧无烟煤时也不好掌握。

往复炉　往复炉排是由固定炉排片和活动炉排片相间组合而成。煤加在炉排上被慢慢向前推，同时煤由于推动而产生搅拌、挤压，从而起到拨火作用，炉排温度高，即使较差的烟煤也能燃烧。往复炉排多为倾斜式炉排，热效率达 70%～80%。但燃烧旺盛地段炉排易烧坏，不适于烧结焦性强的煤，也不宜烧无烟煤。

抛煤机炉　是一种与手摇活动炉排或倒转炉排配合作用的锅炉，煤由煤斗落下，抛煤机将煤抛撒到炉膛中，细小的煤粒在炉膛中悬浮燃烧，较大的煤粒在炉排上燃烧。对燃料和负荷的适应性强，操作容易，热效率高。缺点是飞灰大且含碳量高，必须装除尘设备；对煤的粒度变化敏感，易产生火层不均现象，不适于烧水分大的湿煤。

沸腾炉　送入炉排的空气流速较大，使大粒燃煤在炉排上面的沸腾床沸腾燃烧，小粒燃煤随空气上升并燃烧。沸腾炉对煤种适应能力强，无烟煤、劣质煤、煤矸石都能使用；锅炉成本低，热效率在70%左右，尺寸较小。但对除尘设备要求较高，运行维护较复杂，负荷调节不方便，热效率还有待进一步提高。

煤粉炉　炉膛中布置有煤粉喷燃器，热效率可达80%以上，可燃用劣质煤。缺点是低负荷时燃烧不稳定，不能间断运行，飞灰大，对除尘设备要求高，操作水平要求高，且磨煤系统较易磨损，维修工作量大。煤粉炉多用于20t/h以上的大型锅炉。

油、气炉　炉膛中布置油、气烧嘴，燃用重油、柴油等液体或天然气燃料，热效率可达80%~90%，体积小，重量轻，自动化程度高，在缺煤地区，油、气有条件的地方比较适宜。

（5）锅炉的选型

锅炉选型时要首先确定供热介质（蒸汽或热水）、热负荷、锅炉参数和锅炉燃用的煤种等，据此选择锅炉的炉型。

锅炉容量的确定很重要，应根据工艺生产、采暖通风对供热的要求进行分析，通过热量计算获得。锅炉出力应能适应热负荷的变化。一般燃煤锅炉经济负荷为额定负荷的70%~80%，低负荷不低于额定负荷的20%~30%，要避免锅炉长期低负荷运行。

锅炉的压力要高于生产上需要的蒸汽压力，一般生产实际需要的压力加上克服全部管道阻力需要的压降后再加上25%~30%的余量就满足了。例如：生产需要的饱和蒸汽压力（包括管道压降）为1.0MPa，选择铭牌压力为1.3MPa的锅炉就足够了。

选择锅炉炉型必须考虑燃用的煤种，例如，链条炉燃用煤种较广泛，尤其适于优质煤；往复炉燃用煤种广泛，较适于烧灰分多的煤，但不适于烧优质煤；抛煤机炉不宜烧无烟煤，且原煤中细屑不能多；沸腾炉能燃用几乎任何煤种；煤粉炉不适于20t/h以下锅炉。

4.1.1.1.2　加热炉

加热炉的用途是为过程工业提供一定温度的气体和液体物料，其中用于加热空气的加热炉又称为热风炉，主要用作干燥装置的主要辅助设备。

（1）加热炉的结构

加热炉多为管式炉，也称管式釜。管式加热炉中，被加热介质在管内流动，为了提高传热效率，管内流体流速必须很高。管式加热炉中的气体或液体物料通常是易燃易爆的烃类。同工业锅炉加热蒸汽或水相比，管式炉危险性大，操作条件苛刻。管式加热炉一般只烧油或气体燃料，一般为长周期连续运转，不得间断操作。

管式炉一般由辐射室、对流室、余热回收系统、燃烧器以及通风系统五部分组成。

辐射室是通过火焰或高温烟气进行辐射传热的空间。这个部分直接受到火焰冲刷，温度最高，是热交换的主要场所，全炉热负荷的70%~80%由辐射室担负。

对流室是靠由辐射室出来的烟气进行对流换热的部分。对流室内密布多排炉管，烟气以较大速度冲刷这些管子，进行有效的对流换热。对流室一般布置在辐射室上方。为了提高传热效果，多数炉子的对流室采用了钉头管和翅片管。

余热回收系统是从离开对流室的烟气中进一步回收余热。回收方式有两种：一种是作为空气预热器，另一种是作为废热锅炉产生蒸汽或热水。废热锅炉方式一般用于高温管式炉

（如乙烯裂解炉）或没有对流室的管式炉，这些炉子的排烟温度很高。

　　燃烧器燃烧燃料，产生热量。管式加热炉只燃烧油或气体燃料，油一般为渣油、重油等重质燃料油；气多为石油化工装置的副产气。管式炉上用得最多的是油-气联合燃烧器，它设置有油喷嘴和燃料气喷嘴，能单独烧油或单独烧燃料气，也可以油气混烧。合理选择燃烧器型号，仔细布置燃烧器，对管式炉是十分重要的。

　　通风系统的任务是将燃烧用空气导入燃烧室，并将废烟气引出炉子，包括风机和烟囱。

　　（2）加热炉的选型

　　加热炉选型的主要依据是加热炉所需达到的温度与热效率。使用场合不同，加热炉需要达到的温度不同，采用的燃料及燃烧方式也不同。这是选择加热炉时应主要考虑的因素。加热炉热效率是衡量加热炉运行经济性的主要指标，是燃料发热量与热损失之差。

4.1.1.2　换热设备的设计

　　换热设备根据热量传递方式的不同，可以分为间壁式、直接接触式和蓄热式三大类，现代过程工业中应用的绝大多数为间壁式换热器。由于传热过程不同，操作条件差异、流体性质特点以及间壁材料的制造加工性能等因素，决定了换热设备的结构类型是多种多样的。

　　换热设备的类型很多（见表 4-1），各种型式都有它特定的应用范围。在某一种场合下性能很好的换热器，如果换到另一种场合，则可能传热效果和性能会有很大的改变。因此，针对具体情况正确选择换热器的类型，是很重要和很复杂的工作。

表 4-1　换热设备的结构分类

					说明
换热设备的分类	间壁式	管壳式	列管式	固定管板式　刚性结构	用于管壳温差较小的情况(一般≤50℃),管间不能清洗
				固定管板式　带膨胀节	有一定的温度补偿能力,壳程只能承受较低压力
				浮头式	管内外均能承受高压,可用于高温高压场合
				U形管式	管内外均能承受高压,管内清洗及检修困难
				填料函式　外填料函	管间容易泄漏,不宜处理易挥发、易燃易爆及压力较高的介质
				填料函式　内填料函	密封性能差,只能用于压差较小的场合
				釜式	壳体上部有个蒸发空间,用于再沸、蒸煮
				双套管式	结构比较复杂,主要用于高温高压场合或固定床反应器中
			蛇管式	套管式	能逆流操作,用于传热面较小的冷却器、冷凝器或预热器
				沉浸式	用于管内流体的冷却、冷凝,或者管外流体的加热
				喷淋式	只用于管内流体的冷却或冷凝
		紧凑式	板式		拆洗方便,传热面能调整,主要用于黏性较大的液体间换热
			螺旋板式		可进行严格的逆流操作,有自洁作用,可用作回收低温热能
			板翅式		结构十分紧凑,传热效果很好,流体阻力大,主要用于制氧
			伞板式		伞形传热板结构紧凑,拆洗方便,通道较小,易堵,要求流体干净
			板壳式		板束类似于管束,可抽出清洗检修,压力不能太高
	直接接触式				适用于允许换热流体之间直接接触
	蓄热式				换热过程分两段交替进行,适用于从高温炉气中回收热量的场合

　　换热设备选型时需要考虑的因素是多方面的，主要的有：流体的性质；流量及热负荷量；操作温度、压力及允许压降的范围；对清洗、维修的要求；设备结构材料、尺寸和空间的限制；价格等。

流体的性质对换热器类型的选择往往会产生重大的影响，如流体的物理性质（比热、导热系数、黏度）、化学性质（如腐蚀性、热敏性）、结垢情况以及是否有磨蚀颗粒等因素都对传热设备的选型有影响。例如硝酸的加热器，由于流体的强腐蚀性决定了设备的结构材料，从而限制了可能采用的结构范围；对于热敏性大的液体，能否精确控制它在加热过程中的温度和停留时间往往就成为选型的主要前提。流体的清净程度和易否结垢，有时在选型上往往也起决定性作用，如对于需要经常清洗换热面的物料就不能选用高效的板翅式或其他不可拆卸的结构。

（1）换热设备设计的基本要求

设计换热设备时，最基本的要求有以下几条。

ⅰ.热量能有效地从一种流体传递到另一种流体，即传热效率高，单位传热面上能传递的热量多。在一定的热负荷下，即每小时要求传递热量一定时，传热效率（通常用传热系数表示）越高，需要的传热面积越小。

ⅱ.换热器的结构能适应所规定的工艺操作条件，运转安全可靠，严密不漏，清洗、检修方便，流体阻力小。

ⅲ.要求价格便宜，维护容易，使用时间长。

换热器的设计包括一系列的选择，只有作出恰当的选择，才能正确设计或选用换热器。以下几个问题是设计或选用换热器时应考虑的。

① 流程的选择　哪一种流体走管程，哪一种流体走壳程，这对换热设备的合理使用非常重要。一般不洁或易结垢的物料应走易于清洗的一侧，对于直管管束，应走管程；需要提高流速以增大对流传热系数的流体、腐蚀性或压力高的流体应走管程；深冷低温流体应走管程。被冷却流体和饱和蒸汽一般走壳程；黏度大或流量小的流体，也以走壳程为宜，因壳程中一般设有折流板，易于达到湍流。

② 流动方式的选择　冷热流体在换热器内的流动方式有并流和逆流，还有多壳程多管程的复杂流动方式。为提高冷热流体的温差，强化传热，应尽可能采用逆流操作。一般来说，增加管程和壳程，对传热有利，但是阻力增大，流体输送费用增加。因此，应权衡传热与动力两方面的得失来决定管程数和壳程数。

③ 折流板的安装　安装折流板的目的是提高管的对流传热系数。但是应考虑适当的形状和间距。对圆缺形挡板，弓形缺口的高度太大或太小都会产生死区，不利于传热且增加流体阻力。一般缺口高度为直径的 $10\%\sim40\%$，最常见的为 20% 和 25% 的两种。挡板间距一般为挡板直径的 $0.4\sim1.0$ 倍。间距过大，不能保证流体垂直流过管束，使管的对流传热系数下降；间距过小，则会加大阻力损失，且给制造和维修带来不便。

④ 换热管的规格和排列　为增大换热器的单位容积传热面积，应将管子直径取得小些；但对于不洁净及易结垢的流体，为防止堵塞，则应将管子直径取得大些。常用的管子规格有 $\phi19\times2$ 和 $\phi25\times2.5$ 等，管长一般采用 3m 或 6m。管束有正三角形排列和正方形排列等。

（2）换热设备的设计步骤

以管壳式换热器为例（结构动画见 M4-1），换热设备的设计步骤随着设计任务和原始数据的不同而不同，要尽可能使已知数据和要设计计算的项目顺次编排，但由于许多项目之间互相关联，无法排定次序，因此换热器的工艺计算往往采用试差法，即先根据经验选定一个数据使计算进行下去，通过计算得到结果后再与初始假定的数据进行比较，直到达到规定的偏差要求，试算才告结束。试算步骤为：

M4-1

ⅰ.计算传热量及平均温差，并根据经验或文献资料初选总传热系数，据此估算传热面积；

ⅱ.遵照有关标准，初步决定管径、管长、管数、管距、壳体直径、管程数、折流板型式及数目等；

ⅲ.根据初步确定的换热器主要尺寸，选择管程流体和壳程流体；

ⅳ.分别计算管程、壳程的对流传热系数，确定污垢热阻，求出总传热系数，重新计算传热面积；若重新计算的传热面积与前述估算的传热面积大致相等，则可认为试算过程前后相符，否则应重新估算；

ⅴ.同时计算管程、壳程的压力降，使压力损失限制在允许范围内。

（3）换热设备的材料选择

在进行换热设备设计时，对换热设备各种零、部件的材料，应根据设备的操作压力、操作温度、流体的腐蚀性、材料的制造工艺性能和经济合理性等要求来选取。一般为了满足设备的操作压力和操作温度，从设备的强度或刚度的角度来考虑是比较容易达到的，但对于材料的耐腐蚀性能，有时往往成为一个复杂的问题。如在这方面考虑不周到，选材不当，不仅会影响换热设备的使用寿命，而且也大大提高设备的成本。材料的制造工艺性能则与传热设备的具体结构有密切关系。

换热设备用的材料一般可分为金属材料和非金属材料。金属材料是换热设备制造最常用的材料，根据使用条件，所用的金属材料主要有碳钢、不锈钢和各种合金钢。非金属材料除了用作金属材料制换热设备中的垫片外，在处理腐蚀性介质的条件下也用作换热设备的部分材质，以达到耐热防腐蚀的效果。其中较为广泛的是石墨、玻璃、陶瓷和聚四氟乙烯塑料。

（4）换热设备的腐蚀与防护

换热设备的目的是换热，经常与腐蚀性介质接触的换热设备表面积很大，为了保护金属不遭受腐蚀，最根本的方法是选择耐腐蚀的金属或非金属材料，但同时对应用最广泛的钢铁材料设备采取防腐蚀措施也是十分必要的。有时在设计换热设备时，根据所处理介质的腐蚀性，已考虑到选用合适的耐腐蚀材料，但如制造时焊接方法不当，则在焊缝及其附近亦易发生腐蚀。另外，在入口端的管端，由于介质的涡流磨损与腐蚀共存而经常发生管端腐蚀。管子内侧存在异物沉积或黏着产生点腐蚀等，也要求采用一些必要的防腐蚀措施。

对于金属材料制造的换热设备，其腐蚀防护一般有防腐蚀涂层、金属保护层、电化学保护、添加缓蚀剂等方法。

4.1.2 传质设备的设计

传质过程是过程工业中应用广泛的一种单元操作，包括蒸馏、吸收、萃取，从相际传质过程的要求来讲，它们具有共同的特点，即气-液或液-液两相要密切接触，且接触后的两相又要及时得以分离。用于气（汽）-液传质或液-液传质的设备称为传质设备，是过程工业中最重要的一类设备。由于这类设备的高径比一般都较大，因此又称为塔设备。在塔设备内，液相靠重力作用自上而下流动，气相则靠压差作用自下而上，与液相呈逆流流动。两相之间要有良好的接触界面，这种界面由塔内装填的塔板或填料提供，前者称为板式塔（图 4-3），后者称为填料塔（图 4-4）。

（1）塔的分类

过程工业中常用的塔设备按使用功能可分为蒸馏（精馏或分馏）塔、反应塔、萃取塔、吸收塔、洗涤塔。按结构型式可分为板式塔与填料塔。

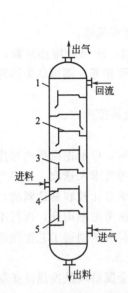

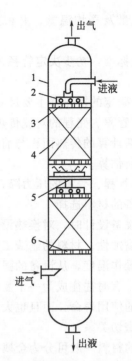

图 4-3　板式塔的结构示意图　　　　　　图 4-4　填料塔的结构示意图

1—塔壳体；2—塔板；3—溢流堰；　　　　1—塔壳体；2—液体分布器；3—填料压板；4—填料；

4—受液盘；5—降液管　　　　　　　　　5—液体再分布装置；6—填料支承板

（2）板式塔与填料塔的比较

塔设备的结构在一定程度上决定了其操作的流体力学状况和传质性能，板式塔和填料塔各有自己的特点。

板式塔中装有一定数量的塔板，气体自塔底向上以鼓泡喷射方式穿过塔板上的液层，使两相接触，进行传质；两相的组分浓度沿高度呈阶梯式变化。填料塔中装有一定高度的填料，气-液两相沿填料表面进行逆流传质。两相的组分浓度沿塔高呈连续变化。

填料塔的压力降一般比板式塔小。压力降小则意味着动力消耗少，操作费用低。

板式塔的空塔气速一般比传统填料塔的大。空塔气速大则表示生产能力大，在较大气速下仍不致发生液泛等非正常现象。但新型填料的空塔气速有较大提高。

板式塔有较大的操作弹性，适应于气、液负荷有较大波动的场合。尤其浮阀塔的操作弹性最大。

板式塔效率较稳定，塔径增大，效率将有所提高。填料塔则在小塔径下效率高，塔径增大，效率会下降，但新型规则填料例外。板式塔直径大时造价比填料塔低，但对直径小于 φ800 的塔，则填料塔造价较低；板式塔安装维修较填料塔容易，尤其是直径较大的塔。

选择塔型时应综合考虑各种因素，针对主要矛盾选用合适塔型：对于具有腐蚀性的物料，宜选择填料塔，因为填料可选用陶瓷或其他耐腐蚀材料；易起泡的物料宜选填料塔，因为填料不易形成泡沫；具有热敏性的物料宜减压操作，以防过热，故应选用压降小的填料塔；有悬浮物或易结垢的物料以板式塔为宜，因为填料塔多数容易堵塞；若物系在传质过程中伴有热效应，需引出热量，以板式塔为宜。

（3）板式塔的塔板型式及选用

塔板是板式塔气-液两相接触的基本元件，根据结构，塔板分有溢流装置塔板和无溢流装置塔板两种。有溢流装置塔板又可分为鼓泡型塔板和喷射型塔板。

鼓泡塔包括浮阀塔、筛板塔、泡罩塔等。其中浮阀塔是目前应用最广泛的一种板式塔，虽然它的造价稍高于筛板塔，且生产能力、塔板效率也稍低于筛板，但其突出特点是操作弹性大。筛板塔结构简单，造价低，生产能力高，压降低，塔板效率高。近年来出现的适用于污浊液体的大孔径筛板和大液气比场合的导向筛板等新型式，使其应用更为广泛。其缺点是易漏液，操作弹性小。

喷射型塔板包括舌形塔板、斜孔塔板等，是在塔板上开定向孔道，孔道的法线与板平面成一锐角，当气流从定向孔口喷出时，可形成大的液气交界面和流体的湍动，造成良好的传质条件。

无溢流塔板（穿流式塔板）包括：穿流式栅板（板上开有长条形栅缝）、穿流式筛板（板上开有比有溢流筛板大的孔）、穿流式浮阀塔等。由于省去了溢流装置，该塔板有生产能力大、结构简单、压降小、不易堵塞的优点，但操作弹性小，塔板效率低。对有腐蚀性物料或污浊物料可优先考虑。

在空塔速度较大，塔顶溅液现象严重以及工艺过程不允许出塔气体夹带雾滴的情况下，需在塔顶气体出口端设置除沫器，以减小液滴的夹带，保证气体的纯度。常用的除沫器有折板式、丝网式、旋流板式等。

（4）填料塔的填料及附属结构

① 填料　填料的材料有陶瓷、金属、塑料等。陶瓷填料耐腐蚀，耐高温，但易碎。金属填料耐高温，但一般碳钢不耐蚀，不锈钢价格较贵。塑料填料一般有较好的耐蚀性，但不耐高温。填料按结构形态可分为规则填料和乱堆填料两大类。目前应用最多的是规则填料，尤其是波纹填料，其特点是气流流道规则，气-液分布均匀，液泛气速高，压降低，效率高。对于一些要求持液量较高的吸收体系，则应考虑选用乱堆填料。在乱堆填料中，综合技术性能较优的是金属鞍环、阶梯环，其次是鲍尔环、矩鞍填料等。

② 附属结构　填料塔的附属结构包括液体分布器、液体再分布器和填料支承等。

液体分布器的作用是使液体均匀分布在填料层上，这对于气速均匀分布、保证填料塔达到预期传质效果十分重要。一般根据塔径大小按每 $30\sim60cm^2$ 塔截面设置一个喷淋点，波纹填料对液体均匀分布的要求更高。液体分布器通常需高于填料层表面 $150\sim300mm$。常用的液体分布器有多孔排管式分布器、溢流管式、盘式分布器、槽式分布器。为了防止液体在填料层向下流动时流向塔壁形成"壁流"效应，提高填料塔的传质效率，填料层必须分段，段间安装液体再分布器。金属填料每段高度不超过 $6\sim7.5m$，塑料填料不超过 $3\sim4.5m$，瓷环不超过 $2.5\sim3m$。液体再分布器的结构与液体分布器相同，但需配适宜的液体收集装置。

塔设备对填料支承的要求是：要有足够的强度、足够大的自由截面、有利于液体的再分布。填料在大压降下操作时，应在填料层上加填料压板（陶瓷填料用）或填料限制板（塑料或金属填料用），以防止填料因气流冲击而破碎或被气流带走。

（5）塔设备的工艺计算

计算塔径，关键是求出液泛气速并确定空塔气速，空塔气速是计算塔径的依据。

计算理论板数以确定板式塔的塔板数或填料塔的填料层高度；板式塔还须进行塔板的开孔区和溢流区的设计和计算。

进行流体力学计算，包括气流通过塔板或填料的压降、板式塔漏液点的计算，雾沫夹带和液泛的校核计算等，保证设备的工作点落在稳定操作区内。一般应算出气、液流量的上限和下限，划出设备的稳定操作范围。

4.1.3 反应设备的设计

反应设备是过程工业生产中的关键设备。一般来说，过程工业生产中的有机反应不可能百分之百地完成，也不可能只生成一种产物，但是，人们可以通过各种手段加以控制，在尽可能抑制副反应的前提下，努力提高反应过程的转化率。这一点在过程工业生产中是非常重要的。提高转化率、减少副反应，不仅可以提高反应器的生产能力、降低反应过程中的能量消耗，而且可以充分有效地利用原料，减轻后续分离设备的负荷，降低分离所需能量。一个好的反应设备应能保证实现这些要求，并能为操作控制提供方便。过程工业生产的特点，对反应设备的选型和设计提出了如下基本要求：

ⅰ.反应器内要有良好的传质和传热条件；

ⅱ.建立合适的浓度、温度分布体系；

ⅲ.对于强放热或吸热反应要保证足够的传热速率和可靠的热稳定性；

ⅳ.根据操作温度、压力和介质的腐蚀性，要求设备材料、型式和结构具有可靠的机械强度和抗腐蚀性能。

（1）反应设备的类型

过程工业产品品种繁多，加之反应类型（如氧化、裂化、重整、加氢和聚合等）、物料聚集状态（气体、液体和固体等）、反应条件（如温度和压力）差异都很大，操作方法又各有不同（如间歇和连续），因此所采用的反应设备必然是多种多样的。为便于分析研究各种反应设备的特点、基本原理、操作特性和进行反应器选型、设计，需将反应设备进行科学分类。根据反应器的不同特性，有不同的分类方法。可以根据反应器内物料相态、操作方式、结构型式进行分类，也可按照换热方式分类。

① 管式反应器　特征是长度较管径大，内部中空，不设置任何构件，如图4-5（a）所示。返混小，所需反应器体积较小，比传热面大，但对慢速反应，管要很长，压降大。多用于均相反应，如轻油裂解生产乙烯所用的裂解炉便属于此类反应器。

② 釜式反应器　又称反应釜或搅拌反应器，其高度一般与直径相等或稍高，如图4-5（b）所示。釜内设有搅拌装置及挡板，并可根据不同的情况在釜外或釜内安装传热构件以维持反应所需温度。适用性强，操作弹性大，连续操作时温度、浓度容易控制，产品质量均一，但高转化率时反应器体积大。它的应用十分广泛，一般用于均相反应，也可用于多相反应，如气-液反应、液-液反应、液-固反应以及气-液-固三相反应。许多酯化反应、硝化反应、磺化反应以及氯化反应等，都在釜式反应器中进行。

③ 塔式反应器　高度一般为直径的数倍以至十余倍，内部设有为了增加两相接触的构件如填料、筛板等。塔式反应器主要用于两种流体相反应的过程，如气-液反应和液-液反应。除板式塔和填料塔外，还有鼓泡塔和喷雾塔。鼓泡塔［图4-5（c）］用于进行气-液反应，它内部不设置任何构件，气体以气泡形式通过液层。喷雾塔［图4-5（d）］用于气-液反应，液体呈雾滴状分散于气体中，情况正好与鼓泡塔相反。无论哪一种型式的塔式反应器，参与反应的两种流体可以逆流，也可以并流，视具体情况而定。

④ 固定床反应器　特征是在反应器内填充有固定不动的固体颗粒，这些固体颗粒可以是固体催化剂，也可以是固体反应物。固定床反应器返混小，高转化率时催化剂用量少，催化剂不易磨损，但传热控温不易，催化剂装卸麻烦。它是一种被广泛采用的多相催化反应

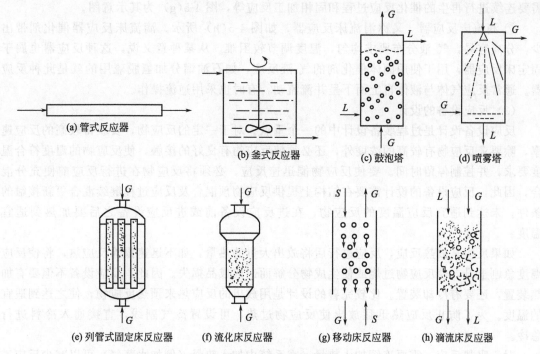

图 4-5　反应器类型

器，如氨合成、甲醇合成、苯氧化以及邻二甲苯氧化反应都是在这种反应器中进行的。图
4-5(e) 所示为一列管式固定床反应器，管内装有催化剂，反应物料自上而下通过床层，管
间的载热体与管内的反应物料进行换热，以维持所需的温度条件。对于放热反应，往往使用
冷的原料作为载热体，借此将其预热至反应所要求的温度，然后再进入床层，这种反应器称
为自热反应器。也有在绝热条件下进行反应的固定床反应器。除多相催化反应外，固定床反
应器还用于气-固及液-固非催化反应。

　　⑤ 流化床反应器　是一种有固体颗粒参与的反应器，与固定床反应器不同，这些颗粒
处于运动状态，且其运动方向是多种多样的。流化床反应器内流体与固体颗粒所构成的床层
犹如沸腾的液体，故又称沸腾床反应器。因此这种床层具有与液体相类似的性质，又称作假
液体层。图 4-5(f) 是这种反应器的示意图，反应器下部设有分布板，板上放置固体颗粒，
流体自分布板下送入，均匀地流过颗粒层。当流体速度达到一定数值后，固体颗粒开始松
动，再增大流速即进入流化状态。流化床反应器传热好，温度均匀，易控制，催化剂有效系
数大，颗粒输送容易，但磨耗大，床内返混大，对催化剂不利，操作条件限制较大。反应器
内一般都设置有挡板、换热器以及流体与固体分离装置等内部构件，以保证得到良好的流动
状态、所需的温度条件以及反应后的物料分离。流化床反应器可用于气-固、液-固以及气-
液-固催化或非催化反应，是工业生产中较广泛使用的反应器，典型的例子是催化裂解反应
装置，萘氧化、丙烯氨氧化和丁烯氧化脱氢等也采用此反应器。流化床反应器用于固相加工
也是十分常见的，如黄铁矿和闪锌矿、石灰石的煅烧等。

　　⑥ 移动床反应器　也是一种固体颗粒参与的反应器，与固定床反应器相似，不同之处
是固体颗粒自反应器顶部加入，自上而下移动，由底部卸出，如固体颗粒为催化剂，则用提
升装置将其输送至反应器顶部返回反应器内。移动床反应器固体返混小，固气比可变性大，
颗粒传送较易，床内温差大，调节困难。反应流体与颗粒成逆流，此种反应器适用于催化剂

需要连续进行再生的催化反应过程和固相加工反应等，图 4-5(g) 为其示意图。

⑦ 滴流床反应器　又称涓流床反应器，如图 4-5(h) 所示。滴流床反应器催化剂带出少，分离容易，气-液分布要求均匀，温度调节较困难。从某种意义说，这种反应器也属于固定床反应器，用于使用固体催化剂的气-液反应，如石油馏分加氢脱硫用的就是此种反应器。通常反应气体与液体自上而下呈并流流动，有时也采用逆流操作。

（2）反应设备的设计

反应设备设计是过程装备设计中的一个重点。对于一定的反应物，要获得较高的反应速率，除要求反应物有较高的浓度外，还必须使反应物有良好的接触，使反应物的温度符合温度要求，并控制停留时间。要使反应物能迅速反应，必须将反应物在进行反应前便充分混合，因此，反应设备的设计需要在结构上提供反应物预混合及反应过程继续混合更新接触的条件。未达到适宜反应温度的反应物，在进反应设备前或进反应设备之后要加热到适宜温度。

如果反应是放热反应，反应进行后将放出大量的热量，如不迅速排除反应热，将使反应温度急剧上升，使反应物过烧或使生成物分解而造成成品损失。因此，反应设备不但要有加热装置，还要有冷却装置。比较完善的设计是用放出的反应热来预热反应物，使之达到适宜的温度。为了防止反应热迅猛放出使反应物过热，可设置冷气副线，直接通入冷料进行急冷。

对于吸热反应，需要连续加入热量。在系统中加入热量（例如水蒸气）可以减少反应进行时的温度下降，使反应物维持适宜的温度水平。如果是分段进行的反应，可在段间设置单独的加热器。同时，在设计反应设备时，应使物料在反应设备内的停留时间稍多于反应所需的时间。设计反应设备时须注意防止物料的短路与滞留两种现象的产生。

以上三个问题，是反应设备设计的要素，也是反应设备正常运行的关键问题。

简单地说，对于一个工业反应过程而言，反应器设计的任务是要选择适宜的反应设备型式、结构、操作方式和工艺条件，在满足各项约束条件的前提下，确定合理的反应转化率、选择率和相应的反应器尺寸，使工业生产过程的生产成本达到最低值。

4.1.4　储运设备的设计

储运设备主要是用于储存与运输各种气态或液态的原料和产品，在石油、化工、能源、环保、轻工、制药及食品等行业应用广泛，其中最常用的是储罐。

储罐有多种分类方法。根据外形与布置方式，过程工业中常用的有立式储罐、卧式储槽和球形储罐等；根据使用温度分为低温储罐、常温储罐和高温储罐。

相对于前述的换热设备、传质设备和反应设备，储存设备的设计要简单得多，一般是根据所需储存物料的体积或质量，根据储存设备的工作条件（环境温度、储存压力），结合储存介质的性质及装量系数，先计算出储存设备的容积，再根据相关标准，确定其直径与高度后，计算并校核设备的壁厚，以保证设备的安全运行。设计时必须考虑物料的完全排出，即储存设备必须设有排空阀。

在确定结构型式后，需对各主要非标准零部件进行计算。主要计算内容如下。

（1）筒体及封头计算

主要根据强度条件计算筒体和封头的厚度，但当容器内压力很低时，按强度计算公式所得的壁厚可能很小，这时应根据容器的刚度要求来确定容器最小壁厚。安置于室外的高大塔设备，除了根据压力进行壁厚计算外，还必须进行操作和非操作条件下塔体的强度和振动计算。当容器壳体开孔时，若孔径超过允许不另行补强的最大孔径，则必须按要求进行补强面积的计算。

（2）支座的计算

立式容器一般采用裙式支座，需对其进行强度验算。卧式容器一般采用鞍式支座，数量一般为两个，其中一个为固定支座，另一个必须是活动的，以保证设备受热后，能自由伸长。鞍式支座的设计计算内容包括：验算支座本身的强度；校核支座处筒体局部应力以及设备上由自身质量引起的弯曲应力。

（3）材料的选择

现代过程装备的操作条件十分复杂，温度从 $10 \sim 2000K$，压力从 $0.001 \sim 200MPa$，处理的物料有的易燃易爆，有的有剧毒，有的腐蚀性很强，因此对设备用材料提出了各种不同的要求。不仅要考虑设备结构、制造工艺、使用条件和使用寿命等，还要考虑其耐蚀性能、机械性能、来源、价格等因素。

材料的机械强度是选材的重要依据，设计中主要考虑的是强度极限和屈服极限，高温时还要考虑蠕变极限和持久极限。塑性延伸率及冲击韧性也是选择材料的重要因素。对于有腐蚀性的物料，要求材料有良好的耐蚀性。

4.2 过程机械的选型

过程工业的生产离不开各种不同型式的机械，如用于原料输送的泵和压缩机，用于产品分离的分离机械，用于原料与产品干燥的干燥机械等。对于这类机械，由于其结构复杂，设计及制造周期均较长，且成本较高，目前各专业厂家针对各种机械，均按不同的生产规模形成了系列化，使其生产成本大幅降低。用户只需根据自己的使用要求，合理选型即可。

4.2.1 过程机械的选型原则

各种过程机械都有不同的型式和规格，在某一个场合究竟应该用哪一种更合适呢？这就是如何选型的问题。机器的选型首先要分析工艺要求，然后在基本能满足工艺要求的机型中选择运行可靠性好、结构简单、维修方便、价格便宜的机型。

（1）工艺要求

过程装备的最基本任务是实现预定的过程。因此，仔细研究、分析工艺对装备的要求是至关重要的，分析工艺要求的主要内容见表 4-2。

表 4-2　分析工艺要求的主要内容

介质特性	工艺过程涉及的原料、中间产品、最终产品、副产品的物理化学性质
生产能力	生产规模对选择机械规格、型式关系很大。如活塞式压缩机适用于中小型气量各种压力，离心式压缩机适用于大气量低压力
运转中工艺参数变化情况	在运转中难免发生运行条件的变化，要考虑到可能出现的极限温度、压力、流量、液位等。所选机械应具有适应工艺参数变化的能力。离心式压缩机减小排气量有限，否则会引起机组喘振。泵输送高温液体要特别注意吸入特性以避免发生气蚀
选材	生产的工艺参数如温度、压力和物料有无腐蚀性，产品对杂质污染有无特殊要求，如食品、药物
运转控制方式	运转控制方式由流量、温度、压力、液位等参数变化对生产影响而定。一般情况，自动、手动都可以，但有些场合手动达不到调节精度，必须采用自动控制
结构要求	防泄漏、防潮、防爆等特殊结构要求

（2）选型要点

经过周密的工艺分析，明确了对机械的要求后，就可根据表 4-3 所列的一般规则开展机器的选型。

表 4-3　机械选型的一般规则

可靠性	在现代化生产装置中，常采用单机单系统，一台机器发生故障就意味着生产停顿，因此对这类机器的可靠性要求很高。需要对选用机型的在用机器进行调查
性能	对生产中发生参数变化要有很好的适应能力、效率高、能耗低
运行维修	装拆方便，操作、运行稳定，一旦发生故障要能及时显示，以便尽快排除，以免造成重大损失
结构	优先考虑摩擦件少、无动力不平衡或动力平衡性能较好、无周期性性能变化的机型。尽可能减少因摩擦磨损、振动影响机器的使用寿命
价格	价格低

经过上述综合分析后选出的机型既满足了生产工艺的要求，又价格便宜、运行可靠、操作稳定、维修方便、运转费用低。但实际上往往不能找到一种十分完善的机型，这就要根据实际情况分清主次、综合考虑，选择一种相对适用的机型。

4.2.2　输送机械的选型

物料输送机械是过程工业中最常见的设备，人们常将其比喻为过程工业生产系统的"心脏"。物料输送机械在生产系统中的作用主要有以下三个方面：

ⅰ.为生产系统提供所需的原料；

ⅱ.为流体提供动力，以满足输送要求；

ⅲ.为工艺过程创造必要的压力条件。

过程工业生产中被输送物料的物性和操作条件有很大的差异，有时甚至会涉及多相流体的输送。为满足不同的输送需要，生产厂家研发了多种结构与特性各异的输送机械。总体来说，输送机械可分为液体输送机械（统称泵）、气体输送机械和固体输送机械。

4.2.2.1　液体输送机械的选型

液体输送是生产中最常遇到的操作之一。泵是将原动机的机械能转换成液体能量的机械，可用来增加液体的位能、压力能、动能（高速液流），从而实现液体输送或提高液体压力。

过程工业用泵的类型很多，根据泵的工作原理和结构形式，可将泵分为速度式泵和容积式泵两大类。

① 速度式泵　依靠快速旋转的叶轮对液体的作用力而将机械能传递给液体，使其动能和压力能增加，再通过泵壳将大部分动能转变成压力能，以实现流体输送。速度式泵又称叶轮式泵或叶片式泵，包括离心泵、旋涡泵和特殊泵等。

② 容积式泵　依靠工作元件在泵缸内作往复或回转运动，使泵室容积交替地增大或缩小，以实现液体的吸入和排出，如活塞泵、柱塞泵、齿轮泵、螺杆泵等。容积式泵的吸入侧和排出侧需严密隔开。

工作元件作往复运动的容积式泵称往复泵。往复泵的吸入和排出过程在同一泵缸内交替进行，并由吸入阀和排出阀加以控制。

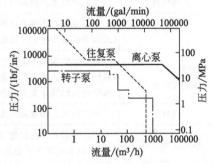

图 4-6　泵的适用范围

　　作回转运动的泵称为回转泵，它通过齿轮、螺杆、滑片等的旋转作用迫使液体从吸入侧转移到排出侧。回转泵不需要吸入阀和排出阀。

4.2.2.1.1　泵的特性和使用要求

（1）泵的特性和适用范围

泵的特性和适用范围见表4-4和图4-5。

表 4-4　泵的特性

指标		速度式泵			容积式泵	
		离心泵	轴流泵	旋涡泵	往复泵	转子泵
流量	均匀性	均匀			不均匀	比较均匀
	稳定性	不恒定,随管道情况变化而变化			恒定	
	流量/(m³/h)	1.6～30000	150～245000	0.1～10	0～600	1～600
扬程	特点	对应一定的流量,只能达到一定的扬程			对于一定的流量可能达到不同的扬程,由管道确定	
	范围	10～2600m	2～20m	8～150m	0.2～100MPa	0.2～60MPa
效率	特点	在设计点最高,偏离越远,效率越低			扬程高时效率降低较小	扬程高时效率降低较大
	范围(最高点)	0.5～0.9	0.7～0.9	0.25～0.5	0.7～0.85	0.6～0.8
应用特点		结构简单,造价低,体积较小,重量轻,安装检修方便			结构复杂,振动大,体积大,造价高	同离心泵
操作与维修	流量调节方法	出口节流或改变流速	出口节流或改变叶片安装角度	不能用出口阀调节,只能用旁路调节	同旋涡泵,还可调节转速和行程	同旋涡泵,还可调节转速
	自吸作用	一般没有	没有	部分型号有	有	有
	启动	出口阀关闭	出口阀全开		出口阀全开	
	维修	简便			麻烦	简便
适用范围		黏度较低的各种介质	特别适用于大流量、低扬程、黏度较低的介质	特别适用于小流量、较高压力的低黏度清洁介质	适用于高压力、小流量的清洁介质(含悬液或完全要求无泄漏可用隔膜泵)	适用于中低压力、中小流量,尤其适用于黏度高的介质
性能曲线						

（2）泵的特点及选用要求

过程工业中应用的典型泵有进料泵、回流泵、塔底泵、循环泵、产品泵、注入泵、排污泵、燃料油泵、润滑油泵和封液泵等，其特点和选用要求见表4-5所示。

表 4-5　典型泵的特点和选用要求

泵名称	特　点	选用要求
进料泵（包括原料泵和中间给料泵）	① 流量稳定 ② 一般扬程较高 ③ 有些原料黏度较大或含固体颗粒 ④ 泵入口温度一般为常温，但某些中间给料泵的入口温度也可大于 100℃ ⑤ 工作时不能停车	① 一般选用离心泵 ② 扬程较高时，可考虑用容积式泵或高速泵 ③ 泵的备用率为 100%
回流泵（包括塔顶、中段及塔底回流泵）	① 流量变动范围大，扬程较低 ② 泵入口温度不高，一般为 30～60℃ ③ 工作可靠性要求高	① 一般用离心泵 ② 泵的备用率为 50%～100%
塔底泵	① 流量变动范围大（一般用液位控制流量） ② 流量较大 ③ 泵入口温度较高，一般大于 100℃ ④ 液体一般处于气液两相态 ⑤ 工作可靠性要求高 ⑥ 工作条件苛刻，一般有污垢沉淀	① 一般选用离心泵 ② 选用低汽蚀流量泵，并采用必要的灌注头 ③ 泵的备用率为 100%
循环泵	① 流量稳定，扬程较低 ② 介质种类繁多	① 选用离心泵 ② 按介质选用泵的型号和材料 ③ 泵的备用率为 50%～100%
产品泵	① 流量较小 ② 扬程较低 ③ 泵入口温度低（塔顶产品一般为常温，中间抽出和塔底产品温度稍高） ④ 某些产品泵间歇操作	① 选用离心泵 ② 对纯度高或贵重产品，要求密封可靠，泵的备用率为 100% ③ 对连续操作的产品泵，备用率为 50%～100% ④ 对间歇操作的产品泵，一般不设备用泵
注入泵	① 流量很小，计量要求严格 ② 常温下操作 ③ 排压较高 ④ 注入介质为化学药品、催化剂等，往往有腐蚀性	① 选用柱塞泵或隔膜计量泵 ② 对腐蚀性介质，泵的过流元件通常采用耐腐蚀材料 ③ 一般间歇操作，可不设备用泵
排污泵	① 流量较小，扬程较低 ② 污水中往往有腐蚀性介质和磨蚀性颗粒 ③ 连续输送时要求控制流量	① 选用污水泵 ② 常需采用耐腐蚀材料 ③ 泵的备用率为 50%～100%
燃料油泵	① 流量较小，泵的出口压力稳定 ② 黏度较高 ③ 泵的入口温度一般不高	① 根据不同的黏度，选用转子泵或离心泵 ② 泵的备用率为 100%
润滑油泵或封液泵	① 润滑油压力一般为 0.1～0.2MPa ② 机械密封封液压力一般比密封腔压力高 0.05～0.15MPa	① 一般均随主机配套供应 ② 一般为螺杆泵和齿轮泵 ③ 大型离心压缩机组的集中供油往往使用离心泵

4.2.2.1.2　泵的选型

(1) 选型参数的确定

① 输送介质的物理化学性能　直接影响泵的性能、材料和结构，是选型时需要考虑的重要因素。介质的物理化学性能包括介质名称、介质特性（如腐蚀性、磨蚀性、毒性等）、固体颗粒含量及颗粒大小、密度、黏度、蒸气压等。必要时还应列出气体含量，说明介质是否易结晶等。

② 工艺参数　是泵选型的重要依据，应根据工艺流程和操作变化范围慎重确定。

流量 是指工艺装置生产中要求泵输送的介质量，工艺人员一般应给出正常、最大和最小值。泵数据表上往往只给出正常和额定流量，选泵时要求额定流量不小于装置的最大流量，或取正常流量的 1.1～1.5 倍。

扬程 是指工艺装置所需的扬程值，也称计算扬程。一般要求泵的额定扬程为装置所需扬程的 1.05 倍。

进口压力和出口压力 指泵进、出口接管法兰处的压力。进、出口压力的大小影响壳体的耐压和轴封的要求。

温度 指泵的进口介质温度，一般应给出工艺过程中泵进口介质的正常、最低和最高温度。

③ **现场条件** 包括泵的安装位置（室内、室外）、环境温度、相对湿度、大气压力、大气腐蚀状况及危险区域的划分等级等条件。

（2）泵的类型、系列和型号的确定

① **泵的类型** 应根据装置的工艺参数、输送介质的物理和化学性质、操作周期和泵的结构特征等因素合理选择。图 4-7 所示为泵类型选择框图。根据该框图可以初步确定符合装置参数和介质特性要求的泵类型。

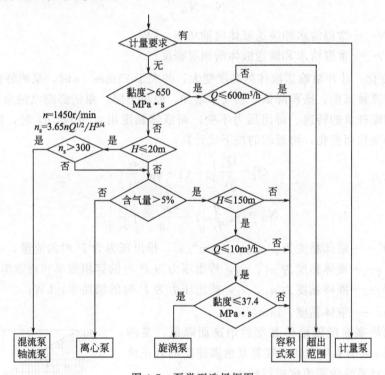

图 4-7　泵类型选择框图

② **泵的系列** 是指泵厂生产的同一类结构和用途的泵。当泵类型确定后，就可根据工艺参数和介质特性来选择泵的系列和材料。

③ **泵的型号** 泵的类型、系列和材料选定后，就可根据泵生产厂提供的样本及有关资料确定泵的型号（即规格）。

4.2.2.1.3　泵的性能换算

样本提供的性能参数是以清水在标准试验条件下得到的，往往与实际生产情况有差别，所以，正确选用泵就要进行必要的性能换算。

① **性能换算** 对切割叶轮利用切割定律进行性能换算。

② 改变转速　叶片泵的流量在转速的 ±20% 范围内变化时仍保持相似，可近似按比例定律进行性能换算。

齿轮泵和螺杆泵的流量随转速而变化，液体黏度和排出压力不变而转速 n_1 降为 n_2 时，将会引起流量 Q_1 和功率 N_1 的减少，可近似地按下式计算

$$Q_2' = \frac{Q_1'}{\eta_v} \left[\frac{n_2}{n_1} - (1 - \eta_V) \right] \tag{4-5}$$

式中　n_1，n_2——齿轮泵、螺杆泵转速变化前后的转速，r/min；

$\quad\quad$ Q_1'，Q_2'——转速为 n_1、n_2 时的流量，$\mathrm{m^3/h}$；

$\quad\quad$ η_V——转速为 n_1 时的容积效率，%。

如果忽略往复次数对泵的容积效率的影响，往复泵的流量和轴功率与往复次数近似成正比变化。

③ 相对密度变化　输送液体的相对密度与 20℃ 清水不同时，对泵的流量、扬程和效率不产生影响，只有泵的轴功率随之变化，其关联式为

$$N = N_{\mathrm{w}} \frac{\gamma}{\gamma_{\mathrm{w}}} \tag{4-6}$$

式中　N_{w}，N——常温清水和输送液体的轴功率，kW；

$\quad\quad$ γ_{w}，γ——常温清水和输送液体的相对密度。

④ 黏度变化　叶片泵输送液体的黏度变大，并大于 $25\mathrm{mm^2/s}$ 时，泵的特性将产生较大的变化，会使流量减少，扬程降低，轴功率增加，效率下降，泵的必需汽蚀余量增大。

齿轮泵和螺杆泵的转速、排出压力不变，而液体黏度由 μ_1 增至 μ_2 时，流量和轴功率将随着黏度的变化而变化，可近似的按下式计算

$$Q_2' = \frac{Q_1'}{\eta_V} \left[1 - (1 - \eta_V) \frac{\mu_1}{\mu_2} \right] \tag{4-7}$$

$$N_2 = N_1 \frac{\eta}{\eta_V} \left[1 + \frac{\eta_V - \eta}{\eta} \sqrt{\frac{\mu_2}{\mu_1}} \right] \tag{4-8}$$

式中　Q_1'，Q_2'——液体黏度为 μ_1、μ_2（$\mathrm{mm^2/s}$），排出压力为 P 时的流量，$\mathrm{m^3/h}$；

$\quad\quad$ η_V，η——液体黏度为 μ_1、μ_2，排出压力为 P 时的容积效率和总效率，%；

$\quad\quad$ N_1，N_2——液体黏度为 μ_1、μ_2，排出压力为 P 时的轴功率，kW；

$\quad\quad$ μ_1，μ_2——液体黏度，$\mathrm{mm^2/s}$。

往复泵的活塞速度随液体黏度的增高而降低，泵的流量减少。图 4-8 为黏度变化时往复泵活塞速度的修正曲线，可按此图对泵的活塞速度进行校正。

4.2.2.2　气体输送机械的选型

气体输送设备也是过程工业中最常用的一种设备。根据排气压力，气体输送机械可分为压缩机和风机两类。压缩机主要用于高排气压力的场合，而风机适用于排气压力低的场合。

4.2.2.2.1　压缩机的选型

根据工作原理和结构型式，压缩机的分类如下。

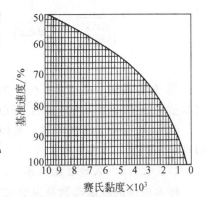

图 4-8　输送不同黏度液体时，往复泵活塞速度的修正曲线

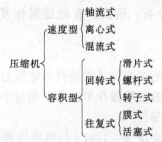

速度型压缩机靠高速旋转叶轮作用下的气体得到巨大的动能,随后在扩压器中急剧降速,使气体的动能转变为势能,即压力能。容积型压缩机靠在气缸内作往复运动的活塞或回转运动的转子使容积缩小而提高气体压力。

针对具体的工艺参数和工作环境,应选用最适合的型式。常见气体压缩机型式、特点及其适用范围见表 4-6。

表 4-6 常见气体压缩机型式及其特点

气体压缩机型式	特点及适用范围
往复式压缩机	① 压力范围广,在各种流量下均可高达 300MPa 以上 ② 单机调节范围大。可在由 0 到该机可能达到的最大排气量范围内的任何流量下工作 ③ 热效率较高 ④ 一般压力范围内对材料要求低,多用普通钢铁 ⑤ 单机难以做到大流量,运行时因往复运动惯性力作用有较大振动,气体排出时有脉动,是相连管道的主要振源。易损件多、维修工作量大
离心式压缩机	① 结构简单紧凑、振动小,气体压缩部分无易损件,被压缩气体较干净,基本不受润滑油污染 ② 气量调节范围较小,气量下降较多时可能引起压缩机喘振 ③ 高压比、小气量压缩机制造难度大 ④ 效率较低
回转式压缩机	① 结构简单、维修方便、气流稳定、比功率稍大 ② 回转式压缩机种类较多,往往用在较为特殊的场合
轴流式压缩机	① 流量特别大,排气压力不高 ② 对结垢、腐蚀和冲蚀比离心式压缩机敏感。用于空气和洁净气体 ③ 效率比离心式压缩机高

压缩机使用润滑油可降低摩擦、减少磨损、吸收滑动摩擦热、缓和冲击力,有利于提高摩擦件的使用寿命。但润滑油耗损增加了运行成本。一般一个气缸耗油大约 $100\sim500\text{mL/h}$,其中大约 10％混入被压缩气体,污染了气体。润滑油中还有少量热稳定剂、抗氧化剂、防乳化剂、防锈剂、金属等,有时还可能影响直接接触压缩气体的产品质量、催化剂的寿命。因此,对气体质量要求高的场合,如仪表用气体、食品灌装用气体,混入氧气等杂质有爆炸危险的场合,要采用无油润滑结构。密封环采用具有良好自润滑性的材料,如填充玻璃纤维、碳纤维、青铜粉、石墨、二硫化钼等(或其中的若干种)的聚四氟乙烯环,或采用迷宫密封结构而不使用润滑油,或采用膜式压缩机以使气体与油完全隔开。

气量调节是压缩机运行中经常遇到的问题。活塞式压缩机的气量可以实现 0 至最大排气量之间的调节,调节范围大。离心式压缩机的气量调节范围不能太大,如排气量减少太多,会引起机组喘振。除以异步电动机作原动机的以外,离心式压缩机的气量调节均以改变转速 n 作为主要调节手段。

工艺压缩机一般均按所压缩介质和特定条件设计,与介质的物性关系极大。如果选用某种现有压缩机，需进行周密的分析、研究，有时还需作复算性计算，以免造成不必要的损失。

4.2.2.2.2 风机的选型

风机是利用叶轮和其他形式的高速转子来提升气体压力并输送气体的设备，在过程工业中主要用于排气、冷却、输送、鼓气等操作单元中。相对于其他过程机器来说，风机的结构比较简单，维护和检修也比较容易。

按照规定，在设计条件下，全压 $p<15kPa$ 的风机通称为通风机；压缩比为 $1.15<\varepsilon<3$ 或压差为 $15kPa<\Delta P<0.2MPa$ 的风机通称为离心式鼓风机；压缩比 $\varepsilon\geqslant2$ 或压差 $\Delta P>0.2MPa$ 的风机通称为透平式压缩机。

（1）风机的类型

在化工过程企业中，使用较多的是离心式通风机、离心式鼓风机、轴流式通风机、罗茨式鼓风机等。随着化工工艺流程的改进和节能型设计的推广，抽送、加压空气、烟气、蒸汽的风机越来越得到广泛应用。

离心式通风机 结构简单，制造方便。工作时通过叶轮高速旋转，将气体经过进风口沿轴向吸入叶轮，在叶轮内折转 90°流经叶道排出，最后由蜗壳将叶轮甩出的气体集中并导流后从出风口排出。气体在离心式风机中的流动先为轴向运动，后转变为垂直于风机主轴的径向运动，当气体通过叶轮的叶道时，由于叶片对气体做功，气体获得能量，压力提高、动能增加。

轴流式通风机 风压在 490Pa 以下，气体沿轴向流动的通风机称为轴流式通风机。与离心式通风机相比，轴流式通风机具有低压、大流量的特点。其用途主要是为工厂、车间通风换气。在化工企业中，使用较多的是凉水塔用轴流通风机，它主要用于凉水塔冷却通风。近年来，轴流式通风机已逐渐向高压方向发展，许多大型离心式通风机有被轴流式通风机取代的趋势。

罗茨鼓风机 具有排气量稳定、流量变化范围大、容积利用率大、容积效率高等优点，且结构紧凑，安装方式灵活多变，广泛用于污泥处理、烟气脱硫、物料输送、瓦斯与易燃易爆气体输送、重油喷燃、高炉冶炼、水产养殖、农药化工、甲醛合成等领域。但由于罗茨鼓风机每次吸入、排出的风量很大并有突变现象，从而产生较大的噪声，特别是在高压的情况下尤甚，且风量越大、压力越高、转速越快，则噪声就越大，因此使用中需要进行降噪处理，通常在气体进出口设置消声装置。

横流式通风机 也称贯流式通风机，具有结构简单、安装尺寸适宜和运转噪声低等优点，且具有薄而细长的出口截面，具有不必改变气体流动方向的特点，因此，该类型风机更适宜安装在各种扁平或细长形的设备里。近年来，由于空气调节技术的发展，要求有一种小风量、低噪声、压力适当和在安装上便于与建筑物相配合的小型风机。贯流式风机就是适应这种要求的新型风机。

斜流式通风机 又称混流式通风机，具有压力高、风量大、效率高、结构紧凑、噪声低、体积小、安装方便等特点，广泛应用于民用建筑的通排风、管道加压送风及工矿企业的通风换气场所。

筒形离心通风机 具有结构简单、装置所占空间较少、性能曲线平坦等特点，其风压比轴流风机高，效率高于多翼风机，噪声比轴流风机和多翼风机低。

（2）风机型式的选择

风机的主要特性参数与结构参数包括比转数 n_s、转速 n、叶轮外缘的圆周速度 u_2 和叶

轮直径 D_2 等。选择风机时要综合考虑，反复核算后确定。

风机的选型和设计中，生产工艺的流量和压力是给定的，在确定合适风机转速后，计算出风机的比转数 n_s，进而确定通风机的类型。

一般按下式来选择风机的型式

$$\begin{cases}\text{罗茨风机或其他回转式风机 } n_s < 10 \\ \text{前弯叶片离心机 } n_s = 16 \sim 65 \\ \text{后弯叶片离心机 } n_s = 20 \sim 90 \\ \text{单级双进气离心风机 } n_s = 90 \sim 95 \\ \text{轴流风机 } n_s \geqslant 100\end{cases}$$

（3）风机转速的确定

风机转速 n 即风机转子（叶轮）的转速，单位为 r/min。转速是风机的一个重要参数，直接影响比转数的大小，因而影响风机的机型和尺寸，同时对风机的噪声、效率及强度都有影响。提高转速可减小叶轮直径，进而减小风机的尺寸，有利于提高风机效率。但转速提高会增加叶轮的圆周速度，增加风机的噪声；同时转速增高，风机回转部件的离心惯性力增加，对风机强度和振动不利。因此，风机转速的选择需综合考虑风机的叶轮直径、圆周速度及噪声等。

风机选型和设计时，通常根据风机的运行要求，初选一个转速，经反复计算，最终确定风机的转速。选择转速的原则是所选用风机的几何尺寸不宜太大，叶轮的圆周速度不要太高，如不合适，可以根据计算结果调整重新计算。

风机由电动机直接驱动时，转速的选择还要考虑电机的额定转速。

4.2.2.3 固体输送机械的选型

除了气体和液体物料外，过程工业中也经常涉及固体物料。对于固体物料，其输送设备种类繁多，从大的方面可分为机械输送设备、气力和水力输送设备和交通运输工具（汽车、火车和船舶）。机械输送设备应用较为广泛，包括胶带输送机、螺旋输送机、斗式提升机和链板输送机等。

（1）胶带输送机

胶带输送机是过程工业中应用最为普遍的一种连续输送机械，可用于水平方向和坡度不大的倾斜方向对粉体和成件物料的输送，具有生产效率高、运输距离长、工作平稳可靠、结构简单、操作方便等优点。

胶带输送机的构造如图 4-9 所示。按机架结构形式不同可分为：固定式、可搬式、运行式三种。三者的工作部分都是相同的，所不同的只是机架部分。

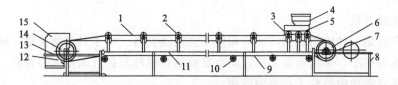

图 4-9 胶带输送机的构造

1—胶带；2—上托辊；3—缓冲托辊；4—漏斗；5—导料槽；6—传动滚筒；7—螺旋拉紧装置；8—尾架；9—空段清扫器；10—下托辊；11—中间架；12—弹簧清扫器；13—头架；14—改向滚筒；15—头罩

胶带输送机适于输送容积密度为 $500\sim2500\mathrm{kg/m^3}$ 的各种块状、粒状物料，也可用于输送成件物品。其适用的工作环境温度一般为 $-25\sim40℃$，对于在特殊环境中工作的胶带输送机，如要求有耐寒、耐热、防水、阻燃等条件，应采取相应的防护措施。

（2）螺旋输送机

螺旋输送机是一种最常用的粉体连续输送设备。其优点是构造简单，在机槽外部除了传动装置外，不再有转动部件；占地面积小；容易密封；管理、维护、操作简单；便于多点装料和多点卸料。其缺点是运行阻力大（阻力主要来自机械与螺旋叶片之间、螺旋面与物料之间、机槽与物料之间等），一般比其他输送机的动力消耗大，而且机件磨损较快，因此不适宜输送块状、磨琢性较大的物料；由于摩擦大，所以在输送过程中物料有较大的粉碎作用，因此需要保持粒度一定的物料不宜用这种输送机；由于各部件有较大的磨损，所以这种输送设备只用于较低或中等生产率（100$\mathrm{m^3/h}$）的生产中，且输送距离不宜太长。

螺旋输送机的内部结构如图 4-10 所示。料槽的下半部是半圆形，螺旋轴沿纵向放在槽内。当螺旋轴转动时，物料由于其质量及它与槽壁之间摩擦力的作用，不随螺旋轴一起转动，这样由螺旋轴旋转而产生的轴向推力就直接作用到物料上而成为物料运动的推动力，使物料沿轴向滑动。物料在螺旋轴的旋转过程中朝着一个方向推进到卸料口处卸出。

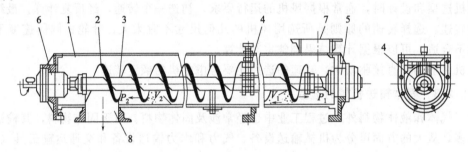

图 4-10　螺旋输送机内部结构

1—料槽；2—叶片；3—转轴；4—悬挂轴承；5,6—端部轴承；7—进料口；8—出料口

螺旋输送机由于机壳内物料的有效断面较小，所以不宜输送大块物料，可输送各种粉状、小颗粒状的物料；不宜输送容易变质、黏性大、易结块的物料，因为这类物料在输送时会黏结在螺旋上，造成物料积塞而使输送机无法工作。由于功率消耗大，因此输送长度一般要小于 70m；当输送距离大于 35m 时应采用双端驱动。可用于水平或倾斜输送，一般输送倾角要小于 20°，且只能单向输送。工作环境温度在 $-20\sim50℃$ 范围之内，被输送物料的温度应小于 200℃。

（3）斗式提升机

斗式提升机是一种应用较为广泛的粉体垂直输送设备。由于其结构简单，横截面的外形尺寸小，占地面积小，系统布置紧凑，具有良好的密封性及提升高度大等特点，在现代过程工业的粉体垂直输送中得到了普遍的应用。

我国目前采用的斗式提升机主要有三种，即带式、环链式和板式。

D 型（胶带斗式提升机）　用于输送磨琢性较小的块状物料，选用普通胶带时温度不超过 80℃，使用耐热胶带的最高使用温度为 200℃。

HL 型（环链形斗式提升机）　用于输送磨琢性较大的块状物料，被输送物料的温度不应超过 250℃。

PL 型（板式套筒滚子链斗式提升机） 简称板链斗式提升机，适用于输送中等、大块、易碎、磨琢性较大的块状物料，被输送物料的温度不应超过 250℃。

（4）链板输送机

链板输送机也是一种应用较为广泛的粉体输送设备。这类输送设备的主要特点是以链条作为牵引构件，另以板片作为承载构件，板片安装在链条上，借助链条的牵引，达到输送物料的目的。根据输送物料种类和承载构件的不同，链板输送机主要有板式输送机、刮板输送机和埋刮板输送机三种。

板式输送机 特点是：输送能力大；能水平输送物料，也能倾斜输送物料，一般允许最大输送倾角为 25°～30°（如果采用波浪形板片，倾角可达 35°或更大）；由于它的牵引件和承载件强度高，输送距离可以较长，最大输送距离为 70m；特别适合输送沉重、大块、易磨和炽热的物料，一般物料温度应小于 200℃。但其结构笨重，制造复杂，成本高，维护工作繁重，所以一般只在输送灼热、沉重的物料时才选用。

刮板输送机 适用在水平或小倾角方向输送散、粒状物料，如碎石、煤和水泥熟料等，不适宜输送易碎的、有黏性的或会挤压成块的物料。该输送机的优点是结构简单，可在任意位置装载和卸载；缺点是料槽和刮板磨损快，功率消耗大，因此输送长度不宜超过 60m，输送能力不大于 200t/h，输送速度一般在 0.25～0.75m/s。

埋刮板输送机 是一种连续粉体输送设备，其主要特点是：物料在机壳内封闭运输，扬尘少，布置灵活，可多点装料和卸料；设备结构简单，运行平稳，电耗低；水平运输长度可达 80～100m，垂直提升高度为 20～30m。

由于它在水平和垂直方向都能很好地输送粉体和散粒状物料，因此近年来在过程工业的各部门得到了较多的应用，主要用于输送粒状、小块状或粉状物料。对于块状物料一般要求最大粒度不大于 3mm；对于硬质物料要求最大粒度不大于 1.5mm。不适用于输送磨琢性大、硬度大的块状物料；也不适用于输送黏性大的物料。对于流动性特强的物料，由于物料的内摩擦系数小，难于形成足够的内摩擦力来克服外部阻力和自重，因而输送困难。

4.2.3 分离机械的选型

过程工业中，无论是原料的制备还是产品的精制，经常会涉及液-固混合物与液-液混合物中物料的分离。对于不同的原料液，适用的分离方法不同，分离机械也各异，这需根据物料的性状进行合理的选择。

对于液-固混合物，由于固体不溶于液体，大多采用过滤和沉降的方法进行分离。对于液-液混合物，由于两种液体组成了均一的混合相，采用过滤的方法无法实现分离，此时可根据液体混合物中不同组分的密度差异，采用沉降和离心的方法进行分离。

为适应各种不同的生产工艺的要求，机械制造行业设计、制造了许多不同型号、规格的分离机械供各种过程工业系统选用。对于某种具体的物料体系，只需根据其物理和化学特性，选用合适的机械，即可完成分离任务。

4.2.3.1 过滤机的选型

过滤以重力和压力差为推动力，采用某种特定的过滤介质，将混合物中的固体物质拦截，从而实现固-液混合物的分离。常用过滤机的型式及适用范围见表 4-7。

表 4-7　过滤机的型式及适用范围

过滤方式	机型		适用滤浆特性			适用范围及注意事项
			浓度/%	过滤速度	滤饼厚度/mm	
连续式真空过滤	转鼓过滤机	① 带卸料式	2～65	低,5min 内须在鼓面上形成>3mm 厚的均匀滤饼		广泛应用于化工、冶金、矿山、环保、水处理等部门 固体颗粒在滤浆槽内几乎不能悬浮的滤浆。滤饼通气性太好,滤饼在转鼓上易脱落的滤浆不适宜 滤饼洗涤效果不如水平式过滤机
		② 刮刀卸料式	50～60	中、低,滤饼不黏	>5～6	
		③ 辊卸料式	5～40	低,滤饼有黏性	0.5～2	
		④ 绳索卸料式	5～60	中、低	1.6～5	
		⑤ 顶部加料式	10～70	快	12～20	用于结晶性化工产品过滤
		⑥ 内滤面		颗粒细、沉降快,1min 内形成 15～20mm 厚的滤饼		用于采矿、冶金、滤饼易脱落场合
		⑦ 预涂层	＜2	稀薄滤浆		适用于稀薄滤浆澄清、不宜用于获得滤饼的场合。适用于糊状、胶质等稀薄滤浆和细微颗粒易堵塞滤介质的难过滤滤浆
	圆盘过滤机	① 垂直型		快,1min 内形成 15～20mm 厚的滤饼层		用于矿石、微煤粉、水泥原料,滤饼不能洗涤
		② 水平型	30～50	快	12～20	广泛用于磷酸工业。适用于颗粒粗的滤浆,能进行多级逆流洗涤
	水平台型过滤机			快。1min 内超过 20mm 厚的滤饼		用于磷酸工业。适用于固体颗粒密度小于液体密度的滤浆。滤饼洗涤效果不理想
	水平带式过滤机		5～70	快	4～5	用于磷酸工业、铝、各种无机化学工业、石膏及纸浆等行业,适用于固体颗粒大。洗涤效果好
间歇式真空过滤机	叶型过滤机		适用于各种滤浆			生产规模不能太大
连续加压过滤	转鼓过滤机,垂直回转圆盘过滤机		适用各种浓度、高黏性滤浆			各种化工、石油化工,处理能力大,适用于挥发性物质过滤
	预涂层转鼓过滤机		稀薄滤浆			适用于难处理滤浆的澄清过滤
间歇式加压过滤机	板框型及凹板型压滤机		适用于各种滤浆			用于食品、冶金、颜料和染料、采矿、石油化工、医药、化工
	加压叶型过滤机		适用于各种滤浆			用于大规模过滤和澄清过滤,后者要有预涂层
重力式过滤	砂层过滤机		适于 10^{-6} 级的极稀薄滤浆			用于饮用水、工业用水的澄清过滤、废水处理、溢流水过滤

　　过滤机的选型要考虑过滤特性、滤浆物性和生产规模等因素。

　　① 过滤特性　滤浆按过滤性能分为良好、中等、差、稀薄和极稀薄五类。与滤饼的过滤速度、滤饼孔隙率、固体颗粒沉降速度和固相浓度等因素有关。

　　过滤性能良好的滤浆能在几秒钟内形成 50mm 以上厚度的滤饼,这种滤浆即使在搅拌器的作用下都无法维持悬浮状态。大规模处理可采用内部给料式或顶部给料式转鼓真空过滤机。若滤饼不能保持在转鼓的过滤面上或滤饼需充分洗涤的,则采用水平型真空过滤机。处理量不大时可用间歇操作的水平加压过滤机。

过滤性能中等的滤浆能在30s内形成50mm厚度的滤饼，这种滤浆在搅拌器作用下能维持悬浮状态。固体浓度一般为10％～20％（体积），能在转鼓上形成稳定的滤饼。大规模过滤可采用格式转鼓真空过滤机。滤饼需洗涤的可选水平移动带式过滤机，不需洗涤的可选垂直回转圆盘过滤机。小规模生产可采用间歇操作的加压过滤机。

过滤性能差的滤浆在500mmHg真空度下、5min内最多只能形成3mm厚的滤饼。固相浓度一般为1％～10％（体积），在单位时间内形成的滤饼较薄，很难从过滤机上连续排除滤饼。在大规模过滤时宜选用格式转鼓真空过滤机、垂直回转圆盘真空过滤机，小规模生产可用间歇操作的加压过滤机。若滤饼需充分洗涤可选真空叶滤机、立式板框压滤机。

固相浓度在5％（体积）以下的为稀薄滤浆，形成滤饼在1mm/min以下。大规模生产可采用预涂层过滤机或过滤面较大的间歇操作加压过滤机，小规模生产可选用叶滤机。

含固率低于0.1％（体积）的为极稀薄滤浆，一般无法形成滤饼，主要起澄清作用。颗粒尺寸大于5μm时选水平盘形加压过滤机，滤液黏度低时可选预涂层过滤机，滤液黏度低且颗粒尺寸小于5μm时应选带有预涂层的间歇操作加压过滤机，黏度高、颗粒尺寸小于5μm时可选有预涂层的板框压滤机。

② 滤浆物性　滤浆物性主要是指黏度、蒸气压、腐蚀性、溶解度和颗粒直径等。滤浆黏度高、过滤阻力大的，要选加压过滤机。温度高时蒸气压高，宜选用加压过滤机，不宜用真空过滤机。当物料易燃、有毒或挥发性强时，应选密封性好的加压过滤机，以确保安全。

③ 生产规模　大规模生产时选用连续式过滤机。小规模生产选间歇式过滤机。

4.2.3.2　离心机的选型

离心机是一类以离心力为推动力的分离机械，分过滤式分离机和沉降式分离机。过滤式分离机与过滤机相似，也需要采用过滤介质拦截固相，一般用于固液混合物料的分离；沉降式离心机是依据不同密度的物质在离心力场作用下所受离心力不同而实现分离的，因此既可用于固液混合物的分离，也可用于不同密度液体组成的液-液混合物的分离。

常用离心机的型式及性能见表4-8。

离心机选型时，要对被分离物料的物性和生产工艺对产品的要求进行全面的分析研究。首先要弄清物料（滤浆）是悬浮液还是乳浊液，由两种密度不同的液体构成的乳浊液只能选用沉降式离心机，悬浮液可选用过滤式离心机，但对含固量少且固体颗粒微小的悬浮液还要选用沉降式离心机。

（1）乳浊液的分离

由两种不同密度的液体构成的乳浊液，可选用沉降式离心机进行分离，管式分离机、室式分离机和碟式分离机均可以考虑使用。

管式、室式和人工排渣碟式分离机均为间歇式运转。生产辅助时间长，固体物料的卸除很困难，所以一般在生产量不大、含固体颗粒粒径很小且数量极少时才选用。它们特别适合被分离物料频繁改变的场合。

喷嘴排渣和活塞排渣碟式离心机可用来处理含固体颗粒较多的乳浊液的分离。

（2）悬浮液的分离

含固量高的悬浮液都选用过滤式离心机。含固量低且所含固体颗粒粒径又很小的悬浮液则主要选沉降式离心机。离心机的结构型式很多，在具体选型时还要考虑悬浮液的性质、状态及对产品的要求。

表 4-8　离心机的型式及性能

分类	项目		典型机型	操作特点	卸渣方式	分离因数 Fr	用途	固相浓度/%	固相粒度/mm	分离效果	洗涤效果	晶粒破碎度	过滤介质	代表性分离物料
过滤式	三足式		SS	间歇	人工重力刮刀	500~1000	固相脱液洗涤	10~60	0.05~5	优	优	低	滤布金属网	硫铵、药、糖
	上悬式		XZ											
	卧式刮刀卸料		WG	连续	刮刀	0~2500			0.1~5			高		硫铵、糖
	活塞卸料		WH WH₂		活塞	300~700		30~70			良 优	中	金属条网	碳酸氢铵 硝化棉
	离心力卸料		L₁、W₁		自动	1500~2500		≤80	0.4~1		可	中	金属板网	硫铵、糖
	螺旋卸料		LL、WLL		螺旋			<80				高		洗煤、盐类
沉降式	圆锥形柱锥式		WL		螺旋	0~3500	固相浓缩液相澄清	5~50	0.01~1	优 良	两相相对密度差≥0.05	中		聚氯乙烯树脂、污泥
	管式		GF、GQ	间歇	人工	10000~60000	乳浊液分离澄清	>0.1	0~0.001	优	≥0.02	中		油
	室式		S	间歇	人工	0~8000								啤酒、电解液
	碟式	人工排渣	DRL、DRY	间歇	人工	0~8000		<1						油、奶油
		喷嘴排渣	DPJ	连续	喷嘴	0~8000	乳浊液分离固相浓缩	<10	0.001~0.015		渣呈流动状			酵母淀粉
		活塞排渣	DHY	连续	液压活塞	0~8000	乳浊液分离液相澄清				优			抗生素、油

① 按产品要求选型　用于固体颗粒分级用沉降式离心机，确定适当的转速、供料量、供料方式等可使固体按所要求的粒度进行分级。

要求滤饼含液量低的可选用过滤式离心机，但如固体颗粒为可压缩的，则要选沉降式离心机；滤饼需洗涤的选用过滤式离心机为宜；处理结晶液并要求不破坏结晶时不宜用螺旋卸料式离心机；处理量大而含固量少时，可用喷嘴排渣碟式分离机。

② 按被分离悬浮液的性质、状态选型　悬浮液中固体颗粒尺寸在 $1\mu m$ 以下时，需选用分离因数高的高速分离机；固体颗粒尺寸在 $10\mu m$ 左右时，可选沉降式离心机，若生产中滤液循环利用的也可选用过滤式离心机；固体颗粒尺寸在 $100\mu m$ 左右或更大时，沉降式和过滤式均可使用，含结晶质物料优先考虑过滤式离心机；被分离物料有压力的，当压力高于 1MPa 时用沉降式离心机，低于 1MPa 时可用碟式和螺旋排渣式离心机；固相比例高时、生产能力大时，均应用自动卸渣的离心机。

乳浊液中的杂质对离心机的正常运行会产生影响，不能忽视。如硬物可能损坏螺旋、刮刀，磨坏筛网，纤维有可能堵塞喷嘴、筛网等。

在选型中往往不能选到一种绝对理想的机型，这时只能综合考虑各种影响，找出关键性因素，以选取一台相对理想的离心机。

4.2.4　干燥机械的选型

干燥是过程工业生产中的一项重要单元操作，主要用于物料中所含水分的脱除，在化工、医药、轻工、环保、农产品加工等方面均有广泛的运用。

（1）干燥机械的分类

干燥机械的分类方法很多。按操作方式，可分为连续式和间歇式。按加热方式，可分为对流、传导、辐射、高频和微波等，这些加热方式又可分为直接加热型和间接加热型两种。按干燥机械的结构或运行形式，可分为管式、塔式、箱式、隧道式（带式）、回转圆筒式、滚筒式、气流式、喷雾、沸腾、真空及冷冻干燥等。干燥机械的分类列于表 4-9。

表 4-9　干燥机械的分类

间接箱式	平行流、穿气、真空
物料移动型	隧道、穿气流带式、喷流式、立式移动床
搅拌型	圆筒或槽形搅拌（真空或非真空）、多层圆盘
回转干燥器	通用型平行流转窑、带水蒸气加热管转窑、穿流式回转干燥器
物料悬浮态干燥器	喷雾干燥器 流化床干燥器：内加热，载体，搅式气流、旋流、强化（闪蒸）
其他特殊类型	红外干燥器、高频干燥器、冷冻干燥器、微波干燥器、有机过热蒸汽干燥机

（2）干燥机械的选型原则

干燥机械的操作性能必须适应被干燥物料的特性，满足干燥产品质量要求，符合安全、环保和节能的要求。因此，干燥机械的选型要综合考虑上述因素。

① 物料特性　主要有以下几种。

物料形态　被干燥的湿物料除液态、浆状外，尚有卫生瓷器、高压绝缘陶瓷、树木以及粉状、片状、纤维状、长带状等各种形态的物料。物料形态是考虑干燥器类型的一大前提。

物料的物理性能　通常包括密度、堆积密度、含水率、粒度分布状况、熔点、软化点、黏附性、融变性等。物料的黏附性往往对干燥过程中进、出料的顺利进行具有很大影响，融变性往往直接决定干燥器的类型。

物料的热敏性能　是考虑干燥过程中物料温度的上限，也是确定热风（热源）温度的先决条件，物料受热以后的变质、分解、氧化等现象，都是直接影响产品质量的大问题。

物料与水分结合状态　不少情况下，相同形态不同物料的干燥特性差异很大，这主要是由于物料内部水分有亲水性和非亲水性之分的缘故。反之，若同一物料形态改变，则其干燥特性也会有很大变化，这主要因为水分结合状态的变化决定了水分失去的难易，从而决定物料在干燥器中的停留时间，这就对选型提出了要求。

② 对产品品质的要求　产品外观形态，如染料、乳制品及化工中间体，要求产品呈空心颗粒，可以防止粉尘飞扬，改善操作环境，同时在水中可以速溶，分散性好，这就要求选择喷雾造粒技术；如砂糖或糖精钠结晶体，要求保持晶形棱角而不失光泽，这就可以选择立式涡轮干燥器或振动式浮动床干燥器。

产品终点水分的含量和干燥均匀性。

产品品质及卫生规格　如对特殊食品的香味保存和医药产品的灭菌处理等特殊要求。

③ 使用地环境及能源状况　地理环境及建设场地的考虑，如高湿或干旱地区，从干燥的环保角度出发，要考虑到后处理的可能性和必要性。

能源状况是影响投资规模及操作成本的首要问题，是选型不可忽视的问题。

④ 其他要求　物料特殊性，如毒性、流变性、表面易结壳硬化或收缩或开裂等性能，必须按实际情况进行特殊处理；产品的商用价值情况；被干燥物料的机械预脱水的手段及初含水率的波动情况。

表 4-10 列出被干燥物料的形态与选择干燥机械类型的推荐意见。表中将被干燥物料分成 10 类：液体、浆状物、膏糊状物、粉粒状物、块状物、短纤维物、片状物、具有一定形状物、长幅状物、冷冻物。其中前 4 类和最后 1 类物料干燥后呈粉粒状，其余物料干燥后形态不变。

表 4-10　干燥装置选型表

加热型式	生产方式		干燥器型式	物料分类									
				液体	浆状物	膏糊状	粉粒状	块状	短纤维	片状	成型物	长幅式涂敷液	冷冻物
热风加热	间歇式	箱式	平行流	×	△	√	√	√	√	√	√	×	×
			穿流式	×	×	×	√	√	√	√	√	×	×
			真空	△	×	√	√	○	√	○	×	×	×
	连续式	带式	单层平行流（隧道）	×	×	△	√	√	√	√	√	×	×
			多层平行流（隧道）	×	×	△	√	√	√	√	√	×	×
			穿气流（隧道）	×	×	△	√	√	√	√	√	×	×
		喷雾	压力式	√	√	△	○	×	×	×	×	×	×
			离心式（机械）	√	√	△	○	×	×	×	×	×	×
			气流式	√	√	△	○	×	×	×	×	×	×
		气流	直管	×	×	△	√	△	×	×	×	×	×
			多级直管	×	×	△	√	△	×	×	×	×	×
			脉冲	×	×	△	√	△	×	×	×	×	×
			套管	×	×	△	√	△	×	×	×	×	×
			旋风	×	×	×	√	△	×	×	×	×	×
		沸腾床	圆筒立式单层	×	×	×	√	×	△	×	×	×	×
			圆筒立式多层	×	×	×	√	×	△	×	×	×	×
			卧式多室	×	×	×	√	×	△	×	×	×	×
			卧式内热	×	×	×	√	×	△	×	×	×	×
			带搅拌	×	×	×	√	×	△	×	×	×	×
			振动式	×	△	×	√	√	△	×	×	×	×
			媒体（惰性粒子）	△	△	√	√	×	×	×	×	×	×
			强化沸腾干燥（闪蒸）	×	×	√	√	△	×	×	×	×	×
			立式通风移动床	×	×	×	√	√	×	×	×	×	×
			喷动床	×	×	×	√	△	×	×	×	×	×
		回转式	平行流回转窑	×	×	×	√	√	×	√	×	×	×
			带内蒸汽管回转窑	×	×	×	√	√	△	√	×	×	×
			穿流式回转干燥器	×	×	×	√	√	△	√	×	×	×
			多层圆盘干燥器	×	×	×	√	√	△	√	×	×	×
			立式涡轮干燥器	×	×	×	√	√	△	√	×	×	×
			槽形搅拌干燥器	×	×	△	√	√	△	×	×	×	×
			喷嘴喷射流干燥	×	×	×	×	×	×	×	○	√	×
	间歇式	真空	耙式	×	×	△	√	△	△	√	×	×	×
			双锥回转	×	×	△	√	△	△	√	×	×	×
			圆筒搅拌	×	×	△	√	△	△	√	×	×	×
			内热板式搅拌	×	△	△	△	△	×	×	×	×	×

续表

加热型式	生产方式	干燥器型式	物料分类									
			液体	浆状物	膏糊状	粉粒状	块状	短纤维	片状	成型物	长幅式涂敷液	冷冻物
间歇加热	连续	空心桨叶干燥器	×		√				×	×	×	×
		滚筒　单滚筒	√	√	√	×	×	×	×	×	×	×
		滚筒　双滚筒	√	√	√	×	×	×	×	×	×	×
		滚筒　多圆筒	×	×	×	×	×	×	×	×	√	×
组合型		空心桨叶-气流	×	△	△	√	△	○	×	×	×	×
		喷雾-流化床	√	√	△	×	×	×	×	×	×	×
		滚筒-气流	△	△	×	×	×	×	×	×	×	×
		滚筒-耙式	△	△	×	×	×	×	×	×	×	×
冷冻		冷冻干燥器	○	○	○	○	×	○	×	×	×	√
辐射		红外线	○	○	○	○	○	○	○	√	√	△
		远红外线	○	○	○	○	○	○	○	√	√	△
其他		高频	○	○	○	○	○	○	○	√	△	△
		微波	○	○	○	○	○	○	○	√	√	√

注：√—适合；△—具有适当条件时也可适用；○—经济许可时；×—不适用。

学习要求

本章是在"过程设备设计"和"过程流体机械"两门课程学习的基础上，将过程装备分成过程设备与过程机械两部分，分别针对各自的特点，对过程设备设计与过程机械选型工作的主要依据与方法进行了详细的阐述，以期拓展学生的知识面，进一步提高学生对过程设备与过程机械的设计与选型能力。由于不同专业的前置课程不同，本章对不同专业学生的学习要求也不同。对于大多数的专业而言，作一般了解就可以了。

习　题

1.换热设备的型式有哪些？各适用于哪些场合？

2.比较板式塔和填料塔的适用条件。

3.反应设备的型式有哪些？各适用于哪些场合？

4.常用泵的型式有哪些？各适用于哪些场合？有一种物料，其黏度为 $400mm^2/s$，工作温度 $25℃$，预定的安装高度是 $4m$，需选一台什么样泵较为合适？

5.一种悬浮液含有粒度为 $0.3mm$ 的固体颗粒 42%，过滤特性良好，可供选择的分离机械有哪些？各有什么优缺点？哪一种应优先考虑？为什么？

6.干燥机械有哪些型式？各有什么特点？选型时应考虑哪些问题？现有一种物料呈小颗粒密度 $600kg/m^3$，含水 75%，选何种干燥机械较为合适？为什么？

参考文献

[1]　廖传华，李海霞，尤靖辉.传热技术、设备与工业应用.北京：化学工业出版社，2018.

[2]　王宇清.供热工程.北京：中国建筑工业出版社，2018.

[3]　吴味隆.锅炉及锅炉房设备.第5版.北京：中国建筑工业出版社，2014.

[4]　于洁，韩淑芬.锅炉运行与维护.北京：北京理工大学出版社，2014.

[5]　李学忠，孙伟鹏.锅炉运行.北京：中国电力出版社，2014.

[6]　韩沐昕.锅炉及其附属设备.北京：中国建筑工业出版社，2018.

[7]　孙兰义.换热器工艺设计.北京：中国石化出版社，2015.

［8］ 史美中，王中铮.热交换器原理与设计.南京：东南大学出版社，2018.

［9］ 战洪仁，王立鹏.热交换器原理与设计.北京：中国石化出版社，2015.

［10］ 廖传华，江晖，黄诚.分离技术、设备与工业应用.北京：化学工业出版社，2018.

［11］ 王壮坤，李洪林.传质与分离技术.第 2 版.北京：化学工业出版社，2018.

［12］ 廖传华，王重庆，梁荣.反应过程、设备与工业应用.北京：化学工业出版社，2018.

［13］ 高朝祥.反应设备结构与维护.北京：化学工业出版社，2018.

［14］ 雷振友.反应过程与设备.北京：化学工业出版社，2015.

［15］ 陈炳和，许宁.化学反应过程与设备：反应器选择、设计和操作.第 3 版.北京：化学工业出版社，2018.

［16］ 王学生.化工设备设计.上海：华东理工大学出版社，2017.

［17］ 宋树波，邵泽波.化工机械与设备.北京：化学工业出版社，2018.

［18］ 廖传华，周玲，朱美红.输送技术、设备与工业应用.北京：化学工业出版社，2018.

［19］ 杨诗成，王喜魁.泵与风机.第 5 版.北京：中国电力出版社，2016.

［20］ 姬忠礼，邓志安，赵会军.泵和压缩机.第 2 版.北京：石油工业出版社，2015.

［21］ 张展.风机和压缩机的设计与应用.北京：机械工业出版社，2015.

［22］ 祁大同.离心式压缩机原理.北京：机械工业出版社，2018.

［23］ 廖传华，朱廷风，王妍.过程设备维护与检修.北京：化学工业出版社，2018.

5 过程装备的布置设计

过程装备的布置设计是指将一个生产装置所用的机械、设备、建筑物、构筑物等按一定的规则进行定位的设计过程，它涉及工艺流程要求、生产操作和检修要求，与四邻关系的要求，所在地形、地貌和面积大小的要求，自然环境和生活环境的要求等。过程装备布置设计的好坏直接影响到装置的操作、检修、安全、美观和经济性，对管道设计也起到一个宏观控制的作用。

5.1 过程装备布置的一般原则

影响设备布置设计的因素很多，在设备布置前，必须充分掌握有关工艺流程与规划设计资料，了解所涉及的规范标准及生产、安全、卫生等资料，明确生产所在地对设备布置的要求，全面考虑，求得最佳设备布置方案。

进行过程工业的过程装备布置设计时，必须满足如下要求。

（1）工艺设计的要求

过程装备的生产是由工艺设计确定的，过程装备的布置设计按照生产流程和同类设备适当集中的方式进行布置。一般是按道路或防护要求将装置分区布置。工艺装置区布置工艺装置、产品储存、控制楼（控制室、实验室和开关室）；辅助装置区布置公用工程设施（如空分、空压、循环水、脱盐水、蒸汽锅炉房等）、污水处理、废物焚烧、装车装置（产品）、全厂管廊及其他设施。

（2）全厂总体规划的要求

全厂总体规划包括全厂总体建设规划、全厂总流程和全厂总平面布置设计。

根据全厂总体建设规划要求，在装置布置设计时，使后期施工的工程不影响或尽量少影响前期工程的生产。

根据全厂总流程设计要求，为了合理利用能源，可将一些装置合并在一起组成联合装置，或者为了集中管理，将联系不太紧密甚至不相干的装置排列在一起合用一个仪表控制室，即合理化集中装置，也称联合装置。

在全厂总平面布置图上确定装置的位置和占地之后，要了解原料、成品、半成品的储罐区及装置外管带、道路及相关相邻装置等的相对位置，以便确定本装置的管廊位置和设备、建筑物的布置，使原料、产品和储运系统、公用工程系统管道的布置合理，并与相邻装置在布置风格方面相互协调。

（3）适应所在地的自然条件

根据气温、降水量、风沙等气候条件和对生产过程或某些设备的特殊要求，决定是否采用室内布置。

过程装备的布置设计应结合地质条件，应将地质条件好的地段用于布置重载荷设备和有振动的设备，以使其基础牢固可靠。并根据全年最小频率风向确定设备、设施与建筑物的相对位置。

（4）操作、检修和施工的要求

过程装备的布置设计必须为操作管理提供方便。在过程装备布置设计时应将操作、检修、施工所需要的通道、场地、空间结合起来综合考虑。

（5）安全的要求

过程设备的布置必须保持足够的间距，以使其满足防火、防爆的要求。

（6）净空和标高的要求

道路、铁路、通道和操作平台上方的净空高度或垂直距离和各类标高应符合 HG/T 20546《化工装置设备布置设计规定》的要求。

（7）力求经济合理

装置布置应在遵守相关标准规范和满足各项要求的前提下，尽可能缩小占地面积，避免管道不必要的往返，减少能耗，节省投资和运行费用。

（8）注意整齐美观

装置布置的整齐美观表现在以下几个方面。

ⅰ.设备排列整齐，成条成块；

ⅱ.塔群高低排列协调，人孔尽可能排齐，并都朝向检修通道侧；

ⅲ.框架、管廊主柱对齐纵横成行；

ⅳ.建筑物轴线对齐，立面高矮适当；

ⅴ.管道横平竖直，避免不必要的偏置歪斜；

ⅵ.检修道路与工厂系统对齐成环形通道；

ⅶ.与相邻设备的布置格局协调。

（9）紧随装置布置的发展趋势

随着过程工业的不断发展与成熟，装置布置的特点和发展趋势可以总结为露天化、流程化、集中化和定型化。

露天化的优点是节省占地，减少建筑物，利于防爆，便于消防。流程化是以管廊为纽带，按工艺流程顺序将设备布置在管廊的上下和两侧，成为三条线，整个装置形成一个条形区。集中化是将长条形装置集中在一个大型街区内，用通道将各装置分开，通道作为两侧设备的检修通道和消防通道；控制室集中在一幢建筑内，控制室朝着设备的墙不开门窗，甚至全为密封式的，用计算机控制操作，用电视屏了解主要设备的操作实况，装置办公室和生产间也集中在一幢建筑内。定型化是指定型设备采用定型布置，形成模式，用于不同地区仅需进行局部修改即可。

5.2 过程装备的布置设计

为了实现生产过程的长周期安全稳定运行，便于生产操作、维护、检修，保证装置的整齐、美观与经济合理，过程工业中的各过程装备的合理布置就显得非常重要。

5.2.1 管廊的布置

管廊（管桥）虽不是过程装备，但其上集中布置有大量工艺和公用工程管道，连接着管廊两侧的设备，因此被视为装置的纽带，是装置不可缺少的重要组成部分。过程工业中的管廊一般分为装置内管廊和装置外管廊。本书所述管廊主要指装置外管廊。

（1）管廊的结构形式

装置外管廊一般分为单柱（T形）式和双柱（Ⅱ形）式。单柱管廊一般为单层，必要时也可采用双层。双柱管廊根据需要可分为单层、双层及多层。如图5-1所示。

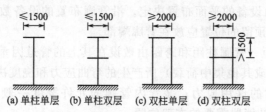

图 5-1　管廊的柱形及断面形式

按连接结构形式，管廊可分为独立式、纵梁式、轻型桁架式、桁架式、吊索式、悬索式及轴向悬臂式，如图5-2所示。

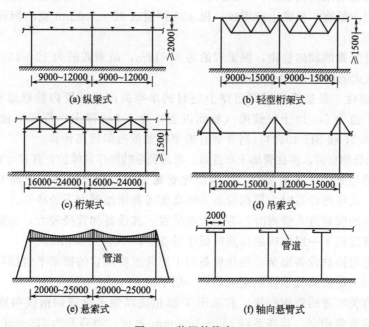

图 5-2　装置外管廊

（2）管廊的结构尺寸

① 管廊的宽度　主要由管廊上布置管道的数量和管径确定，并考虑一定的预留宽度。

新设计的管廊一般留有扩建预留量，即全厂性管廊或管墩上（包括穿越涵洞）应留有10%～30%的裕量，装置主管廊宜留有10%～20%的裕量。同时，要考虑管廊下设备和通道以及管廊上空冷设备结构的影响。如果要求敷设仪表引线槽架和电力电缆，还应考虑它们所需的宽度。

管廊上布置空冷器时，支柱跨距最好与空冷器的间距尺寸相同，以使管廊立柱与空冷器中心线对齐；管廊下方布置泵时，应考虑泵的布置及其所需操作和检修通道的宽度，如果泵的驱动机用电缆地下敷设时，还应考虑电缆沟所需宽度。此外，还要考虑泵用冷却水管道和排水管道的干管所需宽度。不过，电缆沟和排水管道可以布置在通道的下方。

热管道运行时，可能有少量的横向位移而与邻管相碰、位移受阻，故管间距不宜过小。一般情况下，管子外壁间距、管法兰外侧间距、管子和相邻法兰间距、斜管与直管交叉的最小间距均为25mm。

整个管廊的管道布置密度并不相同，通常首尾段的管道数量较少，因此可减少首尾段的宽度或层数。

② 管廊的长度　由设备的平面布置决定。沿管廊布置的设备数量和尺寸是决定管廊长度的主要因素。扩建需预留的位置应放在管廊端部。

③ 管廊支柱的间距　管廊柱距和跨距由敷设在其上的管道因垂直载荷（包括管子自身重、介质重、保温层重或其他集中荷载）所产生的弯曲应力和挠度决定。弯曲应力属于一次应力，不允许超过管材的许用应力；装置内管廊的允许挠度一般为1.6cm，装置外的为3.8cm。同时还要考虑补偿器需要的支架位置。

管廊柱距和跨距也与敷设在其上的最小管子的允许跨度或多数管子的允许跨度有关。对于中、小型装置，中、小直径管道较多，可把小直径管道支撑在大直径管道上，或支在管廊与管廊柱距间加设桁架的横梁上。一般跨距为6～9m，$DN<40$的管道跨距为3～4m。

如果是混凝土管廊，横梁上应埋放一根$\phi 20$圆钢或60～100mm宽的钢板，以减少管道与横梁间的摩擦力。

对于装置外管廊的轴向柱距，纵梁式的为6～12m；吊索式的为12～15m；桁架式的为16～24m；悬索式的柱距为20～25m。

④ 管廊的高度　是指管廊横穿道路上空时的净空高度，装置内检修通道一般为4.5m以上；工厂主干道为5m以上；铁路（轨面以上）为5.5m以上；管廊下检修通道不低于3.0m（按SH 3011和SH 3012）。当管廊有桁架时要按桁架底高计算。

为有效利用管廊空间，多在管廊下布置泵。考虑到泵的操作和维护，宜有4.0m净空高度。

管廊上管道与分区设备相接时，一般应比管廊的底层管道标高低或高600～1000mm。管廊下布置管壳式换热设备时，根据设备实际高度需要增加管廊下的净空。

管廊外设备的管道进入管廊时，若为大型装置，其设备和管径较大，为防止管道出现不必要的变形，管廊最下一层横梁底标高应低于设备管口500～750mm。

若管廊附近有换热设备框架，换热设备的下部管道要从它的框架平台接往管廊，此时至少要保证管廊的下层横梁低于换热框架的第一层平台。

若管廊与有关装置的管廊衔接，宜采用T形相接以便于管道的衔接布置。若管廊改变方向或两管廊成直角相交，其高差以750～1000mm为宜，当高差为750mm时，$DN250$以下的管子用两个直角弯头和短管相接，大于$DN250$的管子用一个45°弯头、一个90°弯头相接；对于大型装置也可采用1000mm以上的高差。

在确定管廊高度时，要考虑到管廊横梁和纵梁的结构断面和形式，务必使梁底或桁架底的高度满足上述确定管廊高度的要求。对于双层管廊，上、下层间距一般为 $1.5\sim2.0\mathrm{m}$，主要决定于管廊上多数的管道直径。

装置之间管廊的高度取决于管廊区的具体情况，如沿工厂边缘或罐区、不影响厂区交通和扩建的地段，从经济性和检修方便考虑，可用管墩敷设，离地面高 $300\sim500\mathrm{mm}$ 即可。

（3）管廊的布置原则

管廊应处于易于与各类主要设备连接的位置上，要考虑能使多数管线布置合理，少绕行，以减少管线长度。典型位置是在两排设备的中间或一排设备的旁侧；布置管廊要综合考虑道路、消防的需要，地下管道与电缆布置和邻近建、构筑物等情况，并避开大、中型设备的检修场地；管廊上部可以布置空冷器及仪表和电气电缆槽等，下部可以布置泵等设备；管廊上的阀门需要操作或检修时，应设置人行通道或局部操作平台。

（4）管廊的布置形式

根据不同的情况，管廊可以有多种布置形式，如图 5-3 所示。一般对于小型装置，通常采用盲肠式或直通式管廊；对于大型装置，可采用 L 形、T 形和 Ⅱ 形管廊；对于大型联合装置，一般采用主管廊与支管廊组合的结构形式。

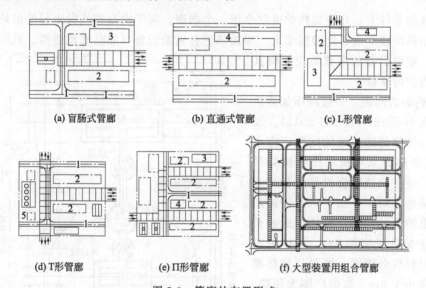

(a) 盲肠式管廊	(b) 直通式管廊	(c) L形管廊
(d) T形管廊	(e) Ⅱ形管廊	(f) 大型装置用组合管廊

图 5-3　管廊的布置形式

1—道路；2—工艺设备；3—压缩机室；4—控制室；5—加热炉

5.2.2　过程设备的布置设计

5.2.2.1　传热设备的布置设计

过程工业应用的传热设备分供热设备和换热设备两类，应用最多的供热设备是加热炉，应用最多的换热设备有管壳式换热器、套管式换热器和空冷器。

（1）加热炉的布置设计

① 加热炉的位置　一般加热炉被视为明火之一，通常布置在装置区的边缘地区，如图 5-4 所示，最好在工艺装置常年最小频率风向的下风侧，以免泄漏的可燃物触及明火而发生事故。

从加热炉出来的物料温度较高，往往要用合金钢管道，为了尽量缩短管道，控制压降和温降，减少投资，常把加热炉靠近反应器布置。

加热炉与其他明火设备应尽可能布置在一起。几座加热炉可按炉中心线对齐成排布置。

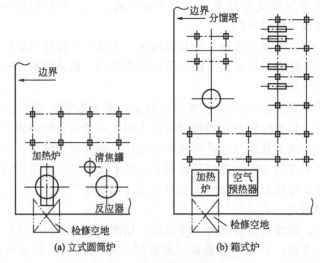

图 5-4　加热炉布置位置

在经济合理的条件下，几座加热炉可以合用一个烟囱。对于没有蒸汽发生器的加热炉，汽包宜设置在加热炉顶部或邻近的框架上。当加热炉有辅助设备（如空气预热器、鼓风机、引风机等）时，辅助设备的布置不应妨碍其本身和加热炉的检修。

② 加热炉的间距　一般两座加热炉的净距不宜小于 3m（按 SH 3011）。加热炉外壁与检修道路边缘的间距不应小于 3m。当加热炉采用机动维修机具吊装炉管时，应有机动维修机具通行的通道和检修场地，对于带水平炉管的加热炉，在抽出炉管的一侧，检修场地的长度不应小于炉管长度加 2m。加热炉与其附属的燃料气分液罐、燃料气加热器的间距不应小于 6m。炼油厂酮苯脱蜡、脱油装置的惰性气体发生炉与煤油储罐的间距不应小于 6m。

加热炉与露天布置的液化烃设备之间设置防火墙时，其间距可由 22.5m 减至 15m。防火墙的高度不宜小于 3m，防火墙与加热炉间距不宜大于 5m，并能防止可燃气体窜入炉体。防火墙的结构应为非燃烧材料的实体墙。加热炉与液化烃设备厂房或甲类气体压缩机房的间距，当厂房朝向加热炉一面为封闭墙时，其间距可由 22.5m 减至 15m。

加热炉的布置如图 5-5 所示。

（2）管壳式换热器的布置设计

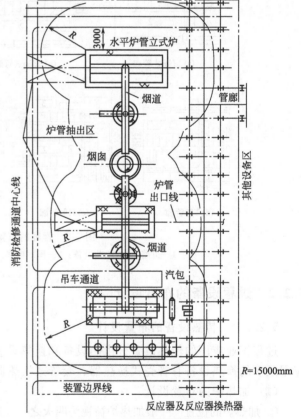

图 5-5　加热炉的布置

注：1. 加热炉的一侧应有消防用的空间和通道。

2. 加热炉平台应避开防爆门，且防爆门不应正对操作地带和其他设备。

3. 加热炉的安装高度应考虑底部烧火喷嘴的安装、维修所需空间。

① 管壳式换热器布置的一般要求　与分馏塔有关的管壳式换热器，如塔底重沸器、塔顶冷凝冷却器，宜按工艺流程顺序布置在分馏塔的附近。两种物料进行热交换的换热器，宜布置在两种物料管道最短的位置。

一种物料如需要连续经过多个换热器进行热交换时，宜成组布置。用水或冷剂冷却几组不同物料的冷却器时，宜成组布置。成组布置的换热器，宜取支座基础中心线对齐。当支座间距不相同时，宜取一端支座基础中心线对齐。为了管道连接方便，也可采用管程进、出口管口中心线对齐。

换热器应尽可能布置在地面上，数量较多时可布置在框架上。物料温度超过自燃点的换热器不宜布置在框架的底层。重质油品或污染环境的物料的换热器不宜布置在框架上。

为了节约占地或工艺操作方便，可将两台换热器重叠在一起布置，但对于两相流介质或操作压力大于或等于 4MPa 的换热器，为避免振动影响，不推荐重叠布置。壳体直径大于或等于 1.2m 的不宜重叠布置。

可燃液体的换热器操作温度高于其自燃点或超过 250℃ 时，如无楼板或平台隔开，其上方不宜布置其他设备。

② 换热器的间距　换热器之间或换热器与其他设备之间的净距，按管道布置后的最小净距 0.7m 考虑（按 SH 3011 的规定，HG/T 20546 规定两卧式换热器之间的维修净距为 0.6m，如果有操作时，最小净距为 0.75m）。

布置在地面上的换热器，为便于检修，应满足以下要求。

ⅰ.浮头式换热器，在浮头的两侧应有宽度不小于 0.6m 的空地，浮头端前方应有宽度不小于 1.2m 的空地，管箱两侧应有不小于 0.6m 的空地，管箱端前方应留有比管束长度至少长 1.5m 的空地（按 SH 3011 规定）。

ⅱ.尽可能避免把换热器的中心线正对着框架或管廊立柱的中心线，但如果是采用整体吊运、在装置外检修时，可不受此限制，但要有吊装的空间通道和场地。

布置在框架上的换热器，为便于检修应满足以下要求。

ⅰ.浮头式管壳换热器，在浮头端前方宜有 0.8～1.0m（国外某些公司为 1.2m）的平台面，在管箱端前方宜有 1.0～1.5m 的平台面，并考虑管束抽出所需空间，即在管束抽出区域内不应布置小型设备，且平台的栏杆采用可卸式的。

ⅱ.换热器周围平台应留有足够的操作和维修通道，并考虑采用机动吊装设备装卸的可能性，如果由于占地限制不能使用机动吊装设备装卸时，应考虑设置永久性的吊装设施。

ⅲ.布置在框架下或两层框架之间的换热器和布置在管廊下的换热器，都应考虑吊装检修的通道和场地。

③ 换热器的安装高度　换热器的安装高度应保证其底部接管最低标高（或排液阀下部）与当地地面或平台面的净空不小于 150～250mm。

为了外观一致，成组布置的换热器的混凝土支座高度最好相同。两个重叠布置的换热器，只需给出下部换热器的中心线标高即可。但如果两台互不相干的换热器重叠布置在一起，其中心线的高差应满足管道设计的要求。

重叠布置的管壳式换热器一般都是两台重叠在一起，个别情况下（如技术改造或其他措施）也可三台重叠在一起布置，最上一台换热器中心线的高度不宜超过 4.5m。

(3) 套管式换热器的布置设计

套管式换热器的布置和检修要求与管壳式换热器大体相同，但应注意以下两点。

ⅰ.套管式换热器一般成组布置在地面上，为了节约占地，也可以支撑在框架立柱的侧面。如果组合数量不多，可以将两种相近介质的换热器组合在一起，设在同一个基础上。

ⅱ.套管式换热器作为往复式压缩机的中间冷却器时，可在原有的两个支座之外增加1～2个加强支座，以防止振动。

图 5-6 所示为地面上换热器的布置，图 5-7 为框架上换热器的布置。

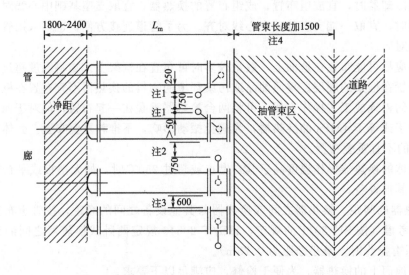

图 5-6　地面上换热器的布置

注：1. 换热器外壳和配管净空对于不保温外壳最小为 50mm，对于保温外壳最小为 250mm。

　　2. 两个换热器外壳之间有配管但无操作要求时，其最小间距为 750mm。

　　3. 塔和立式容器附近的换热器，与塔和立式容器之间应有 1m 宽的通道。两台换热器之间无配管时最小间距为 600mm。

　　4. 按 SH/T 3011 的数值。若按 HG/T 20546，抽管束区至少有管束长度加 500mm 的空地。

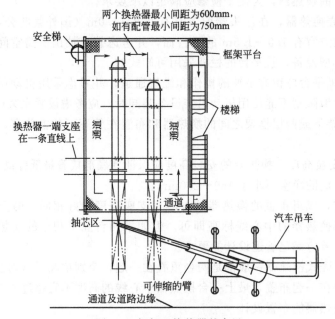

图 5-7　框架上换热器的布置

（4）空气冷却器的布置设计

① 空冷器的位置　空冷器通常布置在管廊的顶部或框架上，很少直接放在地面上。例如，气体压缩机的凝汽式汽轮机采用空冷器作为其冷凝冷却器时，由于管廊距离远，则应将空冷器设在靠近气体压缩机的框架上。塔顶冷凝冷却器采用空冷器时，可以考虑将空冷器直接设在塔顶，以节约占地和塔顶管道。

空冷器不宜设在操作温度高于物料自燃点的设备上方，也不宜设在输送或储存液化烃的设备的上方。如果限于占地面积不得已时，则应按 GB 50160 的要求采用非燃烧体的隔板，将上、下两类设备隔开。

② 空冷器的布置要求　塔顶馏出物冷凝冷却用空冷器的布置，应考虑塔顶馏出物管道的热膨胀影响。为了操作和检修方便，在布置空冷器的管廊或框架一侧地面应留有检修通道和场地。空冷器管束两端的管箱处应设置平台和梯子。

多组空冷器集中布置在一起时，应采用一致的布置形式，一般多采用成列布置，应避免一部分成列布置而另一部分成排布置。

斜顶式空冷器宜成列布置，如图 5-8 所示，如成排布置时，两排中间应有不小于 3m 的空间，以便于管道安装与操作维修。

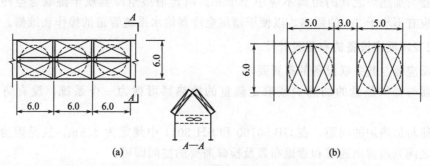

图 5-8　斜顶式空冷器宜成列布置

空冷器宜布置在装置夏季最小频率风向的下风侧（图 5-9），以避免或减少腐蚀性气体或热风进入管束的周围。在空冷器的夏季最小频率风向的上风侧 20～25m 范围内，不宜有高于冷却器的建筑物、构筑物和大型设备，以免阻碍空冷器的通风。

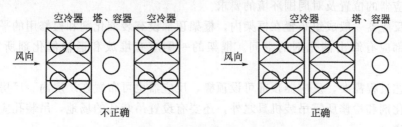

图 5-9　空冷器布置在装置夏季最小频率风向的下风侧

为防止造成热风循环，两组空冷器应靠近布置（图 5-10），不应留有间距。多组型式相同的空冷器应互相靠近布置（图 5-11），如需要隔开布置时，两组空冷器距离不宜小于 20m。

不同形式的空冷器，如引风式与鼓风式的空冷器布置在一起时，引风式空冷器宜布置在鼓风式空冷器的最小频率风向的下风侧（图 5-12），鼓风式空冷器的管束标高应比引风式空冷器的管束高（图 5-13）。

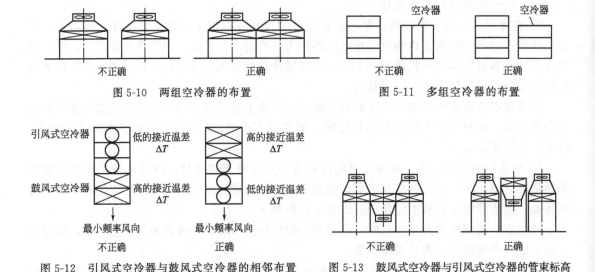

图 5-10　两组空冷器的布置　　　　　图 5-11　多组空冷器的布置

图 5-12　引风式空冷器与鼓风式空冷器的相邻布置　　图 5-13　鼓风式空冷器与引风式空冷器的管束标高

空冷器与加热炉之间的距离不应小于 15m。两台增湿空冷器或干湿联合空冷器的框架立柱之间应有不小于 3m 的距离，以便于增湿空冷器给水系统管道的操作和维修。

5.2.2.2　反应设备的布置设计

（1）反应器与其关联设备的布置要求

反应器与提供热量的加热炉或取走热量的换热器可视为一个系统，没有防火间距的要求。

反应器与加热炉的间距，在 GB 50160 和 SH 3011 中规定为 4.5m，这是因为在反应器与加热炉之间只需留出通道和管道布置及检修需要的空间即可。

在催化裂化装置中，反应器与再生器的布置由催化剂循环线的尺寸要求确定，按照流化输送管道的最佳流动条件确定其高度和位置。一般反应器与再生器中心线对齐。

对于内部装有搅拌或输送机械的反应器，应在顶部或侧面留有搅拌或输送机械检修所需的空间和场地。

（2）反应器的位置及对周围环境的要求

固定床反应器一般成组布置在框架内，框架顶部设有装催化剂和检修用的平台和吊运机具，框架下部应有卸出催化剂的空间。框架的一侧应有堆放和运输催化剂所需的场地和通道。

根据工艺过程需要，反应器顶部可设顶棚，反应器也可布置在厂房内。厂房内的反应器除需要卸催化剂和检修所需吊装机具之外，还要有设置吊装孔的场地，吊装孔应靠近厂房大门和运输通道。

操作压力超过 3.5MPa 的反应器宜布置在装置的一端或一侧。

（3）反应器的支承方式与安装高度

反应器一般采用同径裙座支承，大直径或球形底盖的反应器采用喇叭形裙座支承。直径较小的反应器采用支腿或支耳支承。

反应温度在 200℃以上的反应器，其裙座应有足够的长度，使裙座与基础接触处的温度不超过钢筋混凝土结构的受热允许温度。

卸料口在反应器正下方时，其安装高度应能便于催化剂运输车辆进出，一般净空不小于

3m。卸料口伸出反应器底座外并允许将废催化剂就地卸出时，卸料口的高度不应低于
1.2m。反应器的废催化剂（如结块）需要处理时，反应器底部应有废催化剂粉碎过筛所需
的空间。

图 5-14 和图 5-15 分别为反应器的平面布置和立面布置示意图。

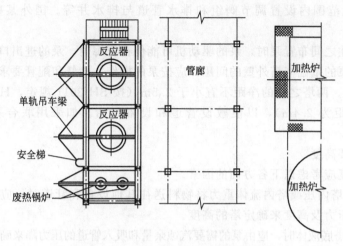

图 5-14 反应器的平面布置示意图

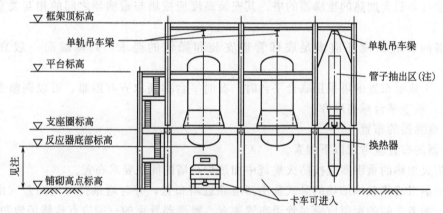

图 5-15 反应器的立面布置示意图

注：大型立式换热器，不能采用移动式吊车抽管束时，可设置吊车梁。

5.2.2.3 传质设备（塔设备）的布置设计

塔与其关联设备如进料加热器、非明火加热的重沸器、塔顶冷凝冷却器、回流罐、塔底
抽出泵等，宜按工艺流程顺序，在不违反防火规范的条件下，尽可能靠近布置，必要时可形
成一个独立的操作系统，便于操作管理。

（1）塔的布置方式

塔的布置方式有三种：单排布置、非单排布置和框架式布置。

一般情况下较多采用单排布置，管廊的一侧有两个或两个以上的塔或立式容器时，一般
取中心线对齐，如两个或两个以上的塔设置联合平台时，可以中心线对齐，也可以一边切线
对齐；对于直径较小、本体较高的塔，可以双排布置或成三角形布置，用平台将塔联系在一
起提高其稳定性，但平台生根构件应采用可滑动的导向节点以适应不同操作温度的热胀影
响；对于 $DN \leqslant 1000$ 的塔，还可以布置在框架内或框架的一边，利用框架提高其稳定性。

（2）沿管廊布置的塔应考虑的要求

塔和管廊之间应布置管道，在背向管廊的一侧应设置检修通道和场地，塔的人孔、手孔朝向检修区一侧。

塔和管廊立柱之间不布置泵时，塔外壁与管廊立柱之间的距离一般为 3～5m，不宜小于 3m，一般在此范围内设置调节阀组和排水管道与排水井等。国外某些公司也有小于 3m 的。

塔和管廊立柱之间布置泵时，泵的驱动机可能仍在管廊内，泵的进出口或其中之一在管廊立柱外，这时泵的基础与塔外壁的间距，应按泵的操作、检修和配管要求确定，一般情况下不宜小于 2.5m。两塔之间的净距不宜小于 2.5m（按 SH 3011 规定，HG/T 20546 规定两塔之间最小净距为 2.4m），以便敷设管道和设置平台。如采用联合基础时，也可小于 2.5m。

（3）塔的安装高度

塔的安装高度应考虑以下各方面的因素。

ⅰ.对于利用塔内压或塔内流体重力将物料送往其他设备和管道时，应由其内压和被送往设备或管道的压力及高度来确定塔的高度。

ⅱ.用泵抽吸塔底液体时，应由泵的需要汽蚀余量和吸入管道的压力降来确定塔的高度。

ⅲ.处于负压状态的塔，为了保证塔底泵的正常操作，最低液面应不低于 10m。

ⅳ.带有非明火加热的重沸器的塔，其安装高度应按塔与重沸器之间的相互关系和操作要求来确定。

ⅴ.塔的安装高度还应满足底部管道安装和操作的要求，其基础面一般宜高出地面 0.2m。

ⅵ.对于成组布置的塔采用联合平台时，有时平台标高取齐有困难，可以调整个别塔的安装高度，便于平台标高取齐。

（4）重沸器的布置

重沸器的布置应考虑以下因素。

ⅰ.明火加热的重沸器应按防火规范中加热炉与塔的间距要求布置。

ⅱ.用蒸汽或热载体加热的卧式重沸器应靠近塔布置，并与塔维持一定高差（由工艺设计确定），两者之间的距离应满足管道布置要求，重沸器管束的一端应有检修场地和通道。

ⅲ.立式热虹吸式重沸器宜用塔作为支撑布置在塔侧，并与塔维持一定高差（由工艺设计确定），其上方应留有足够的检修空间。

ⅳ.一座塔具有多台并联的立式重沸器时，重沸器的位置和安装高度，除与塔维持一定的高差之外，还应满足布置进出口集合管的要求并便于操作和检修。

图 5-16 所示为一组小直径塔和框架联合布置的示意图。由于塔径小，一般靠近框架或在框架内布置，便于设导向支架以增加塔的稳定性。B 塔布置在框架的外侧，有利于塔顶冷凝器的安装和检修，并可利用框架设置重沸器支架。D 塔是分节塔，布置在框架内。在塔上方设置吊梁，便于安装和检修。除框架楼面外，根据需要在塔顶和塔底设置操作平台。

图 5-17 和图 5-18 所示为成排的塔和框架分开布置示意图。塔组和框架之间设置管廊，四个塔按塔外壁取齐成排布置。塔的回流泵、进料泵布置在管廊下靠近塔的一侧。塔顶冷凝器和回流罐等布置在框架上，连接管道可利用管廊或在管廊顶部加设支架支承。图 5-17 中包括了重沸器的三种支承方式。

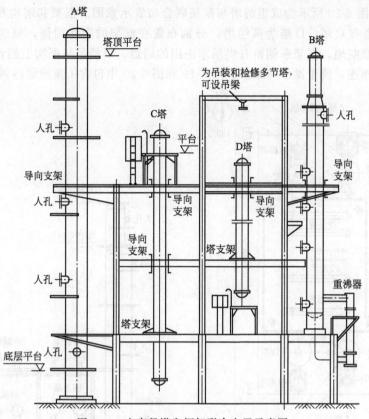

图 5-16 小直径塔和框架联合布置示意图

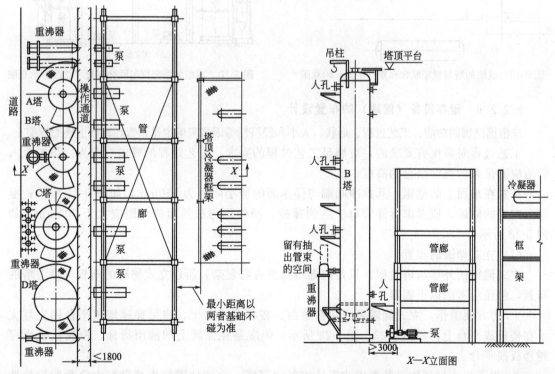

图 5-17 成排的塔和框架分开布置（平面）示意图　　图 5-18 成排的塔和框架分开布置（立面）示意图

图 5-19 和图 5-20 所示为成组的塔与框架联合布置示意图。框架和塔均布置在管廊的一侧，A 塔、B 塔和 C 塔、D 塔为两组塔，分别布置在框架的南北两侧，每组塔外壁取齐布置，并留有检修空地，框架东侧留有供吊车进出的通道，以便吊装框架上的设备。塔平台与相邻框架平台相连，便于操作与维修。图 5-19 和图 5-20 中包含了重沸器的两种支承方式。

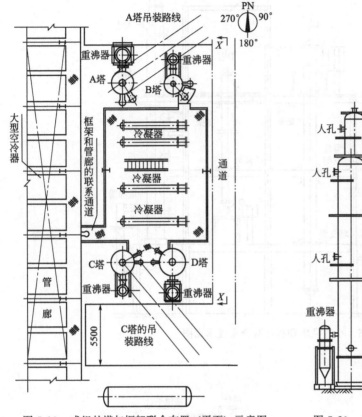

图 5-19　成组的塔与框架联合布置（平面）示意图

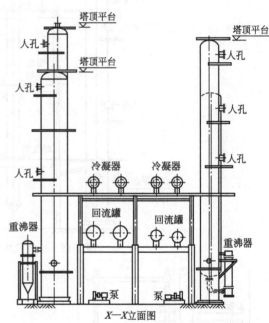

图 5-20　成组的塔与框架联合布置（立面）示意图

5.2.2.4　储存设备（储罐）的布置设计

应根据储罐的功能、工艺过程、形状、大小和经济性等因素来确定是布置在地面上还是框架上。

工艺过程对高度有要求的，应满足工艺过程的要求。工艺过程的要求一般为：泵的吸入管道应满足泵的汽蚀余量的高度。

布置在地面上的储罐，其放净阀端与操作面的最小间距为 150mm，如图 5-21 所示；框架上布置的储罐，应考虑拆卸管口法兰的螺栓，操作面与法兰面的间距应大于 200mm，如图 5-22 所示。

（1）立式储罐的布置

立式储罐的外形与塔类似，只是内部结构没有塔复杂，所以立式储罐的布置可参考塔的布置，但还应考虑以下因素。

ⅰ.为方便操作，立式储罐可安装在地面、楼板或平台上，也可穿越楼板平台用支耳支承在楼板或平台上，如图 5-23、图 5-24 所示。但应避免储罐上的液面指标、控制仪表也穿越楼板或平台。

ⅱ.为了防止黏稠物料的凝固或固体物料的沉降，立式储罐的内部带有大负荷的搅拌器时，为避免振动影响，应尽可能从地面设置支承结构，如图 5-25 所示。

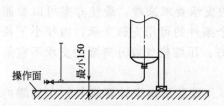

图 5-21 放净阀端与操作面间距在 150mm 以上

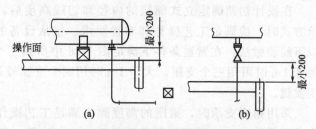

图 5-22 操作面与法兰面间距应在 200mm 以上

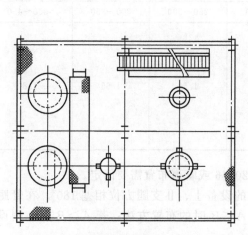

图 5-23 穿越楼板的储罐布置（二层）

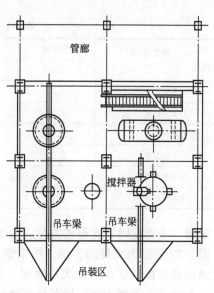

图 5-24 穿越楼板的储罐布置（三层）

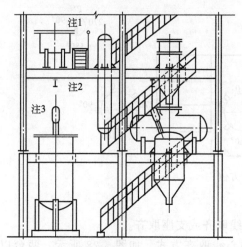

图 5-25 立式储罐从地面设置支承结构

注：1. 顶部开口的立式容器，需要人工加料
　　　时，加料点不能高出楼板或平台 1m，
　　　如超过 1m，要另设加料平台或台阶。
　　2. 为了便于装卸电机和搅拌器，需设吊车梁。
　　3. 应校核取出搅拌器的最小净空。

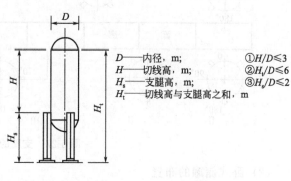

图 5-26 立式储罐支腿

D——内径，m;
H——切线高，m;
H_s——支腿高，m;
H_t——切线高与支腿高之和，m

① $H/D \leqslant 3$
② $H_t/D \leqslant 6$
③ $H_s/D \leqslant 2$

在设计初期确定立式储罐的内径和切线高度后，储罐在裙座、支耳或支腿中选择支承方式时，应满足工艺操作和布置要求。仅从设备的支承要求来看，最佳方案可以参照以下经验做法：在常温条件下满足图 5-26 中所列三个条件的可用支腿支承；内径小于或等于 1m 时可用三个支腿，大于 1m 时用四个支腿较好；压缩机气液分离罐的支承不宜采用支腿。

采用裙座支承时，裙座的高度除应满足工艺操作和设备结构设计要求外，在储罐内介质温度较高时，裙座的高度还应考虑散热要求。表 5-1 列出了裙座最佳高度经验数据供参考。

表 5-1　裙座最佳高度数据　　　　　　　　　　　　　　　　　　　m

操作温度/℃ 容器内径	不保温	保温			
	<200	200~250	250~300	300~350	350~450
0.6~1.2	1.20	1.40	1.50	1.65	1.80
1.2~1.8	1.35				
1.8~2.4	11.50				
2.4~3.0	1.65				
3.0~3.6	1.65				
3.6~4.8	1.80				

采用三个支腿时，支腿的方位应按 HG/T 20546 或管道布置需要而定。

图 5-27 所示为支腿的方位。图中管廊两侧的设备 Ⅰ、Ⅱ 支腿方位相差 180°。在管廊转角处的设备 Ⅲ 按 A、B 尺寸大小决定，图中为 $A<B$ 时的布置方法；若 $A>B$ 时，则设备 Ⅲ 应改为设备 Ⅱ 支腿方位，设备 Ⅵ 与之对称。

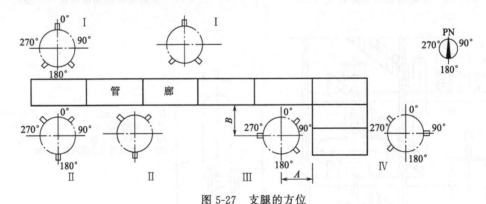

图 5-27　支腿的方位

（2）卧式储罐的布置

卧式储罐宜成组布置，按中心线取齐、封头切线取齐或支座取齐。

布置在地面上的卧式储罐与立式设备宜采用中心线取齐方式，如图 5-28 所示。两台以上的卧式储罐宜采用切线取齐方式，如图 5-29 所示。两台以上的卧式储罐布置在同一框架上时，宜采用支座取齐方式，以简化框架结构，如图 5-30 所示。对于立式储罐，一般与周围设备按中心线取齐，如图 5-31 所示。

确定卧式储罐尺寸时，应尽可能选用相同长度不同直径的储罐，以利于设备布置。卧式储罐之间的净距应符合 HG/T 20546 的要求。

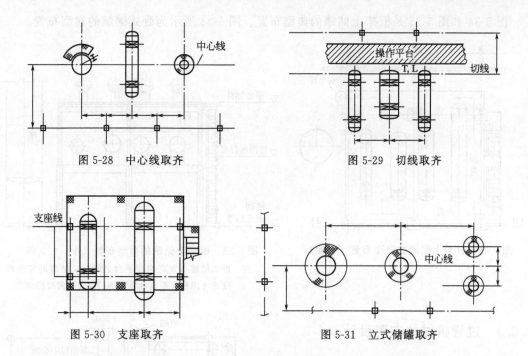

图 5-28　中心线取齐　　　　　　图 5-29　切线取齐

图 5-30　支座取齐　　　　　　图 5-31　立式储罐取齐

确定卧式储罐的安装高度时，除应满足物料重力流或泵吸入高度等要求外，还应满足以下条件。

ⅰ. 储罐下方有集液包时，应有集液包的操作和仪表检测所需的足够高度。

ⅱ. 储罐下方设通道时，储罐底部配管与地面净空不应小于 2.2m。

ⅲ. 不同直径的卧式储罐成组布置在地面、同一层楼板或平台上时，直径较小卧式储罐的中心线标高需要适当提高，使其筒体顶面标高与直径较大卧式容器的筒体顶面标高一致，以便于设置联合平台。

卧式储罐在地下坑内布置时，应妥善处理坑内的积水和有毒、易爆、可燃介质的积聚，坑内尺寸应满足储罐的操作和检修要求。

卧式储罐的平台设置要考虑人孔和液面计等操作因素。对于集中布置的卧式储罐可设联合平台，如图 5-32 所示。顶部平台标高比顶部管口法兰面低 150mm，如图 5-33 所示。当液面计上部接口高度距地面或操作平台超过 3m 时，液面计要设在直梯附近。

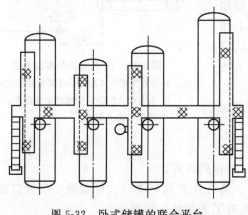

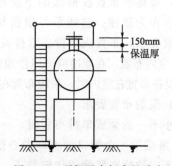

图 5-32　卧式储罐的联合平台　　　　图 5-33　顶部平台标高的确定

109

图 5-34 和图 5-35 是框架上储罐的典型布置。图 5-36 所示为卧式储罐的典型布置。

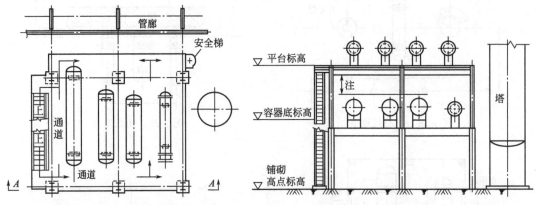

图 5-34　框架上储罐的典型布置（平面）　　　　图 5-35　框架上储罐的典型布置（A—A 立面）

注：卧式储罐布置在两层平台之间时，储罐的安装高
度应考虑操作平台和管道阀门仪表等需要的净空。

5.2.3　过程机械的布置设计

过程工业中应用最多的过程机械是泵和压缩机。

5.2.3.1　泵的布置设计

5.2.3.1.1　泵的布置方式和要求

（1）泵的布置方式

① 露天布置　泵布置在管廊下或管廊与塔、容器之间，平行于管廊排成一列。在管廊下布置泵时，一般是泵-原动机的长轴与管廊成直角，当泵-电机长轴过长妨碍通道时，可转90°，即与管廊平行。泵也可分散布置在被抽吸设备的附近。其优点是通风良好，操作和检修方便。

② 半露天布置　半露天布置适用于多雨地区，一般在管廊下方布置泵，在上方管道上部设顶棚，或将泵布置在框架的下层地面上，以框架平台作为顶棚。这些泵可根据与泵有关的设备布置要求，布置成单排、双排或多排。

③ 室内布置　在寒冷或多风沙地区或工艺过程要求设备布置在室内时，泵应布置在室内。

（2）泵的布置要求

大小不一的泵成单排布置时，一般有三种排列方式。

① 泵端第一个管口或出口中心线取齐。离心泵并列布置时，泵端第一个管口或出口中心线对齐，这样布置管道比较整齐，泵前也有了方便统一的操作面。

② 泵端基础面取齐，便于设置排污管或排污沟以及基础施工方便。

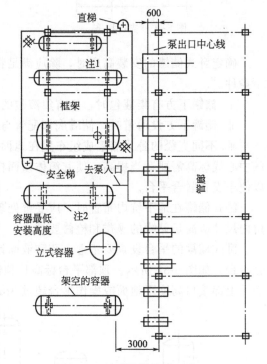

图 5-36　卧式储罐的典型布置

注：1. 卧式储罐的支座应尽可能布置在主梁上。
　　2. 由泵吸入的卧式储罐的安装高度，应校核泵的吸入要求高度。

③ 动力端基础面取齐。如泵用电动机带动时，引向电机的电缆接线容易且经济；泵的开关和电流盘在一条线上取齐，不仅排列整齐，且电机端容易操作。但是泵的大小差别很大时可能造成吸入管过长。

泵成双排布置时，宜将两排泵的动力端相对，在中间留出检修通道；成多排布置时，宜将两排泵的动力端相对布置，两排中的一排与另两排中的一排出口端相对，中间留出检修和操作通道。

蒸汽往复泵的动力侧和泵侧应留有抽出活塞和拉杆的位置。立式泵布置在管廊下方或框架下方时，其上方应留出泵体安装和检修所需的空间。

5.2.3.1.2　泵的布置

泵的间距如图 5-37 所示。按 SH 3011 规定，两台泵之间的净距不宜小于 0.7m（HG/T 20546 规定的最小净距为 0.8m，需根据项目实际情况选择），但安装在联合基础上的泵除外。

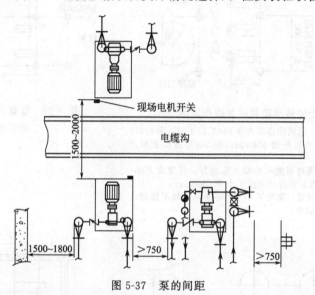

图 5-37　泵的间距

泵布置在管廊下方或外侧时，泵的检修空间净空不宜小于 3m，泵端前面的操作通道宽度不应小于 1m。多级泵泵端前面的检修通道宽度不应小于 1.8m，一般泵端前面的检修通道宽度不应小于 1.25m，以便小型叉车通过。泵布置在室内时，一般不考虑机动检修车辆的通行要求。泵端或泵侧与墙之间的净距不宜小于 1.0m，两排泵的净距不应小于 2m。泵进、出口阀门手轮到邻近泵的最突出部分或柱子的净距最少为 0.75m，电机之间的距离为 1.5～2m。

泵的基础面宜比地面高出 200mm，大型泵可高出 100mm，小型泵如比例泵、柱塞泵、小齿轮泵等可高出地面 300～500mm，使泵轴中心线高出地面 600mm，并可 2～3 台成组安装在同一个基础上。图 5-38～图 5-41 为泵的布置图。

5.2.3.2　压缩机的布置设计

压缩机通常有离心式和往复式两大类。

（1）压缩机布置的一般要求

压缩机的布置方式与泵相同，也分为露天布置、半露天布置和室内布置三种。可燃气体压缩机宜露天布置和半露天布置，这样通风良好，如有可燃气体泄漏则可快速扩散，有利于防火防爆。如在严寒或多风沙地区可布置在室内，室内通风应符合 GB 50019《工业建筑供暖通风和空气调节设计规范》的规定。

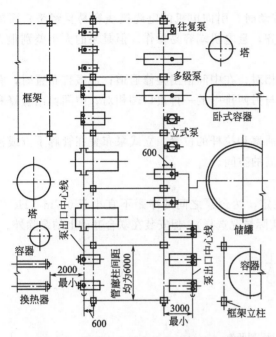

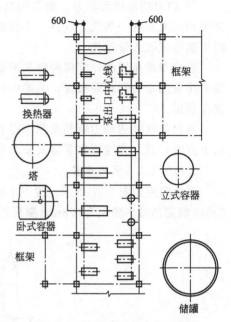

图 5-38　管廊上安装空冷器时泵的布置图

图 5-39　管廊上没有安装空冷器时泵的布置图

注：1. 管廊上安装空冷器，泵的操作温度在 340℃ 以下时，泵出口中心线在管廊柱中心线外侧 600mm；在 340℃ 及以上时，则在外侧 3000mm。

2. 泵前方的操作检修通道可能有小型叉车通行，其宽度不小于 1250mm，在多级泵前方的宽度不小于 1800mm。

3. 两排泵之间的检修通道，宽度不小于 3000mm，如不够时，泵端应有 3000mm 通道。

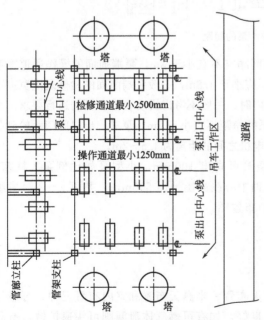

图 5-40　框架下的泵的布置图

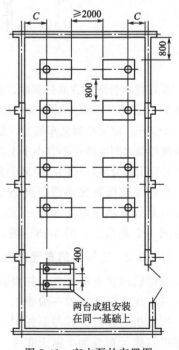

图 5-41　室内泵的布置图

注：尺寸 C 按阀门布置情况决定。

露天布置的压缩机宜尽可能靠近被抽吸的设备，以减少吸入管道的阻力。

压缩机布置在厂房内时，除考虑压缩机本身的占地要求外，还应满足下列要求：机组与厂房墙壁的净距应满足压缩机或驱动机转子或压缩机活塞、曲轴等的抽出要求，并应不小于2m；机组一侧应有检修时放置机组部件的场地，其大小应能放置机组最大部件并能进行检修作业；如有可能，两台或多台机组可合用一块检修场地；如压缩机布置在两层厂房的上层，应在楼板上设置吊装机械；压缩机和驱动机的全部一次仪表盘，如制造厂无特殊要求，应布置在靠近驱动机的侧部或端部，仪表盘的后面应有维修通道；压缩机的基础与厂房基础应有一定的距离。

（2）压缩机的安装高度

压缩机的高装高度，应根据其进、出口的位置和附属设备的多少来确定。

离心式压缩机的进、出口在机体上部且采用电机或背压式汽轮机驱动时，可就地安装，进、出口向上，管道架空敷设不影响通行。机体上方的管道要求可以拆卸，不会影响部件检修；进、出口在机体下部且附属设备较多时，宜分两层布置，上层布置机组，下层布置附属设备。压缩机的安装高度，除满足其附属设备的安装以外，还应满足进、出口连接管道与地面的净空要求，进、出口连接管道与管廊上管道连接的高度要求及吸入管道上过滤器的安装高度与尺寸要求。

往复式压缩机为了减少振动，宜尽可能降低其安装高度，由于进、出口管道采用管墩敷设，有利于抑制振动，而且管道与压缩机进、出口之间可能还有减振系统如脉冲减振器或缓冲器等，此时压缩机的安装高度应由与减振系统相接管道所需的最小净空决定。

图 5-42～图 5-44 是离心式压缩机的典型布置。

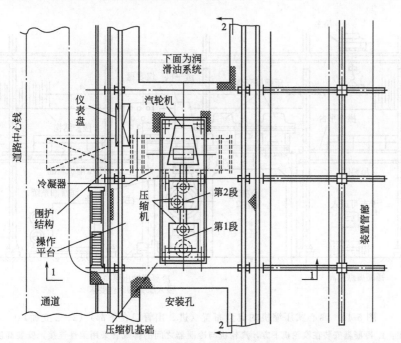

图 5-42　离心式压缩机的典型布置（进、出管口在下部）（平面）

注：1.压缩机进、出口管在下部的优点是维修方便，容易打开机顶盖。
　　　2.下部冷凝器要考虑检修时抽出管束所需要的空间。

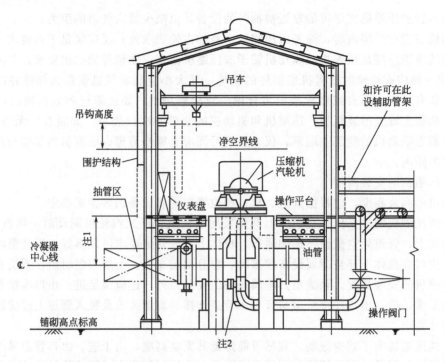

图 5-43　离心式压缩机的典型布置（进、出管口在下部）（1—1立面）

注：1. 润滑油管道自流应有坡度。

　　2. 冷凝器安装高度应考虑凝结水泵的吸入高度要求。

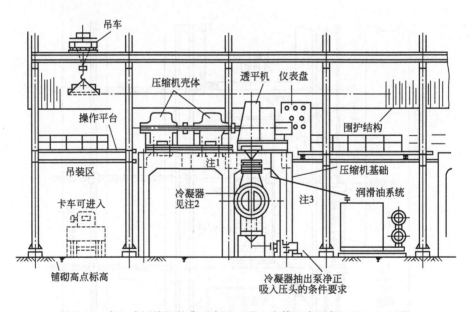

图 5-44　离心式压缩机的典型布置（进、出管口在下部）（2—2立面）

注：1. 冷凝器安装在汽轮机下方，汽轮机与冷凝器之间的排气管采用柔性连接，安装高度应考虑凝结水泵的吸入高度要求。

　　2. 压缩机气体入口管安装过滤器。

　　3. 回油总管设坡度，以便自流入油箱。

学习要求

本章将过程装备分为过程设备与过程机械两部分，分别针对各自的特点，对单体设备或机械的布置原则与要求进行了详细的介绍。学习过程中需了解流程工业中各装置布置时对设备间距、净空与标高的要求。重点了解各典型设备的布置。

参考文献

[1]　宋岢岢.压力管道设计及工程实例.第二版.北京：化学工业出版社，2018.

[2]　GB 50016—2014　建筑设计防火规范.

[3]　GB 50019—2015　工业建筑供暖通风和空气调节设计规范.

[4]　GB 50058—2014　爆炸危险环境电力装置设计规范.

[5]　GB 50074—2014　石油库设计规范.

[6]　GB/T 50087—2013　工业企业噪声控制设计规范.

[7]　GB 50160—2008　石油化工企业设计防火规范.

[8]　GB 50183—2015　石油天然气工程设计防火规范.

[9]　GB 50229—2006　火力发电厂与变电站设计防火规范.

[10]　HG/T 20546—2009　化工设备布置设计规定.

[11]　SH 3011—2011　石油化工工艺装置布置设计规范.

[12]　SH 3012—2011　石油化工金属管道布置设计规范.

6　管道系统设计

过程工业的基本特点是以流程型物料为原料，经过一系列的物理和化学反应，生产具有特定使用价值的产品。要实现上述目的，管道是实现物料输送不可缺少的重要组成部分。近年来，随着全球节能减排战略的实施，过程工业不断向大型化与精细化发展，装置逐渐向高参数、大容量、多功能的方向发展，管道的种类和数量随之增加，管道系统更趋复杂，对全系统长周期稳定运行的要求越来越高。为满足此要求，除了对涉及的过程装备进行精心设计与选型外，对管道系统的设计也提出了更高的要求。

6.1　过程工业管道系统的设计内容

压力管道是《特种设备安全监察条例》限定的一个专用名词，是指"利用一定的压力，用于输送气体或液体的管状设备，其范围规定为最高工作压力大于或者等于 0.1MPa（表压）的气体、液化气体、蒸汽介质或者可燃、易爆、有毒、有腐蚀性、最高工作温度高于或者等于标准沸点的液体介质，且公称直径大于 25mm 的管道"。依据使用的目的，压力管道分长输管道、公用工程管道和工业管道。

由于过程工业的运行特点，相应的管道系统也具有一定的温度和压力，需严格按照《压力管道设计资格类别》中相应的管道级别进行设计、施工和验收，应在管道表、管道空视图和相关技术文件上逐根加以注明。另外，由于过程工业管道系统的特殊性，在进行设计时还需满足相关的要求。

6.1.1　过程工业管道系统设计的基本要求

过程工业管道系统的设计都应满足以下要求。

① 安全性　过程工业管道系统的安全性表现在：操作运行风险小，安全系数大，不至于因失效而产生重大事故；运转平稳，没有或者少有跑、冒、滴、漏现象，不至于造成装置短生产周期的停车或频繁停车。

影响过程工业管道系统安全性的因素是多环节多方面的，每个环节出现问题都将危及其安全性。因此，保证管道系统的安全性要全方位进行。设计时，需对可能发生的安全问题做出正确评价，在压力管道布置和装置设备布置时给予充分的考虑，降低事故发生的概率。

② 满足工艺　这是过程工业管道系统设计的最基本要求，工艺流程图是管道系统设计的依据。

③ 经济性　是指管道系统的一次投资费用和操作维护费用的综合指数低。一般情况下，如果一次投资费用较高，其可靠性好，操作维护费用低，反之亦然。

为了提高过程的经济性，一方面需在设计中力争做到管系中各元件具有相同的强度和寿命，同时尽量减少装置的占地面积。当然，减少占地面积又往往与操作、维护、消防和其他技术需求一定的空间相矛盾，所以管道系统的布置设计应是两者的优化组合。

④ 标准化和系列化设计　进行标准化和系列化设计能有效减少设计、生产、安装投入的人力和物力，同时给维护、检修、更换带来方便。设计、制造、安装和生产上越来越多地采用和等效采用国外的一些先进的标准规范。

⑤ 美观性　层次分明、美观的压力管道布置是反映设计水准高低的一个很重要的指标。

6.1.2　过程工业管道设计的任务

国内外工程公司通常把管道设计分成管道材料设计、管道布置设计和管道应力分析三个部分。

(1) 管道材料设计

管道材料设计的内容包括：管道材料选用及等级规定；隔热工程规定；防腐与涂漆工程规定；管道材料工程规定；设备隔热材料一览表；管道隔热材料一览表；设备涂漆材料一览表；管道涂漆材料一览表；非标管件图。

管道材料设计影响管道系统的可靠性和经济性。管道的材料设计涉及管道器材标准体系的选用、材质选用、压力等级的确定、管道及其元件形式的选用等。

在装置设备布置设计和管道材料设计完成后，需对管道材料进行汇总，形成综合材料汇总表，再以此为依据，编制管道材料请购文件。

(2) 管道布置设计

管道布置设计也称配管设计，是通过计算机模型、CAD 图纸表示出管道位置、走向、支承等，以满足工艺流程、管道强度和刚度、操作、维护、消防等的要求，最后给出管道及其元件的用量。

管道布置设计首先要了解设计条件和用户要求，确定设计应用的标准规范，然后确定管道等级，最后进行管道走向、支承、操作平台等方面的综合规划和布置，并将有关的、必要的管道进行应力分析。

① 设计条件　包括装置建设的环境条件（如温度、湿度、风力、风向、雨雪、地震、地质、周边环境等）、工艺条件（如水、电、汽、风等公用工程条件及装置规模、介质性质、介质温度、介质压力、开停工时间、操作工况等）、建设周期（如设计计划表、采购计划表、施工计划表和开工时间等）等。用户有时也常提出一些要求，如操作要求、安全消防要求、环保要求、器材标准要求、设计文件编制内容要求等。设计条件和用户要求都是设计的基础条件，合理的设计在于把这些条件中提出的要求加以运用，既要十分重视这些条件，又要对某些进行适当的平衡，最终做到在技术、经济、安全等方面均为最佳。

② 管道走向　就是确定管道以合理的方式将相关设备连起来，并满足规则整齐、建设费用最低、运行安全可靠等要求。具体设计过程中应考虑下面一些原则：管道的走向应满足工艺要求，距离最短，不妨碍操作和检查，不妨碍设备的检修，能够排凝排气，支架容易设

置，热胀补偿容易进行等；多根管道在一起时应排列整齐，交错层次分明，并尽可能共用支承；并排的法兰和阀门应相互错开以便于操作，并减少间距以节省占用空间；操作点应集中设置；多路管道应对称布置，不能使各种介质相互干扰或发生偏流等。

③ 管道定位 就是在管道走向确定的情况下详细计算并确定管道的定位尺寸。在确定管道的定位尺寸时应充分考虑隔热及防腐施工、热胀位移、法兰及阀门操作检修、管道及其元件的安装空间及支承生根位置的要求等。

④ 阀门定位 首先应满足工艺的要求，其次应满足操作、维护的要求，同时还应考虑防冻、防凝、大阀门的支承等要求及管道振动、热胀对阀门强度可靠性的影响等。

⑤ 操作平台设置 除满足管道的操作要求之外，还应考虑设备上仪表、人孔、手孔、视镜等的操作维修要求，同时还应考虑设备部件和管道元件的检修、巡回检查、爬梯或梯子的安全设置、消防与照明等要求。

⑥ 放空排净设计 要满足管道开、停工及液压试验时高点排气、低点排净的要求。管道在高点存气时会造成管道的气阻、相连泵的抽空或汽蚀、停工时燃气积存而产生火灾危险等；在低点存液时会造成介质的凝冻、停工时燃油积存而产生火灾危险等。因此，对于管道的高点和低点应设置相应的排气或排净设施。在进行管道的高点排气或低点排净设计时，还需考虑对环境污染的影响。

⑦ 隔热设计 目的是减少管道在运行中的热量或冷量损失，以节约能源；避免、限制或延迟管道内介质的凝固、冻结，以维持正常生产；减少生产过程中介质的"温升"或"温降"，以提高相应设备的生产能力；防止管道表面的结露；降低和维持工作环境温度，改善劳动条件，防止因热表面导致的火灾和操作人员烫伤。管道的隔热设计就是通过选取适当的隔热材料和隔热厚度以满足上述要求。

⑧ 防腐设计 是通过选取适当的防腐涂料和防腐结构，以达到管道及其元件免遭环境腐蚀的目的。在选择防腐涂料时，应考虑它与被涂物的使用条件和表面材质相适应，并且经济合理，具备施工条件。防腐涂料的底漆应正确配套。

⑨ 支吊架设计 应满足管道强度和刚度的需要，能有效降低管道对机械设备产生的较大的附加载荷，防止管道的振动等。管道支吊架的设计包括支吊架形式和材料的选用、支吊架强度的计算、生根点的载荷委托等方面的内容。

⑩ 仪表元件定位 应满足仪表元件操作、观察、维护等方面的要求，同时考虑仪表元件对管道结构尺寸的要求（如孔板前、后的直管段要求）、仪表附属元件对操作空间的要求（如浮球液位计对空间的要求、仪表箱开启对空间的要求等）等。

⑪ 取样设计 应满足操作方便的要求，同时考虑取样时的危险性、取样介质的新鲜性、对环境的污染以及对防冻防凝的要求等。不同介质的取样位置、接头方式和取样设施有所不同。

⑫ 伴热设计 伴热包括电伴热、蒸汽伴热、热水伴热和热油伴热，后三者需要设计伴热站位置，确定伴热管的始、末端，画出伴热图，统计伴热材料。

⑬ 图例标识及图幅安排 应符合绘图规范的要求，并便于识别。图面应清晰整洁，线条分明，表达完整，与相应设计文件的连接表达清楚等。

⑭ 设计文件的编制 在完成管道的详细设计之后，应编制相应的文件资料，与管道设计图纸一起组成一个完整的管道设计文件。这些文件资料应包括资料图纸目录、管道设计说明书、管道表、管道等级表、管段材料表、管道材料汇总表、管道附件规格表、管道附件规格书、管道支吊架汇总表、非标管道附件图、非标支吊架图等。

资料图纸目录 分区域目录和装置目录两种。如果该装置不分区，可只编装置目录。资料图纸目录应包括所有图纸、文件资料和复用设计文件资料的目录，并按照文字资料、图纸、复用文件的先后顺序编排。

管道设计说明书 应包括管道的设计原则、设计思路、执行规范、典型配管研究、典型管道柔性设计数据、与仪表专业的分工、识图方法（图例）、施工和采购要求及其他要说明的问题等。

管道等级表 是针对一系列介质条件而编制的管道器材应用明细表，包括等级号，设计条件，管道的公称压力等级和壁厚等级，管道元件的材料、形式、应用规范和材料规范等内容。

管道材料汇总表和特殊管件规格表 是管段材料的分类汇总（有的工程公司把这两个表合在一起称为管道材料汇总表），是采购和备料的重要设计文件。前者主要包括管子、弯头、三通、大小头、管帽、加强管嘴、加强管接头、异径短管、螺纹短节、管箍、仪表管嘴、漏斗、快速接头、法兰、垫片、螺栓、螺母、限流孔板、盲板、法兰盖等管道附件的分类汇总，后者主要包括阀门、过滤器、疏水器、视镜、弹簧支吊架等特殊管件的分类汇总。完整的描述应包括管道元件名称、结构形式、规格、数量、压力等级（或壁厚等级）、连接方式、材料、材料规范、应用标准及其他需要说明的属性等内容，并计入施工损耗附加量。

管道附件规格书 是一个采购用的设计文件，当管道附件规格表不能完全表达管道附件的属性时，应编制该文件。管道附件规格书除给出上述管道附件规格表所包含的内容外，还应给出设计条件、详细结构描述、零部件材料等特殊要求。有时，管道附件规格书并不纳入正式的设计文件中，而是作为订货技术文件编入采购时的订货技术附件中。

管道支吊架汇总表 是将装置中采用的支吊架进行分类汇总，为支吊架的采购和工厂预制提供方便。

非标管道附件图和非标支吊架图 是针对标准之外的管道附件和支吊架而绘制的制造详图。这一类图纸不应太多，即应尽量选用标准的管道附件和支吊架，以降低工程投资，加快设计、制造、施工等各阶段的进度。

管道布置是一个繁杂而细致的设计过程，它占据了压力管道设计的大部分工作量。在进行管道布置时，除了应具备管道布置的必备知识，还要具备管道材料设计和管道机械设计的一定知识，才能真正做好装置的管道布置设计。

（3）管道应力分析

管道应力设计的核心是管道的机械强度和刚度问题，包括管道及其元件的强度和刚度是否满足要求、管道对相连机械设备的附加载荷是否满足要求等。通过对管系应力、管道机械振动等内容进行力学分析，适当改变管道的走向和支承条件，以达到满足管道机械强度和刚度要求的目的。管道机械设计的好坏影响到管系的安全可靠性。

根据作用载荷的特性以及研究方法的不同，管系的力学分析分为静应力分析和动应力分析。静应力分析对应的是外力与应力不随时间而变化的工况，动应力分析对应的是管道机械振动、疲劳等外力与应力随时间而变化的工况。当管道的力学分析不能满足要求时，往往要通过调整支吊架的数量、位置和方式等使其满足要求，因此也将管道的支吊架设计列入管道应力研究的范畴。

6.1.3 过程工业管道设计的一般程序

一般情况下，压力管道设计可分为基础设计和详细设计两个阶段。基础设计阶段是在工艺包基础上进行的工程前期设计；详细设计阶段是为施工而进行的设计，国内常称为施工图设计。

基础设计阶段主要是根据生产规模进行物料和热量衡算及水力计算等。按照物料的流量及该物料允许的流速确定管径，按照不同介质的物理化学性质、压力等级、设计温度等因素确定管子材料和阀门、法兰等管道附件，初估材料数量，绘制流程图（系统图）、布置图、绘制主要管道走向草图，并对主要管道进行应力计算等。

施工图设计阶段先绘制详细的管道流程图和设备布置图，再设计管道的平、立面布置图，对温度较高的重要管道进行应力计算，绘制单管图、管口方位图、伴热管系图等。在此基础上编制管道安装一览表、综合材料表和油漆一览表等。所有设计文件必须进行校对、审核，部分图纸还要进行审定，最后还要进行各有关专业参加的综合鉴定，确保设计的质量。

6.2 过程工业管道系统的组成与选用

管道系统包括管子、管件和管道附件。在各类过程工业装置所用材料中，管道系统约占15%。因此，正确设计管道系统具有重要意义。

6.2.1 管子

管子是用于输送流程型物料的直管。过程工业中所用管子的品种、型号、规格繁多，可从管子的用途、材质和形状的角度对其进行分类，如表 6-1 所示。

表 6-1　管子分类表

按用途分类	输送用、传热用	普通配管用、压力配管用、高压用、高温用、高温耐热用、低温用、耐腐蚀用
	结构用	普通结构用、高强度结构用、机械结构用
	特殊用	油井用、试锥用、高压瓦斯容器用无缝钢管
按材质分类		金属管、非金属管
按形状分类		套管（双层管）、翅片管、各种衬里管

对于输送与传热用的管子，需根据管内介质的流动情况计算管子的内径；对于其他用途的管子，则需根据具体情况确定相应管子的尺寸。

6.2.1.1　管子内径的计算

在工程设计中，管子的计算一般要根据生产规模进行物料衡算、能量衡算和设备计算，初步确定物料流量，并参照有关资料，假定一个物料流速，计算出管子内径，查手册或标准，选用标准管子。通常选用的标准管子内径应等于或略大于计算出的管子内径。

利用下式可以对各种情况进行计算

$$q_V = \frac{\pi}{4} D^2 u \tag{6-1}$$

式中　D——管道内径，m；

　　q_V——管内介质的流量，m^3/s；

　　u——管内介质的流速，m/s。

流量一般为生产任务所决定，所以关键在于选择合适的流速。若流速选得太大，管径虽然可以减小，但流体流过管道的阻力增大，消耗的动力就大，操作费用随之增加。流速选得太小，虽然可以降低操作费，但管径增大，管道的基建费随之增加。因此当流体以大流量长距离输送时，需根据具体情况在操作费用与基建费用之间通过经济权衡确定适宜的流速。流体在管道中的适宜流速与流体的性质及操作条件有关，某些流体在管道中的常用流速范围可参考《化工原理》及有关设计手册。

应用上式算出管道的内径之后，还需根据标准规定的尺寸系列圆整。普通钢管外径和壁厚尺寸系列参见表 6-2。

表 6-2　普通钢管外径和壁厚尺寸系列（摘自 GB/T 17395—2008）

外径系列 1	10		17		21		27	34	42	
外径系列 2	6 7 8 9	11 12 13	16	19 20	25	28 32	38 40			
外径系列 3		14	18	22 25.4	30	35				

外径系列 1	48	60	76	89	114	140
外径系列 2	51 57 63 65 68 70	77 80 85 95 102	121 127 133			
外径系列 3	45 54	73	83	108	142	

外径系列 1	168	219 273 325	356	406	457
外径系列 2	146	203	340 351 377 402 426 450 480		
外径系列 3	152 159 180 194 245				

壁厚系列	0.8 1.0 1.2 1.4 1.5 1.6 1.8 2.0 2.2 2.5 2.8 3.0 3.2 3.5 4.0 4.5 5.0
	5.5 6.0 6.5 7.0 7.5 8.0 8.5 9.0 9.5 10 11 12 13 14 15 16

注：1. 外径系列 1 是标准化钢管，最大外径为 610mm，不锈钢管最大外径为 406mm。

2. 系列 2 为非标准化为主的钢管，其中应用较多的钢管外径为：32、38、57、68、127mm 等。

3. 外径系列 3 为特殊用途钢管，最大外径为 660mm。

4. 壁厚系列中略去了加括弧的数字：2.3、2.6、2.9、3.6、5.4、6.3、7.1、8.8、12.5、14.2；小于 0.8mm 大于 16mm 的数字也未列入本表，标准中最小为 0.25mm、最大为 65mm。

6.2.1.2　管子材料的选择

管径确定后，就要合理选择管子的材料。材料选择不当，会造成浪费或埋下事故隐患。在选择管子材料时，首先要了解管子的种类、规格、性能、使用范围，根据管系的设计压力、设计温度和管内介质的性质对经济性和安全性或寿命等因素作综合考虑。管道材料一般可优先选用与之相联接的设备或机器所用的材料。

材料选用的基本原则如下。

ⅰ. 受压元件（螺栓除外）用材料应有足够的强度、塑性和韧性，在最低使用温度下应具备足够的抗脆断能力。当采用延伸率低于 14% 的脆性材料时，应采取必要的安全防护措施。

ⅱ. 选用的材料应具有足够的稳定性，包括化学性能、物理性能、耐蚀和耐磨性能、抗疲劳性能和组织稳定性等。

ⅲ. 选材时，应考虑材料在可能发生的明火、火灾和灭火条件下的适用性以及由此带来的材料性能变化和次生危害。

ⅳ. 选材应适合相应的制造、制作和安装，包括焊接、冷热加工及热处理等方面的要求。

ⅴ. 当几种不同的材料组合使用时，应考虑可能产生的不利影响。

ⅵ. 材料应具备可获得性和经济性。

6.2.2　管件

管件在管系中起着改变走向、标高或直径，封闭管端以及由主管上引出支管的作用，如表 6-3 所示。

表 6-3　管件的用途与名称

用途	管件名称
直管与直管连接	活接头、管箍
改变走向	三通、四通、弯头、弯管
改变管径	异径管（大小头）、异径短节、异径管箍、内外丝
封闭管端	管帽、丝堵
其他	螺纹短节、翻边管接头等

6.2.2.1　管件的选择

（1）管道公称尺寸和公称压力

管件都是按公称压力和公称尺寸进行生产的，在确定管子尺寸时必须考虑公称尺寸。常用管道元件 DN（公称尺寸）、PN [●]（公称压力）的定义和选用见表 6-4、表 6-5。

表 6-4　管道元件 DN（公称尺寸）的定义和选用（摘自 GB/T 1047—2005）

DIN 系列	6	8	10	15	20	25	32	40	50	65	80	100	125	150	200
	250	300	350	400	450	500	600	700	800	900	1000	1100	1200	1400	1500

注：除在相关标准中另有规定，字母 DN 后面的数字不代表测量值，也不能用于计算目的。

表 6-5　管道元件 PN（公称压力）的定义和选用（摘自 GB/T 1048—2005）

DIN 系列	2.5	6	8	10	16	20	25	40	50	63	100
ANSI 系列	20	50	110	150	260	420					

注：字母 PN 后跟的数字不代表测量值，不应用于计算目的。管道元件允许压力取决于元件的 PN 数值、材料和设计及允许工作温度等，允许压力在相应标准的压力-温度等级表中给出。

（2）管件选择的原则

管件的选择是指根据管道级（类）别、设计条件（如设计温度、设计压力）、介质特性、材料加工工艺性能、焊接性能、经济性以及用途来合理确定管件的温度-压力等级、管件的连接形式。管件的选择应符合相应的标准规范，如 SH/T 3059、GB/T 50316 等。

管件的连接形式多种多样，相应的结构也有所不同，常用的有对焊连接、螺纹连接、承插焊连接和法兰连接四种连接形式。根据国际通用做法，$DN50$ 及以上的管道多采用对焊连接管件，$DN40$ 及以下的管道多采用煨弯、承插焊或锥管螺纹连接管件。选用对焊连接管件时，应根据等强度的原则使管件的管子表号与所连接的管子的管子表号一致。

（3）支管连接件的选择

一般情况下，支管连接多采用成型支管连接件、焊接的引出口连接件以及支管直接焊接在主管上等连接形式。

支管连接件主要依据管道等级中已经确定的法兰压力等级或公称压力来选用。一般情况下，当法兰的公称压力不大于 $PN2.5$ 时，支管直接焊接在主管上；当公称压力不小于 $PN4.0$ 时，则根据主管、支管公称直径的不同按对焊三通、焊接支管台、承插焊或螺纹连接三通、承插焊或螺纹支管台的顺序选用。

在确定支管连接件的管子表号时，应根据管子与管件等强度的原则以及管子与管件的连接方式而定。当对焊三通主管、支管所连接的管子表号不同时，应注意三通主管、支管端部的管子表号应分别与其所连接的管子的管子表号相同，这样就便于管道施工，管件不必现场

● PN 后未加单位的，默认单位为 MPa。

再打坡口。

如果选用支管直接焊接在主管上时，就要核算管子是否需要补强。支管补强的方法在 ASME B31.3、SH/T 3059、GB/T 50316 和 GB/T 20801 等标准规范中均有详细介绍。

（4）异径管的选择

根据等强度的原则，异径管应采用与所连接的管子相同的管子表号。通常，对于 $DN \geqslant 50$ 的管道上的异径管，多采用对焊异径管，而对于 $DN \leqslant 40$ 的管道，则采用承插焊异径管箍，对于镀锌管道上的异径管则要采用螺纹连接方式。

是选择同心异径管还是选择偏心异径管，应根据工艺流程图或者配管布置的要求而定。管廊上水平放置的异径管通常为底平偏心异径管，泵的入口管道通常选择偏心异径管，是顶平还是底平需要依据具体情况而定。

6.2.2.2 管件的连接

根据管件端部的连接形式，管件可分为对焊连接管件（简称对焊管件）、承插焊连接管件（简称承插焊管件）、螺纹连接管件（简称螺纹管件）、法兰连接管件以及其他管件。压力管道设计中，常用对焊管件、支管台、承插焊及螺纹连接管件的形式。法兰管件多用于特殊场合，使用范围及数量相对较少，需要时可根据 GB/T 17185 的规定选用。

（1）对焊管件

通常用于 $DN \geqslant 50$ 的管道，广泛用于易燃、可燃介质和高的温度-压力参数的其他介质管道。对焊管件与其他连接形式的管件相比，连接可靠、施工方便、价格便宜、没有泄漏点。

管件的壁厚等级用管子表号表示，常用的管子表号为 Sch40、Sch80（Sch 表示壁厚，管子表号是管子设计压力与设计温度下材料许用应力的比值乘以 1000，并经圆整后的数值，下同）。选用对焊管件时，管件应与其连接管子的管子表号相同，即管件与管子等强度（而不是等壁厚，只是管件端部的壁厚与管子的壁厚相同）。在我国，主要的对焊管件标准有 GB/T 12459 和 SH/T 3408，国外的对焊管件标准有欧系标准和美系标准。

常用的对焊管件包括弯头、三通、异径管（大小头）和管帽，前三项大多采用无缝钢管或焊接钢管通过推制、拉拔、挤压而成，管帽多采用钢板冲压而成。它们通过公称壁厚等级（管子表号或壁厚值）实现与管子等强度，至于其局部应力集中的补强，则是制造厂应解决的问题。制造厂应对对焊管件的强度进行设计，并通过验证法进行验证。

对于 $DN \leqslant 40$ 的管子及其元件，因为其壁厚一般较薄，采用对焊连接时错口影响较大，容易烧穿，焊接质量不易保证，一般不采用对焊连接，但下列几种情况例外。

ⅰ.对于 $DN \leqslant 40$、壁厚大于或等于 Sch160 的管道及其元件，其壁厚已比较厚，采用对焊连接时，上述问题已不存在，因此也常用对焊连接。

ⅱ.有缝隙腐蚀介质（如氢氟酸介质）存在的情况下，即使 $DN \leqslant 40$、壁厚小于 Sch160，也采用对焊连接，以避免缝隙腐蚀的发生，此时在焊接施工时常采用小焊丝直径、小焊接电流的氩弧焊，而不用一般的电弧焊。

ⅲ.对润滑油管道，当采用承插焊连接时，其接头缝隙处易积存杂质而对机械设备产生不利影响，也应采用对焊连接。

（2）承插焊管件

通常情况下，承插焊管件用于 $DN \leqslant 40$、管壁较薄的管子和管件之间的连接。常用的承插焊管件包括弯头、三通、支管台、管帽、管接头、异径短节、活接头、丝堵、仪表管嘴、软管站快速连接接头、水喷头等。一般异径短节、螺纹短节等为插口管件；弯头、三通、管帽、支管台、活接头、管接头等为承口管件。承插焊是插口与承口之间的连接，在应用中应考虑这些管件之间的搭配组合以及所需的结构空间。

承插焊管件通常采用模压锻造后再机械加工成型工艺制造。在我国，主要的承插焊管件标准有 GB/T 14383 和 SH/T 3410。

（3）螺纹管件

常用材料有锻钢、铸钢、铸铁、可锻铸铁，石油化工装置的工艺管道大多选用锻钢制锥管螺纹管件。在我国，主要的螺纹管件标准有 GB/T 14383 和 SH/T 3410。

与承插焊管件一样，螺纹连接也多用于 $DN \leqslant 40$ 的管子与元件之间的连接，常用于不宜焊接或需要可拆卸的场合。螺纹连接件有阳螺纹和阴螺纹之分。常用的管件中，螺纹短节为阳螺纹，而弯头、三通、管帽、活接头等多为阴螺纹，使用时应注意它们之间的搭配和组合。

与焊接连接相比，螺纹连接的接头强度低，密封性能差，因此使用时常受下列条件限制：螺纹连接管件应采用锥管螺纹；螺纹连接不推荐用在高于 200℃ 及低于 −45℃ 的温度下；螺纹连接不得用在剧毒介质管道上；按 GB 50316，螺纹连接不得用于有缝隙腐蚀的流体工况中，不应使用于有振动的管道；用于可燃气体管道上时，宜采用密封焊进行密封。

（4）法兰连接管件

管法兰主要用于管子与管件、阀门、设备的连接。管法兰与垫片和紧固件共同组成管道可拆连接接头。为使连接接头能安全运行并获得满意的密封效果，选用时要对管法兰的结构型式、密封面型式、垫片材料和结构型式、紧固件的材料和结构型式进行全面考虑，正确选用。法兰的种类虽多，但均可按法兰与管子的连接方式、法兰密封面的型式以及压力温度等级进行分类。不同连接方式的法兰可以有相同或不同的密封面形状，同一连接方式的法兰也可有相同或不同的密封面形状；各种类型的法兰有不同的压力温度等级。法兰要根据标准来选用。我国主要的管法兰标准有 GB/T 9113～9121、HG/T 20592～20635、SH/T 3406 等。法兰连接管件多用于特殊场合，实际用量相对较少。

由于法兰的密封面无法做到绝对的光滑，单靠加工法兰密封面达到绝对的光滑和增大压紧力的方法使之密封，既不经济又很困难，所以采用半塑性材料制成的垫片，在紧固法兰时使垫片产生弹塑性变形以填补法兰密封面上微观的不平度从而阻止流体的泄漏。

选用垫片时，必须对垫片的密封性能、设计压力和温度、介质的性质以及密封面的型式、结构的繁简、装卸的难易、经济性等诸因素进行全面分析。其中介质性质、设计压力和温度是影响密封的主要因素，是选用垫片的主要依据；垫片的类型一般是根据温度和压力而定，通常在保证主要条件的前提下，尽量选用价格便宜、制造容易、安装和更换比较方便的垫片；垫片的厚度视具体情况而定，压力较高时以用厚垫片为好；垫片系数与其宽度无关；由于垫片在工作时与操作介质接触，直接受介质、压力、温度等影响，因此垫片材料应满足工艺的要求；选用垫片时应尽量简化规格，减少品种，切忌不必要的多样化。法兰密封垫片也有标准，选用时可查阅相关标准。

6.2.3　管道附件

管道附件是用于管道系统中管件连接与密封、管内流量调节、安全保障的附件，主要包括阀门、法兰、阻火器、过滤器等。工程实践中应用最多的是阀门和管道法兰两种。

6.2.3.1　阀门

阀门是流体输送系统中的控制部件，具有截止、调节、导流、防止逆流、稳压、分流或溢流泄压等功能，可用于控制空气、水、蒸汽、各种腐蚀性介质、泥浆、油品、液态金属和放射性介质等各类流体的流动。正确选用阀门，对保证装置安全生产、提高阀门使用寿命、满足装置长周期稳定运行至关重要。

阀门的品种和规格相当繁多，按照用途可分为：

ⅰ.开断用：用来接通或切断管内介质，如闸阀、截止阀、球阀、蝶阀等。

ⅱ.止回用：用来防止介质倒流，如止回阀。

ⅲ.调节用：用来调节介质的压力和流量，如调节阀、调压阀。

ⅳ.分配用：用来改变介质流向、分配介质，如三通旋塞、分配阀、滑阀等。

ⅴ.安全阀：在介质压力超过规定值时，用来排放多余的介质，保证管道系统及设备的安全，如安全阀、事故阀。

ⅵ.其他特殊用途：如疏水阀、放空阀、排污阀等。

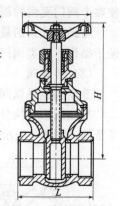

（1）闸阀

闸阀是指关闭件（闸板）沿通路中心线的垂直方向移动的阀门，在管道中主要作切断用。

按闸板的构造，可分为平行式闸阀和楔式闸阀；根据阀杆的构造，可分为明杆闸阀和暗杆闸阀。图 6-1 所示为闸阀的结构。

图 6-1　闸阀的结构

闸阀的优点是：密封性能好，流体阻力小，具有一定的调节性能；开闭所需外力较小；介质的流向不受限制；全开时，密封面受工作介质的冲蚀比截止阀小；形体比较简单，铸造工艺性较好。其缺点是：外形尺寸和开启高度都较大，安装所需空间较大；开闭过程中，密封面间有相对摩擦，容易引起擦伤现象；闸阀一般都有密封面，给加工、研磨和维修增加了一些困难。

在闸阀的选型上，明杆单闸板比暗杆双闸板更适应腐蚀性介质。单闸板适于黏度大的介质；楔式双闸板对高温和密封面变形的适应性比楔式单闸板好，不会出现因温度变化产生的卡阻现象，特别是比不带弹性的单闸板优越。

（2）截止阀

截止阀是利用阀杆带动关闭件（盘形、针形阀瓣）升降，改变关闭件与阀座间的距离而实现流体的导通或切断，流体流经截止阀有方向的改变。截止阀结构演示动画见 M6-1。

M6-1

根据截止阀的通道方向分直流式截止阀、三通式截止阀和角式截止阀，其结构如图 6-2 所示。后两种截止阀通常作改变介质流向和分配介质用。

针形截止阀用于精确的流量控制，阀瓣通常与阀杆做成一体，有一个与阀座配合精度非常

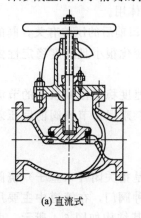

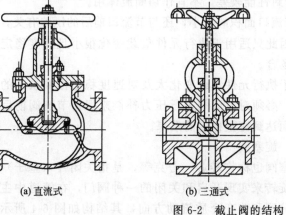

(a) 直流式　　　　　　　　(b) 三通式　　　　　　　　(c) 角式

图 6-2　截止阀的结构

125

高的针状头部，而且针形截止阀阀杆螺纹的螺距比一般普通截止阀的要细。通常情况下，针形截止阀阀座孔的尺寸比管道尺寸小，只限于在公称直径小的管道中使用，更多的用于取样阀。

直流式截止阀的阀杆和通道成一定的角度，其阀座密封面与进出口通道也有一定的角度，阀体可制成整体式或分开式。阀体分开式截止阀用两阀体把阀座夹在中间，便于维修。这类截止阀几乎不改变流体流动方向，因而流阻最小。阀座和阀瓣密封面可堆焊硬质合金，使整个阀门更耐冲刷和腐蚀，非常适合于有结焦和固体颗粒的管道中。

角式截式阀的最大优点是可以把阀门安装在管道系统的拐角处，既可节约90°弯头，又便于操作。这类阀门最适合在合成氨生产的冷系统中采用。

（3）节流阀

节流阀也是以阀杆带动阀瓣，通过改变通流截面积来调节流体流量和压力的。

节流阀按结构分为外螺纹节流阀、外螺纹角式节流阀、角式节流阀、钢制节流阀、卡套节流阀。图6-3所示是角式节流阀和钢制节流阀的结构。

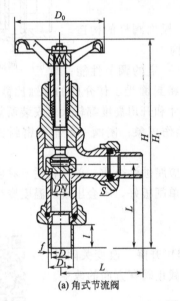 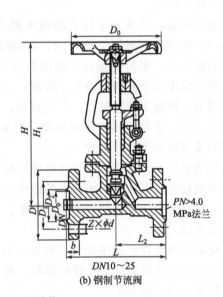

(a) 角式节流阀　　(b) 钢制节流阀

图6-3　节流阀的结构

节流阀的外形尺寸小、质量轻，调节性能较盘形截止阀和针形阀好，但调节精度不高。由于流速较大，易冲蚀密封面，主要用于管道系统介质温度较低、压力较高、需要调节流量和压力的场合；因密封面易冲蚀，密封性能较差，不宜作切断流体用。

由于节流阀的流量不仅取决于节流口面积的大小，还与节流口前后的压差有关，阀的刚度小，因此只适用于执行元件负载变化很小且速度稳定性要求不高的场合。

对于执行元件负载变化大及对速度稳定性要求高的节流调速系统，必须对节流阀进行压力补偿来保持节流阀前后压差不变，从而达到流量稳定的效果。

（4）旋塞阀

旋塞阀也称作转芯、考克等，是指关闭件（塞子）绕阀体中心线旋转来实现开启和关闭的一种阀门，在管道中主要用作切断、分配和改变介质流动方向，其结构如图6-4所示。由于

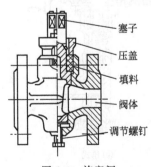

塞子

压盖

填料

阀体

调节螺钉

图6-4　旋塞阀

结构简单、开闭迅速（塞子旋转 1/4 圈就能完成开闭动作）、操作方便、流体阻力小，旋塞阀广泛应用于低压、小口径和介质温度不高的情况下。它的塞子和塞体是一个配合很好的圆锥体，其锥度一般为 1：6 和 1：7。

旋塞阀的主要特点是：结构简单，流阻小，启闭迅速方便；适用于温度较低、黏度较大的介质，一般不用于蒸汽和温度较高的介质；油封式旋塞阀适用于压力较高、温度低于 180℃ 的气体及黏度较大的介质；填料式旋塞阀适用于压力、温度都较低，黏度较大的介质。

（5）球阀

球阀的关闭件是个球体，球体沿自己的轴心在阀体球形密封腔内作 90° 旋转，使之开闭。球阀在管道中主要用来做切断、分配和改变介质的流动方向。球阀结构演示动画见 M6-2。

M6-2

按照球阀的结构，可分为浮动球球阀、固定球球阀、弹性球球阀（即轨道球阀）、V 形球阀、三通球阀、偏心球阀。

球阀的主要特点是：用于管道、设备内流动介质的启闭，开关迅速，操作方便；适用于流量调节；流阻小；适用于温度较低、压力较高、黏度较大的浆状介质及水、油品，不能用于温度较高的介质；中低压小口径采用浮动球球阀，高压大口径采用固定球球阀。

（6）隔膜阀

隔膜阀是通过阀杆的升降使弹性隔膜启闭来控制流体的阀门，其结构如图 6-5 所示。弹性隔膜装在阀体和阀盖之间，隔膜中间突出部分固定在阀杆上，阀内衬有橡胶，依靠隔膜的上、下行程实现密封，因此无需填料箱。

隔膜阀可以分为堰式隔膜阀和直通式隔膜阀，如图 6-6 和图 6-7 所示。

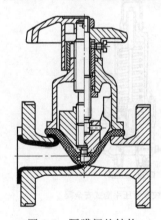 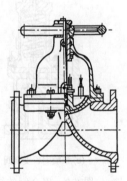 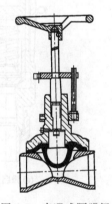

图 6-5 隔膜阀的结构　　　　图 6-6 堰式隔膜阀　　　　图 6-7 直通式隔膜阀

隔膜阀的优点是：结构简单、易于快速拆卸和维修；由于其操纵机构与介质通路隔开，可保证介质的纯净；适用于有化学腐蚀性或含悬浮颗粒的介质，甚至难以输送的危险介质。其缺点是由于衬里材料的限制，其温度及扭力不能过高。

（7）止回阀

止回阀是依靠介质本身的流动而自动开、闭阀瓣，防止介质倒流的阀门，主要作用是防止介质倒流、防止泵及其驱动装置反转以及容器内介质的泄漏，又叫逆止阀、单向阀。

止回阀根据结构型式的不同可分为：旋启式止回阀、升降式止回阀、蝶式止回阀、空排止回阀、隔膜式止回阀、无磨损球形止回阀、管道式止回阀、缓闭式止回阀、浮球式衬氟塑料止回阀、浮球形衬氟塑料 Y 形止回阀、高效无声止回阀、调流缓冲止回阀、带气动装置

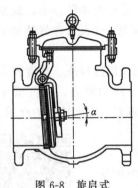

图 6-8　旋启式
止回阀的结构

的旋启止回阀、用于气体的双板止回阀、对夹薄形止回阀、对夹式消声止回阀、带最小流量喷嘴的旋启式止回阀、内压自封式阀盖直流式旋启式止回阀。图 6-8 所示为旋启式止回阀的结构。

升降式止回阀的流阻较大，密封性较好，水平阀瓣结构的应在水平管道上使用，垂直阀瓣的应在垂直管道上使用；旋启式止回阀的流阻较小，密封性较差，用在口径较大的管道，适于低流速和流态不常变动的场合，可水平、垂直（介质由上至下）、倾斜使用；用于泵的吸入口的止回阀，称为底阀。

（8）安全阀

安全阀是利用预加在阀瓣外侧（外表面）的力与承压设备或管道相通的阀瓣另一侧（内表面）的力相互作用，当外侧力大于内侧力时，则阀门关闭；当内侧力大于外侧力时，则阀门开启，此刻即自动排除设备或管道内超限介质压力，保证系统安全运行。

安全阀的主要类型有弹簧式安全阀、杠杆重锤式安全阀、脉冲式安全阀、全启式安全阀、微启式安全阀、全封闭式安全阀、半封闭式安全阀、敞开式安全阀、先导式安全阀等。

从安全阀外部结构上，还可分为有扳手和无扳手、有波纹管和无波纹管、有散热片和无散热片等。有波纹管的安全阀适用于腐蚀性介质或背压波动较大的场合；有扳手的安全阀可在紧急情况下由人工操作泄压；有散热片的安全阀适用于介质温度高的场合。图 6-9 所示为几种常见安全阀的结构。

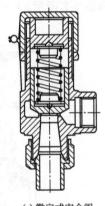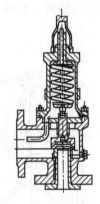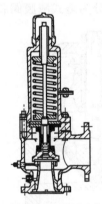

(a) 微启式安全阀　　(b) 带喷射管安全阀　　(c) 波纹管背压平衡式安全阀

图 6-9　安全阀的结构

安全阀的主要特点及应用场合是：

ⅰ.通常用于需迅速降压的场合，如蒸汽和其他气体。

ⅱ.杠杆重锤式安全阀用改变重锤的位置或重量来调节外载荷以平衡内压，不怕介质的热影响，但动作较迟钝，须垂直状态使用，常用在工作压力不高、温度较高的承压设备和管道系统。

ⅲ.弹簧式安全阀利用调节弹簧压力来平衡内压，灵敏度高，使用位置不受严格限制。其中，封闭式安全阀常用于易燃易爆或有毒介质，不封闭式常用于蒸汽和惰性气体；不适于高温下工作；容器压力较高时多采用弹簧式。

ⅳ.安全阀因其某一等级可配用几种工作压力弹簧，因此在订货时除注明型号、名称、介质、温度外，还应注明具体工作压力。

ⅴ.脉冲式安全阀由主阀和辅阀构成。当压力超过允许值时，辅阀先动作，然后促使主阀动作。主要用于高压和大口径场合。

ⅵ.安全阀按阀瓣开启高低又分为微启式和全开式。微启式排量小，常用于液体；全启式排量大，多用于气体。

（9）减压阀

减压阀是利用膜片、弹簧、活塞等敏感元件改变阀瓣与阀座的距离，将进口压力减至需要的出口压力，并能自动调节使出口压力保持恒定值的阀门。

按结构型式，减压阀可分为薄膜式减压阀、活塞式减压阀、波纹管式减压阀、气泡式减压阀等。按动作原理，可分为直接作用式减压阀和先导式减压阀。按工作方式可分为正作用式、反作用式、卸荷式和副阀式。正作用式薄膜减压阀的结构如图 6-10 所示，通常用于小口径；反作用式薄膜减压阀的结构如图 6-11 所示，多用于中等口径。

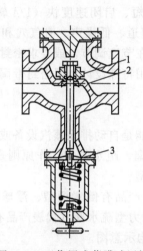

图 6-10　正作用式薄膜减压阀
1—阀芯；2—阀座；3—隔膜

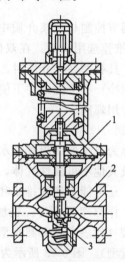

图 6-11　反作用式薄膜减压阀
1—隔膜；2—阀座；3—阀芯

各种减压阀的特点是：

ⅰ.弹簧薄膜式减压阀以薄膜和弹簧来平衡介质压力，其灵敏度高，宜用于压力、温度不高的水、空气介质；

ⅱ.活塞式减压阀以活塞来平衡介质压力，灵敏度相对较差，但其耐压耐温性较好，适用于蒸汽、空气介质；

ⅲ.波纹管式减压阀以波纹管来平衡介质压力，宜用于温度、压力不高的蒸汽等清洁介质，不能用于液体和含有固体颗粒的介质；

ⅳ.选用减压阀时应注意减压范围及进出口压力具体数值，宜在阀前加过滤器。

（10）蝶阀

蝶阀是通过旋转阀杆带动阀板在 0°～90°范围内转动而完成开关的阀门。按结构型式，蝶阀可分为中心密封式、单偏心密封式、双偏心密封式和三偏心式蝶阀等。

中心密封式蝶阀属于较早期的型式；与中心密封式相比，单偏心密封式蝶阀结构较复杂、成本稍高、密封性能好、使用寿命长、使用压力也较高；与单偏心式蝶阀相比，双偏心密封式蝶阀及三偏心式蝶阀的结构更复杂、制造成本高、密封性能更好、使用寿命更长、使用压力更高。几种常见蝶阀的结构如图 6-12 所示。

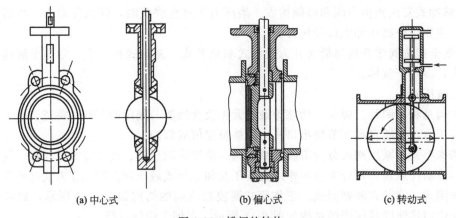

(a) 中心式　　　　　　　(b) 偏心式　　　　　　　(c) 转动式

图 6-12　蝶阀的结构

在节流、调节控制与泥浆介质中，要求结构长度短、启闭速度快（1/4 转）、低压截止（压差小）时，推荐选用蝶阀。在双位调节、缩口的通道、低噪声、有气穴和气化现象、向大气少量渗漏、具有磨蚀性介质时，可以选用蝶阀。在节流调节，或要求密封严格，或磨损严重、低温（深冷）等工况条件下使用蝶阀时，需使用特殊设计金属密封带调节装置的三偏心或双偏心的专用蝶阀。

（11）疏水阀

疏水阀又称为疏水器或阻气排水阀等，其主要功能是自动排除蒸汽设备或管道中产生的冷凝水、空气及其他不可凝性气体，同时防止蒸汽泄漏。疏水阀的动作原则是全开或全关，根据种类不同，还可能有连续排放和间隙排放两种类型。

疏水阀按工作原理可分为：机械型疏水阀（代表产品有倒置桶型、浮球型、浮桶型）、热动力型疏水阀（代表产品有圆盘型、脉冲型）、热静力型疏水阀（代表产品有双金属片型、膜盒型、波纹管型）。图 6-13 所示为几种疏水阀的结构示意图。

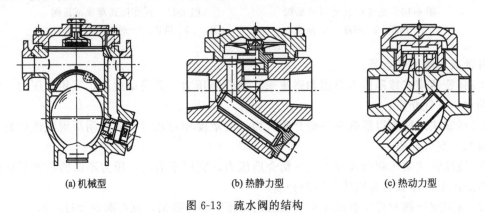

(a) 机械型　　　　　　　(b) 热静力型　　　　　　　(c) 热动力型

图 6-13　疏水阀的结构

疏水阀选用时，应根据蒸汽压力、温度、背压大小、凝结水排出量和凝结水温来选用。

6.2.3.2　管法兰

（1）管法兰的连接方式

管法兰用于连接管子与管件，按法兰与管子的连接方式可分为螺纹法兰、平焊法兰、对焊法兰、承插焊法兰和松套法兰五种基本类型，如图 6-14 所示。

① 螺纹法兰　是管子与法兰之间采用螺纹连接，在法兰内孔加工螺纹，将带螺纹的管

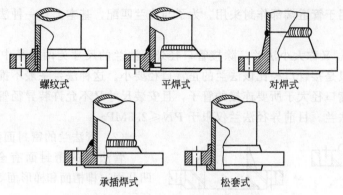

螺纹式　　　　　　平焊式　　　　　　对焊式

承插焊式　　　　　　松套式

图 6-14　法兰与管子的连接方式

子旋合进去，不必焊接，因而具有方便安装、方便检修的特点。

螺纹法兰有两种。一种公称压力较低，一般用在镀锌钢管等不宜焊接的场合，温度反复波动高于 260℃和低于−45℃的管道不宜使用；另一种是利用带外螺纹并加工成一定形状密封面的两个管端配透镜垫加以密封的，用于高压工况。在任何可能发生缝隙腐蚀、严重侵蚀或有循环载荷的管道上，应避免使用螺纹法兰。

② 平焊法兰　是将管子插入法兰内孔中进行正面和背面焊接，具有容易对中、价格便宜等特点，多用于介质条件比较缓和的情况下，如低压非净化压缩空气、低压循环水。

平焊法兰有板式平焊法兰与带颈平焊法兰两种。板式平焊法兰刚性较差，焊接时易引起法兰面变形，甚至在螺栓力作用下法兰也会变形，引起密封面转角而导致泄漏，一般用于压力、温度低，相对不太重要的管道上。带颈平焊法兰的公称压力等级由低到高，范围较广，完全适用于使用板式平焊法兰的场合，但在有频繁大幅度温度循环的管道上不应使用。

③ 对焊法兰　是将法兰焊颈端与管子焊接端加工成一定形式的焊接坡口后直接焊接，施工比较方便。由于法兰与管子焊接处有一段圆滑过渡的高颈，法兰颈部厚度逐渐过渡到管壁厚度，降低了结构的不连续性，法兰强度高，承载条件好，适用于压力、温度波动幅度大或高温（≥260℃）、高压和低温（≤−45℃）管道。

④ 承插焊法兰　与带颈平焊法兰相似，只是将管子插入法兰的承插孔中进行焊接，一般只在法兰背面有一条焊缝。常用于 $PN \leqslant 10.0$ MPa、$DN \leqslant 40$ 的管道中。美国法兰标准 ASME B16.5 不推荐承插焊法兰用于具有热循环或较大温度梯度条件下的高温（≥260℃）或低温（≤−45℃）的管道上。在可能产生缝隙腐蚀或严重侵蚀的管道上也不应使用这种法兰。

⑤ 松套法兰　常用于介质温度和压力都不高而介质腐蚀性较强的情况。松套法兰一般与翻边短节组合使用，即将法兰圈松套在翻边短节外，管子与翻边短节对焊连接，法兰密封面（凹凸面、榫槽面除外）加工在翻边短节上。

松套法兰有平焊环和对焊环板式松套法兰。由于法兰本身不与介质接触，只要求翻边短节或焊环与管材一致，法兰本体的材质完全可与管材不同，因而尤其适用于腐蚀性介质管道上，可以节省不锈钢、有色金属等贵重耐腐蚀材料。

⑥ 整体法兰　是将法兰与设备、管子、管件、阀门等做成一体，这种方式在设备和阀门上常用。

⑦ 法兰盖　又称盲法兰，在设备、机泵上不需要接出管道的管嘴，一般用法兰盖封死，

而在管道上主要用于管道端部作封头用。为了与法兰匹配，基本上有一种法兰就有相应的法兰盖。

⑧ 异径法兰　又称大小法兰，除接管口径外，法兰的尺寸为两口径中较大口径的标准平焊法兰尺寸，只是接管口径比该法兰的正常口径要小。这种法兰一般不推荐使用，只有当设备、机泵的管嘴口径大于所要连接的管子，且安装尺寸又不允许装异径管或装几个异径管时，才选用异径法兰。目前异径法兰仅限于 $PN \leqslant 2.5$MPa。

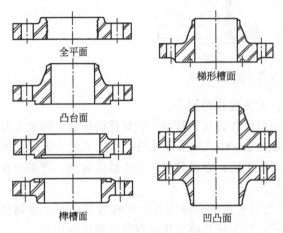

图 6-15　法兰密封面形式

（2）管法兰的密封面型式

管法兰的密封面有全平面、凸台面、凹凸面、榫槽面和梯形面等几种，如图 6-15 所示。

① 全平面密封面　这种密封面常与平焊形式配合以适用于操作条件比较缓和的工况（ASME B16.5 仅 $PN2.0$ 的法兰有这种密封面）；常用于铸铁设备和阀门的配对法兰。

② 凸台面密封面　是应用最广的一种型式，常与对焊和承插焊形式配合使用。法兰面上有凸出的密封面，凸台高度与 DN 有关，$DN15 \sim 32$ 为 2mm，$DN40 \sim$ 250 为 3mm，$DN300 \sim 500$ 为 4mm，大于或等于 $DN600$ 为 5mm，与公称压力无关。美式法兰则与公称压力有关，$PN \leqslant 300$psi[●] 的凸面高度一律为 1.6mm，$PN \geqslant 400$psi 则为 6.4mm，与公称直径无关。

③ 凹凸面密封面　常与对焊和承插形式配合使用，由两个不同的密封面一凹一凸组成，减少了垫片被吹出的可能性，但不能保护垫片不被挤入管中，不便于垫片的更换。在美式法兰中不常采用，在欧式法兰中常用在 $PN4.0$ 的法兰上，$PN6.4$、$PN10.0$ 的法兰也有用这种密封面的。

④ 榫槽面密封面　这种密封面使用情况同凹凸面法兰。

⑤ 环槽面密封面　常与对焊形式配合（不与承插焊配合）使用，主要用在高温、高压或两者均较高的工况。在美式法兰中常用在 $PN10.0$（部分）、$PN15.0$、$PN25.0$、$PN42.0$ 压力等级中。在欧式法兰中常用于 $PN10.0$、$PN16.0$、$PN25.0$、$PN32.0$、$PN42.0$。

6.2.3.3　波纹管膨胀节

波纹管膨胀节常用于大直径高温管道上，用来吸收管道热胀而产生的位移。在石化生产装置中，有一些高温大直径管道很难用自然补偿的方法来吸收其热胀位移，或者用自然补偿法不经济，或者即使能够吸收其热胀位移，但管系反力已超出相连设备的允许值，在这些情况下就应考虑用膨胀节。常用的膨胀节基本上可以分为两大类：约束型和非约束型。

约束型波纹管膨胀节的特点是管道的内压推力没有作用于固定点或限位点处，而是由约束型波纹管膨胀节的金属部件（拉杆）承受，主要用于吸收角向位移和拉杆范围内的轴向位移。常用的约束型波纹管膨胀节有单式铰链型、单式万向铰链型、复式拉杆型、复式铰链

---

❶ 1psi＝6894.757Pa

型、复式万向铰链型、弯曲压力平衡型、直管压力平衡型等。

非约束型金属波纹管膨胀节的特点是管道的内压推力（俗称盲板力）由固定点或限位点承受，因此不宜用在与敏感机械设备相连的管道上。非约束型波纹管膨胀节主要用于吸收轴向位移和少量的角向位移。常用的非约束型波纹管膨胀节一般为自由型波纹管膨胀节。

6.2.3.4 阻火器

阻火器是一种防止火焰蔓延的安全装置，常用在低压可燃气体管道上，且管道的末端为明火端或者有可能产生明火的设施。当管道中的介质压力降低时，可能会因介质的倒流而将明火引向介质源头，从而引起着火或爆炸。在这些管道的靠终端处，安装一台阻火器能防止或阻止火焰随介质的倒流而窜入介质的源头管道或设备。由于阻火器是一个安全保护元件，因此阻火器生产厂必须通过消防部门的认证。

目前常用的阻火器为波形散热片式阻火器，主要根据介质的化学性质、设计温度和设计压力来选用。阻火器的壳体要能承受介质的压力和允许的温度，并能耐介质的腐蚀。填料要有一定的强度，且不能和介质发生化学反应。

6.2.3.5 管道过滤器

管道过滤器用于滤除管道中的固体颗粒，以达到保护机械设备或其他管道附件的目的，多用于泵、仪表（如流量计）、疏水阀前的液体管道上。

过滤器的种类很多，一般情况下有临时性过滤器和永久性过滤器之分。按其形状可分为Y形过滤器、T形过滤器、锥形过滤器、篮式过滤器。一般情况下，根据介质的性质和温度、压力来选用适当的过滤器。过滤器承受的压力等级有：1.0MPa，1.6MPa，2.5MPa，4.0MPa，6.3MPa，10MPa。一般比管子内介质的压力高一个档次。

当 $DN \leqslant 80$ 时，应选用Y形过滤器。当 $DN \geqslant 100$ 时，应根据管道布置情况选用直流式或侧流式T形过滤器。当需要较大过滤面积时，可选用加长T形过滤器或篮式过滤器。常用的过滤器过滤等级为30目，当与之相连的机械对过滤器的滤网有更高的要求时，应根据要求选择相应的滤网目数。

6.2.3.6 消声器

消声器常用于介质放空管的终端，以消除可能因高压高速介质的放空而产生的噪声，主要包括蒸汽排气消声器、气体排空消声器、油浴式消声过滤器、电机消声器等。

6.2.3.7 视镜

视镜通常用于冷却水管道和润滑油管道等，通过其透明的视窗可以观察到管道内循环冷却水或润滑油是否在流动。

6.3 管道布置设计

过程工业系统是用管道将设备联系起来，形成的一个连续的生产系统。如果将过程工业所用的各种装置比喻为人体器官的话，那么管道则可认为是过程工业的血管。

实践证明，要做好单元设备的管道布置设计，必须充分了解并掌握各单元设备的结构、主要操作条件和检修方法等，与设备、机器相连的管道必须与设备、机器一起综合考虑。

6.3.1 管廊上管道的布置设计

（1）管廊上管道的种类

管廊上敷设的管道种类有以下几种。

工艺管道　连接两设备之间，输送进出装置的原料、成品、中间产品物料的管道。

公用工程管道　如蒸汽、凝结水、新鲜水、循环水、净化和非净化压缩空气、惰性气体等总管以及供给特定设备用的燃料油、燃料气、锅炉给水、化学药剂等管道。

仪表管道和电缆　一般由桥架和槽盒敷设在管廊横梁或柱子侧面。

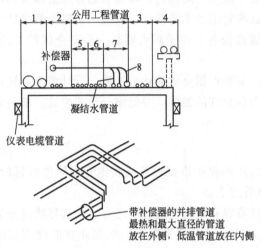

图 6-16　单层管廊管道排列

1—重管道（冷却水、工艺管道）；2—工艺管道；
3—公用工程管道；4—重管道（冷却水、泄压管道）；
5—燃料油、化学药品管道；6—空气、瓦斯管道；
7—蒸汽、凝结水管道；8—蒸汽

（2）管廊上管道的布置方法

考虑管径大小的因素　通常管廊设计是按均布载荷计算，但对大口径管道则按集中载荷考虑，应尽量靠近管廊柱子，以减少管廊横梁的弯矩。单层管廊上管道典型的布置方法如图 6-16 所示。对于单柱的管架，应尽量使管道匀称地布置在管架柱子的两侧。

考虑设备位置的因素　由于装置的设备是按流程顺序布置在管廊的两侧，因此，管廊上的管道位置要与其连接的设备相适应，接往管廊左侧设备的管道应布置在管廊的左侧，接向管廊右侧设备的管道应布置在管廊的右部分。公用工程管道位于管廊的中间，易于向两侧引出。当采用双层管廊时，公用工程管道则放在上层，工艺管道放在下层。

考虑被输送物料的性质因素　低温管和不宜受热的物料管道，如液化石油气、冷冻管道等，尽量不靠近蒸汽管或不保温的热管道，也不要布置在热管道的上面。腐蚀性介质的管道，要敷设在双层管廊的下层。

考虑热应力的影响　对高温管道必须考虑热膨胀量的吸收，通常是设置补偿器。有多根高温管道时，补偿器以集中设置为有利。补偿器一般水平放置。为了不影响其他管道的通过，补偿器应高出管廊上其他管道 500～700mm。把高温、口径大的管道布置在管廊外侧。补偿器的大小由管道固定点的间距、管内介质的温度和管径决定。管内介质温度在 150～300℃、固定点间距在 30m 左右时，补偿器的高和宽约为固定点间距的 8%～10%。固定点间距不宜太大，以免因管托位移量大于管托长度而滑落及固定支架受力过大。

常温管道不需补偿，但开停车时需要吹扫的管道，须按吹扫介质温度考虑补偿。

考虑仪表管道、动力电缆的安全　一般仪表管道敷设在管廊上走道（平台）下面或管廊柱子的外侧，动力电缆敷设在工艺区域地下。在可能有腐蚀性液体渗入的地方，要采用架空槽板敷设。这时电缆与仪表管道一起考虑，利用管廊敷设。电缆不允许布置在热管道附近或输送腐蚀性介质管道的下方。

（3）管廊上管道布置设计时的注意事项

管廊上的管道没有坡度。但泄压管道和去火炬管道须有坡向分液罐，防止凝液被夹带到火炬中去。去火炬管道中间不允许出现袋形管段。不凝气体的泄压管道不必考虑坡度。

管道经过道路和人行道上方时，不得敷设法兰和螺纹连接件。

从管廊上总管引出的支管的阀门要成行排列，设平台来启闭阀门。

小直径管道敷设在大柱距管廊上时，可由大直径邻管支承，以避免下垂。高温保温管道应设管托。常温保温管道不设管托，在支承处切掉一些保温层。

补偿最好采用自然补偿，不能满足时才采用补偿器。补偿器弯头附近不要设置法兰或其他接管，以免损坏或渗漏。为减少和均衡冷热态时对固定点的推力，可对补偿器进行预拉伸。

铸造的泵体能够承受较大的压应力，但不能承受大的弯矩，所以在泵嘴前要设导向支座，以减小对泵体的扭矩。

布置管道时即使设置了补偿器，但由于缺乏必要的导向支座或者导向支座配置不当，管道会产生过大的横向位移。因此，管道的热补偿和导向支座的配置要同时考虑。

管廊上的管道，一般以 90°弯管引向管廊的两侧。如管径较大，可采用 45°弯管，以减少两层的间距。直径改变时要用底平偏心异径管，保持管底标高不变。

对于垂直相交的 L 形管廊上管道的标高，如果管道排列顺序不变，拐弯时则不须改变管廊的高度；如果管道排列顺序改变，拐弯时则必须改变管廊标高，其高度差因管径而异。

6.3.2 过程设备的管道布置设计

6.3.2.1 传质设备（塔）的管道布置设计

可将塔的四周大致划分为检修所需的操作侧（检修侧）和管道布置所需要的管道侧，如图 6-17 所示。将操作侧分为三个区，即操作区、吊装区、仪表和爬梯区。

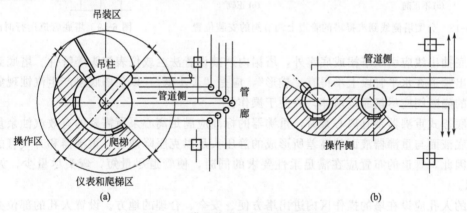

图 6-17 塔的管道侧与操作侧的划分

（1）塔的管道布置设计要求

① 塔顶管道　一般有塔顶油气管道、放空管道和安全阀出口管道。塔顶放空管道一般安装在塔顶油气管道最高处的水平管段的顶部，并应符合防火规范的要求。

塔顶油气管道内的介质一般为气相，管径较大，管道应尽可能短，要"步步低"，不宜出现袋形，且具有一定的柔性。

每条管道应尽可能沿塔敷设，通常将塔的管道和塔的保温外切线或同圆线成组布置，个别管道可单根沿塔布置，使管道布置美观且易于设置支架。每一根沿塔管道需在其重心以上位置设承重支架，并在适当位置设导向支架，以免管口受力过大。

分馏塔顶油气管道一般不隔热，只防烫，如该管道至多台换热器，为避免盲流，应对称布置。塔顶为两级冷凝时，其管道布置应使冷凝液逐级自流，油气总管与冷凝器入口支管应对称布置。当塔顶压力用热旁路控制时，热旁路管应保温，尽量短，其调节阀安装在回流罐上部，且管道不得出现"袋形"。

特殊要求的管道应与塔管口直接焊接而不采用法兰连接，以减少泄漏。

② 塔体侧面管道　一般有回流管道、进料管道、侧线抽出管道、汽提蒸汽管道、重沸器入口管道和返回管道等。为使阀门关闭后无积液，上述管道上的阀门宜直接与塔体管口相接，进（出）料管道在同一角度有两个以上的进（出）料开口时，管道应考虑具有一定的柔性。

分馏塔侧线到汽提塔的管道上如有调节阀，其安装位置应靠近汽提塔，以保证调节阀前有一段液柱（图 6-18），液柱高度应满足工艺专业提出的要求。

③ 塔底管道　塔底的操作温度一般较高，因此在布置塔底管道时，其柔性应满足有关标准或规范的要求。尤其是塔底抽出管道和泵相连时，管道应短、少拐弯，且有足够的柔性，以减少泵管口的受力变形，如图 6-19 所示。

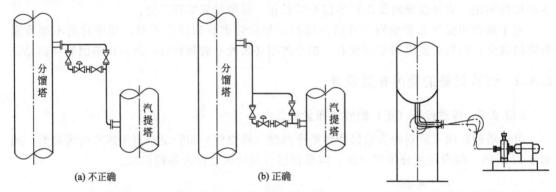

图 6-18　分馏塔侧线到汽提塔的管道上调节阀的安装位置　　图 6-19　塔底管道运行时的变形

塔底抽出线应引至塔裙或底座外，塔裙内严禁设置法兰或仪表接头等管件。塔底到塔底泵的抽出管道在水平管段上不得有"袋形"，应是"步步低"，以免塔底泵产生汽蚀现象。抽出管上的隔断阀应尽量靠近塔体，并便于操作。

塔底釜式重沸器带有离心泵时，重沸器的标高应满足离心泵所需的有效汽蚀余量，同时使塔底液面与重沸器液面的高差所形成的静压头足以克服降液管、重沸器和升气管的压力损失。因此，管道的布置应在满足柔性要求的同时，使管道尽量短，弯头尽量少，如图 6-20 所示。

塔的人孔应设在塔的操作区内进出塔方便、安全、合理的地方。设置人孔的部位必须注意塔的内部构件，一般应设在塔板上方的鼓泡区，不得设在塔的降液管或受液槽区域内。塔体上的人孔（或手孔）一般每 3～8 层塔板布置一个，一座塔上的人孔宜布置在同一垂直线上，使其整齐美观。

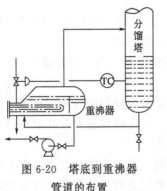

图 6-20　塔底到重沸器
管道的布置

（2）塔的管口方位

塔的管道应根据工艺要求安排好管口和塔盘等内部结构的关系，这种关系的好坏对管道布置的简化、操作的方便、检修的难易、是否经济等有很大的影响。因此，需要对塔的内部结构、塔的操作进行充分了解。

从检修和操作上考虑，人孔方位应布置在检修侧，且宜设在同一垂线上，但不能朝向加热炉和其他危险气体发生区域；若有两台塔并列时，人孔应朝向一致（同一方向）。对有塔盘等内部结构的塔，必须注意同内部构件的关系，应开设在降液管以外的区域。

仪表最好不要放在人孔旁（有破损的危险）。

液位计和液位调节器的开口应布置在便于监视、检查及能从抽出泵和调节阀的旁通处看得见的位置，且液面应不受流入液体冲击的影响。

两个低温液位计不要靠在一起，防止"冷桥"产生和结霜，如图 6-21 所示。

压力表开口和压差计上部开口应布置在气相区。框架内的塔，如果压力表、温度计管口与结构梁过于接近，应考虑安装的可能性，必要时与设备工程师协商以进行修改。

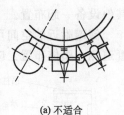 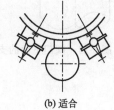

(a) 不适合　　　　　　　(b) 适合

图 6-21　两低温液位计的布置

塔顶气相（馏出线）开口布置在塔顶头盖中部，安全阀开口、放空管开口一般布置在塔顶气相开口的附近，也可将放空管开口布置在塔顶气相管道最高水平段的顶部。

塔顶回流或中段回流的开口，一般布置在塔板的管道侧，回流管的内部结构和开口方位与塔的溢流方式有关。

气相进料的开口一般布置在塔板上方，与降液管平行，气流速度较高时应设分配管；气液相混合进料的开口一般布置在塔板上方，并设分配管，当流速较高时应切线进行，并设螺旋导板。对于单溢流塔板，从流体的均衡性考虑，其开口应与受液槽垂直布置；对于双溢流塔板，无论是一个开口或是两个开口，都宜布置在与降液管平行的塔中心线上。

（3）塔的管道支架

从塔顶部出来的管道或侧线进出口管道，应以靠近管口处的第一个支架为承重支架，再设第二个承重支架时应为弹簧支架。一般在承重支架之下按规定间距设导向支架，如图 6-22 所示。

设置支架的顺序自上而下为固定支架、导向支架、弹簧支架。最后一个导向支架距水平管道宜不小于 25 倍管道公称直径，以免影响管道自然补偿。若沿塔壁垂直管段的热位移量大时，其水平管段应设弹簧支架，若热位移量不大时，可设导向支架，如图 6-23 所示。

直接与塔管口相连接的 $DN \geqslant 150$ 的阀门下面宜设支架，如图 6-24 所示。

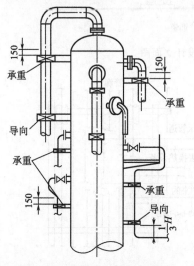

图 6-22　塔外壁上的支架设置

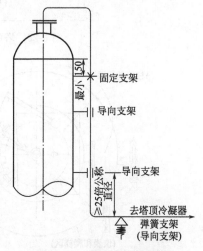

图 6-23　设置支架的顺序

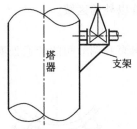

图6-24　阀门下面的支架

图6-25是某塔的管道布置设计立面图，图6-26是该塔的管道布置设计平面图。

6.3.2.2　储存设备（储罐）的管道布置设计

大型储罐和储罐组应布置在专设的容器区内，按流程顺序与其他设备一起布置。

储罐附近的空间可分为维修所需的检修侧和管道布置所需的管道侧，整体布置上应做到操作维修方便，外观整齐美观。

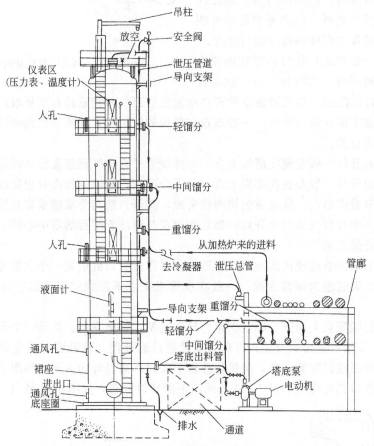

图6-25　塔的管道布置设计立面图

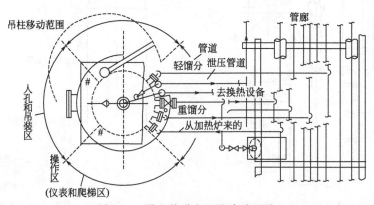

图6-26　塔的管道布置设计平面图

（1）管口方位

检修侧内设置的管口和附件有：人孔、手孔、检查孔；仪表管口，吹扫管口（氮气、水蒸气）；铭牌；吊柱。管道侧内设置的管口是与管道相接的管口。

决定管口方位时应注意：卧式储罐的进口管口和出口管口距离应尽量远；卧式储罐出口管口应朝向泵侧设置；人孔盖和人孔吊柱原则上设在人孔的右侧，也可为便于操作而改在左侧；操作平台间超过 3m 的梯子，为了方便进出，原则上设成侧向进出；卧式储罐的排凝管口设在流体出口的反方向；卧式储罐的人孔原则上设在容器顶部或封头处；卧式储罐的安全阀、压力表和放空管等管口，应统一设在容器顶部；立式储罐若用支耳支承，并有梁下管口时，应特别注意高度和方向；卧式储罐原则上将出口管口端的鞍座固定。

（2）管道布置设计

一般储罐管道受工艺过程和储罐结构的约束因素较少，所以管道敷设的重点在于操作方便、经济美观。

应满足工艺要求，如：入口管道避免出现袋形；有无坡度。优先考虑卧式储罐的大口径管道，然后考虑其他管道，考虑支承，美观地敷设。管道可在储罐本体设置支架。从立式储罐上部管口下来的管道和大口径管道应优先配置。

管道上的阀门宜直接与管口相接。安全阀的安装位置应靠近储罐的主管位置，无距离设置时，要进行压降核算；安全阀跳动时，应设计抗推力的支架；入口管道和出口管道常常有温差，应考虑能伸缩的支架；排向大气的喷出管附近设 $\phi 9$ 的泪孔，以便不存液体和雨水，排放不要朝向通道门；多个安全阀相邻安装时，排出管采用集合管形式。

受热作用的管道，如与离心式压缩机相接的管道、仪表用的较长连接管，应考虑其柔性要求。产生振动的管道应对支架进行加固。

从立式储罐顶部出来的管道或侧线进出口的管道，应以靠近管口处的第一个支架为承重支架，再设第二个承重支架时应为弹簧支吊架。一般在承重支架之下按规定间距设导向支架。

直接与塔或储罐管口相连接的 $DN \geqslant 150$ 的阀门下面宜设支架。地面储罐管道上设置的支架常用 T 形支架。

图 6-27 是卧式储罐的管道布置平面图。

6.3.2.3 传热设备的管道布置设计

6.3.2.3.1 换热设备的管道布置设计

（1）换热器管道布置的一般要求

工艺管道布置应注意冷热物流的流向，一般冷流自下而上，热流自上而下。

管道布置应方便操作，不得妨碍设备的检修；管道布置不影响设备的抽芯（管束和内管）；管道和阀门的布置不应妨碍设备法兰和阀门自身法兰的拆卸或安装。

换热器的管道应尽量减少高点和低点，避免中途出现"气袋"或"液袋"，并设高点放空或低点放净；在换热设备区域内应尽量避免管道交叉和绕行；尽量减少管道架空的层数，一般为 2～3 层。

换热器进出口管道上的测量仪表，应安装在靠近操作通道及易于观测和检修的地方。

与换热器相接的易凝介质的管道或含有固体颗粒的管道副线，其切断阀应设在水平管道上，并应防止形成死角积液。

在寒冷地区，室外布置换热器的上、下水管道应设置排液阀和防冻连通道。

图 6-28 和图 6-29 分别是换热器的管道布置平面图和管道布置立面图。

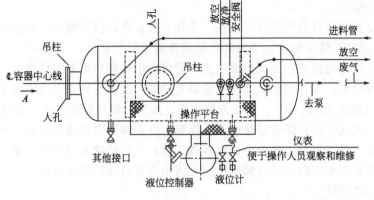

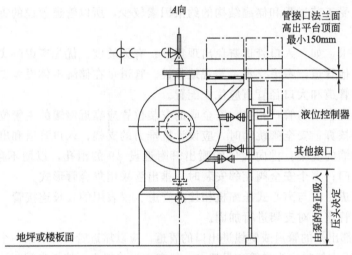

图 6-27 卧式储罐的管道布置平面图

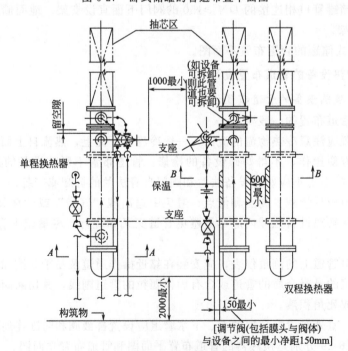

图 6-28 换热器管道布置平面图

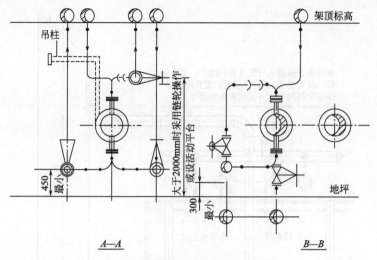

图 6-29 换热器的管道布置立面图

　　成组布置的换热器区域内，可在地面或平台面上敷设管道，但不应妨碍通行和操作；调节阀组宜平行于设备布置；成组布置的换热器之间管道布置的净距应不小于 650mm。

　　可根据管道布置的要求来确定管口的形式。管口可以水平、垂直或任意角度，也可在管口法兰前用弯头代替直管，如图 6-30 所示。虽然管嘴成角度或用弯头比较费钱，但对于叠置换热器的管道有时可能是经济的。

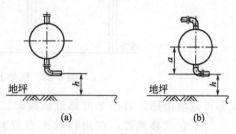

图 6-30 管口形式

　　在框架上换热器的管道布置如图 6-31 和图 6-32 所示。

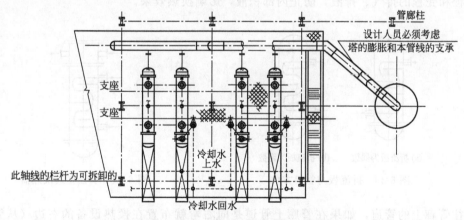

图 6-31 框架上换热器的管道布置平面图

　　对于多台并联的换热器，为了使流量分配均匀，管道宜对称布置，但支管有流量调节装置时除外；公用的蒸汽或冷却水的总管宜布置在平台下面；在塔顶管道进入分配总管的地方，至少应有一段相当于 3 倍管径长度的直管段，以保证物料均匀地分配到各换热器中去；换热器气体出口至分离器之间的管道应有一定的坡度坡向分离器，可确保管内及换热器内不积液；当换热器布置在框架的中层或底层时，应在框架内设置吊车梁，保证足够的吊装高度

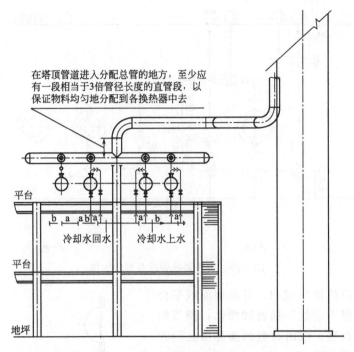

在塔顶管道进入分配总管的地方，至少应有一段相当于3倍管径长度的直管段，以保证物料均匀地分配到各换热器中去

平台

冷却水回水　　冷却水上水

平台

地坪

图 6-32　框架上换热器的管道布置立面图

或有可拖动措施，且吊车可靠近该框架。

对于立式换热器，在进行管道布置时，应注意：其管口方位应与折流板相符合，如图6-33所示；双程时，壳程和管程的进入管口应在同一方向，如图6-34所示；与管箱连接的管道上应有可拆卸段；对于大口径固定管板式换热器，应考虑其上下封头（管箱）拆卸所需空间和吊装设施操作空间；管道布置不得占用换热器上方的预留抽芯和吊装空间，并应考虑设备管程和壳程的排气、排液，防止内部积液，影响换热效果。

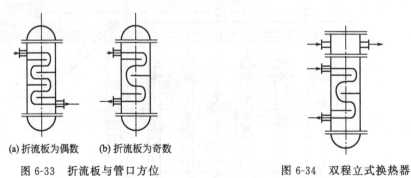

(a) 折流板为偶数　　(b) 折流板为奇数

图 6-33　折流板与管口方位　　　　　图 6-34　双程立式换热器

接往管廊上的管道，如果在管廊上管道是向右弯就布置在换热设备的右边（从管箱端看），向左弯就布置在左边。对换热设备在阀门关闭后可能由于热膨胀或液体蒸发造成压力憋高的地方，要设安全阀，出口管接往地面或操作面。

集中布置换热器的管道阀门，其高度和手轮方向应一致，强调美观。若阀门手轮中心线高度超出操作面2.0m，就要考虑用链轮操作阀门启动。

（2）空冷器的管道布置设计

分馏塔顶至空冷器的油气管道一般不宜出现"液袋"。当空冷器进出口无阀门或为两相

流时，管道必须对称布置，使各空冷器的
流量均匀，如图 6-35 所示。

空冷器的入口集合管应靠近空冷器管
口连接，如因应力或安装需要，出口集合
管可不靠近管口连接，集合管的截面积应
大于分支管截面积之和。

空冷器入口为气液两相流时，各根支
管应从下面插入入口集合管内，以使集合
管底的流体分配均匀；同时在集合管下方
设置停工排液管道，接至空冷器出口管
道上。

空冷器入口管道较高，如距离较长，
需在中间设置专门管架以支承管道。

空冷器的管口不能承受过大的应力，
否则容易发生泄漏。所以，作用在管口上
的热胀应力与其他应力之和不得超过制造
厂规定的应力范围。如超过时，可将入口

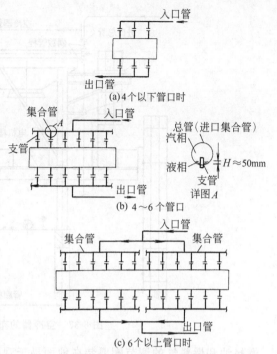

(a) 4 个以下管口时

(b) 4～6 个管口

(c) 6 个以上管口时

图 6-35　空冷器管道对称布置

管按图 6-36 设计，以增加柔性。空冷器的
入口管比出口管温度高，其膨胀量也大，
随着管道的膨胀，管束在构架上并不固定，可有小量的移动。必须校验入口联箱和出口联箱
的不同膨胀量对管束的影响，常把出口管做成弯管，以补偿这部分膨胀差值。

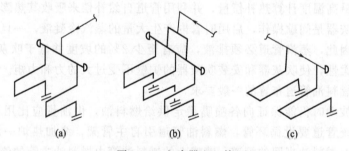

(a)　　　　　　　　(b)　　　　　　　　(c)

图 6-36　空冷器入口管

湿式空冷器的回水系统为自流管道，因此管道布置时拐弯不宜过多。

空冷器的操作平台上设有半固定蒸汽吹扫接头，其阀门宜设在易接近处，并应注意蒸气
接头的方向，保证安全操作。空冷器的布置及管道布置如图 6-37 所示。

6.3.2.3.2　供热设备的管道布置设计

加热炉的管道布置设计随加热炉的炉型不同而不同，一般分为两部分：一部分是与炉子
本身相连接的管道，有加热炉进出口管道（包括对流段和辐射段）、燃料喷嘴和管道（包括
燃料油管道、燃料气管道和雾化蒸汽管道）、吹灰器管道、炉体灭火管道（包括炉膛、回弯
头箱）。另一部分是与炉子本身不相连接的管道，有灭火蒸汽、吹扫空气等辅助管道。

（1）加热炉管道布置设计的一般要求

在布置加热炉的管道时，应对各管道统一考虑。加热炉的管道要易于检修和维护，燃料
喷嘴和管道要易于拆卸。

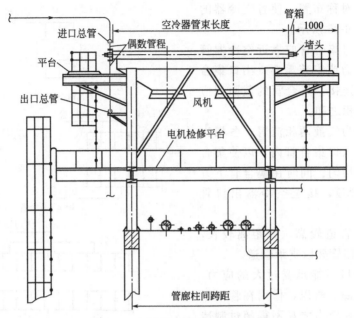

图 6-37　空冷器的布置及管道布置

燃料油和燃料气的调节阀要装在地面易于观察和维修处。

加热炉的进料管道应保持各路流量均匀；对于全液相进料管道，一般各路都设有流量调节阀调节各路流量，否则应对称布置管道；气液两相的进料管道，必须采用对称布置，以保证各路压降相同。

转油线应以最高温度计算热补偿量，并利用管道自然补偿来吸收其热膨胀。

加热炉的吹灰器是间歇操作，启用时管内产生大量的蒸汽冷凝液，一旦进入吹灰器，会产生腐蚀破坏，因此，蒸汽管道必须排液，应有至少 2% 的坡度并低于吹灰器的操作平台；管道应有一定的柔性，使吹灰器和安装吹灰器的炉壁不受过大的力和力矩。

（2）加热炉燃料油管道布置的一般要求

为了在负荷波动时仍能保证向各喷嘴稳定供给燃料油，供油量应比用油量大 2～3 倍。因此，燃料油系统管道要设循环管，燃料油管道引自主管架，绕加热炉一周后再返回主管架，在主管架上有燃料油来回的管道。喷嘴上的燃料油管由燃料油主管的侧面或下部引出。

为了防止机械杂质磨损泵叶轮和堵塞喷嘴，应在燃料油管道的适当部位设置过滤器。过滤网的规格应视燃料油泵的类型及喷嘴的最小流通截面而定。

为了保证喷嘴有良好的雾化效果，燃料油在喷嘴前的黏度应小于喷嘴要求的黏度。燃料油系统的管道上都应伴热，以防散热后燃料油黏度升高。

通向喷嘴的燃料油支管应在靠近主管的地方设置阀门并接扫线蒸汽，以便在个别喷嘴停运时将支管内的燃料油全部扫尽。

喷嘴的接管不得横跨看火门，不得影响看火门的开闭，也不得影响燃烧器及风箱前板的拆卸，宜使用柔性管法兰或活接头与管口连接；阀门应靠近看火门并布置在右（或左）手侧以便左（或右）手打开看火门，全炉必须统一，不得有左有右。长明灯的燃气阀门应靠近喷嘴安装（喷嘴前第一个阀门）以便于喷嘴点火。

图 6-38 是典型的立式加热炉的管道布置。

（3）加热炉燃料气管道布置的一般要求

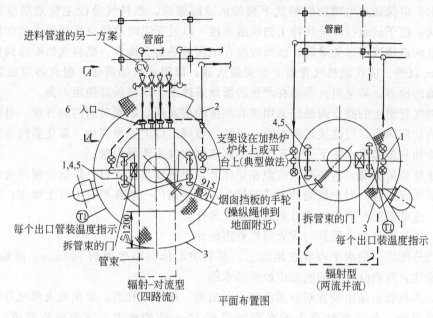

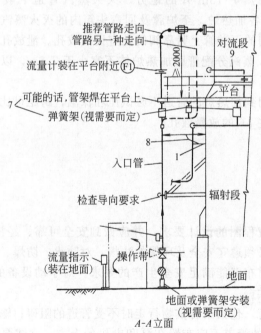

平面布置图

A-A 立面

图 6-38 立式加热炉的管道布置

1—应设减振器以防振动；2—如为两相流动，需进行水力计算，再决定是否对称式布置；3—根据操作和检修需要，应设置少量的平台；4—设导向支架，允许炉出口管道有少许位移（横向至少 25.4mm）以吸收管道的热胀量，导向支架位置应靠近对流室管端；5—由于经济原因或管道挠性的需要，在将进出口管道改到炉子的另一端时，应加一根炉管；6—可切成坡口代替法兰，在现场焊接；7—平台与管道支架荷重均传至加热炉构架，由制造厂考虑荷重的位置和大小；8—布置工艺管道时，应尽可能靠近炉体构架，以便

支承管道；9—是对流室到辐射室的连接管预留空间，应进行核对，避免订货漏项，并预备保温材料

　　燃料气要设分配主管，以保证每个喷嘴的燃料气都能均匀分布；燃料气支管由分配主管上部引出，以保证进喷嘴的燃料气不携带水或凝缩油。燃料气分配主管末端应装有 $DN20$ 的排液阀，便于试运行冲洗和停工扫线后排液，以及开工时取样分析管道内的含氧量。排液管上应设两道排液阀以免泄漏，该阀应能在地面或平台上操作。燃料气切断总阀应设在距加热炉 15m 以外。应在燃料气管道上设置阻火器，以阻止火焰蔓延。阻火器应放置在尽可能靠近喷嘴的地方，避免阻火器处在严重的爆炸条件下，以延长其使用寿命。

　　燃料气管道上的操作阀最好采用带有刻度的旋塞阀，以便对阀门的开度一目了然。各种管道上的切断阀应尽可能接近各主管，以防止该阀门以上至燃料油、雾化蒸汽主管那段管道上留下冷油和凝结水，在下一次开工时不好点燃或发生泄漏现象。

　　对于底烧的喷嘴，这些阀门应设在炉体外，但不要靠近管口，以防炉嘴回火或炉底火对操作人员构成危险；对于底烧的立式圆筒炉，这些阀门一般在炉底平台上操作；对于底烧的立式炉，这些阀门一般在炉体外侧的地面上操作。

　　（4）加热炉蒸汽分配管与灭火蒸汽管道设计

　　蒸汽分配管一般水平布置在地面上，其管中心标高距地面约 500mm，两端设有支架，用管卡卡住，蒸汽分配管的底部应设置疏水阀。

　　灭火蒸汽管道是由装置新鲜蒸汽管上引出的一根专用管道，接至灭火蒸汽分汽缸，然后由分汽缸引出，此分汽缸至少设在距加热炉 15m 外的地方。灭火蒸汽管道一般管径为 $DN50$，一个分汽缸可引出多根蒸汽管到各加热炉。至炉膛及回弯头箱内的灭火蒸汽管均应从蒸汽分配管上引出。灭火蒸汽管道阀门的下游管上紧靠阀门处宜设泄放孔。泄放孔的方位应布置在阀门手轮反方向 180° 的位置上。蒸汽分配管距加热炉体不宜小于 7.5m，以保证安全操作。

　　灭火蒸汽管道平时是不用的，从阀门到加热炉的管道不必试压和保温，跨距可比一般管道大些。高处不必设放空，低处应钻一些 $\phi6$ 的放凝液孔。

6.3.3　过程机器的管道布置设计

6.3.3.1　泵的管道布置设计

（1）泵的管道设计的一般要求

　　管道布置设计必须符合管道及仪表流程图的设计要求，并应做到安全可靠、经济合理、满足施工、操作、维修等方面的要求。必须遵守安全及环保的法规，对防火、防爆、安全防护、环保要求等条件进行检查，以便管道布置能满足安全生产的要求。对于动设备的管道，应注意控制管道的固有频率，避免产生共振。

　　泵的管道布置不得影响起重机的运行，包括吊有重物行走时不受管道的阻碍；输送腐蚀性介质的管道不应布置在泵和电机的上方；立式泵上方应留有检修、拆卸泵所需要的空间。

　　在泵维修时，应不需要设临时支架。

　　泵的水平吸入管或泵前管道弯头处（垂直时）应设可调支架。泵出口的第一个弯头处或弯头附近宜设吊架或弹簧支架。当操作温度高于 120℃ 或附加于垂直泵口上的管道载荷超过泵的允许载荷时宜设弹簧吊架，如图 6-39 所示。在缺乏数据时，离心泵接管管口上的允许最大载荷应符合 API 610 的规定。

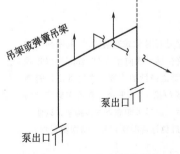

图 6-39　泵出口管支架的设置

管道布置要考虑泵的拆卸。对于螺纹连接的管道，各个设备接口应在靠近阀门的位置设一个活接头；对 $DN \leqslant 40$ 的承插焊管道，需在适当位置设置拆卸法兰。

多台并列布置的泵的进出口阀门应尽量采用相同的安装高度。当进出口阀门安装在立管上时，阀门安装高度宜为 $1.2m$，手轮方位应便于操作。中开式泵不应在泵体上方布置进出口阀门。不带底座的管道泵进出口管道支架应尽可能接近管口。

（2）泵的入口管道

为防止泵发生汽蚀，应满足以下要求：泵对净正吸入压头的要求。吸入管保持水平或带有（1∶50）～（1∶100）的坡底（向上抽吸时应向泵入口上坡，向下灌注时应向泵入口下坡）。当泵入口处有变径时，应采用偏心异径管，弯头向下时，使异径管顶平 [图 6-40(a)]；弯头向上并无直管段时，使异径管底平 [图 6-40(b)]；如弯头有异径直管段，仍采用顶平的异径管，并在低点增加排液口，[图 6-40(c)、(d)]。尽可能将入口切断阀布置在垂直管道上。吸入管道不得有气袋，如难于避免，应在高点设放气阀。

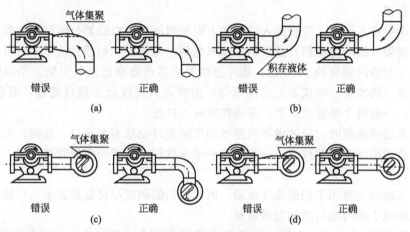

图 6-40 泵入口偏心异径管的设置

由装置外储罐至泵的吸入管道，为了不出现气袋，应穿越防火堤，且使管墩上的管道在最低点的位置，如图 6-41 所示。

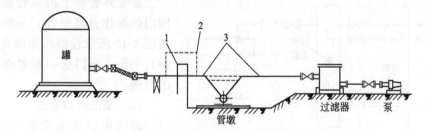

图 6-41 罐进泵吸入管道布置
1—防火堤；2—应尽量避免气袋；3—不得高于罐出口管口

为防止偏流、旋涡流而使泵性能降低，管道布置应满足以下要求：单侧吸入口处如有水平布置的弯头时，应在吸入口和弯头之间设一段长度大于 3 倍管径的直管段；双侧吸入口的离心泵，为使泵轴两侧的推力相等，叶轮平衡，吸入管道应有一段直管段；当吸入管道与泵轴平行，在同一平面与泵连接时，泵吸入口法兰前方需要有至少 7 倍管径的直管段 [图 6-42(a)]，以防止由弯头引起介质偏流，从而降低泵效率和损坏叶轮；当吸入管道与泵轴成直角和泵吸入口相接时，直管段可包括弯头，也可把大小头和切断阀视为直管 [图 6-42(b)、

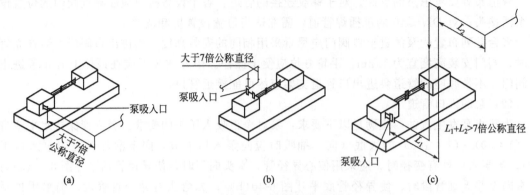

图 6-42 防止偏流、旋涡流的管道布置

（c），其中图（c）中的 L_1 尽可能短］；当直管段不够长时，应在短管内安装整流或导流板，或改变管道布置。

为防止杂物进入泵内，应在泵入口管道上安装粗滤器。粗滤器分临时粗滤器和永久粗滤器。临时粗滤器（锥形过滤器）通常用于试车期间，当管道吹扫或冲洗干净后可拆除，过滤面积应不小于管道内截面的 2～4 倍；临时过滤器应尽可能靠近泵口安装。小间隙泵（如凸轮泵、螺旋泵、齿轮泵、活塞泵、比例泵等）的吸入口要设永久粗过滤器，通常用 Y 形或 T 形粗滤器，一般每个泵设置一个，安装在泵的入口处。

泵入口靠近供液罐时，应考虑不同基础的沉降差可能危害泵接口。此时，管段应有足够的柔性，并合理确定支架的位置。一般采用一组波纹管，或适当布置管架位置，以不妨碍管道垂直位移。

泵入口切断阀主要用于切断流体流动，因此，切断阀应尽可能靠近泵入口管口设置，以便最大限度地减少阀与泵口之间的滞留量。

当阀门高度在 1.8～2.3m 时，应设移动式操作平台；超过 2.3m 时宜设固定式平台。也可采用链轮操作，但不允许链条接触泵及电机的转轴，以防产生火花，引起爆炸或火灾事故。

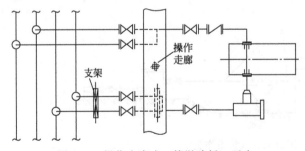

图 6-43 操作走廊式（管墩跨桥）平台

装置外管墩上的泵管道，应考虑阀门的操作及通行性，一般情况下应按图 6-43 所示设操作走廊式（管墩跨桥）平台，阀门统一布置在操作走廊的两侧。

（3）泵的出口管道

泵的出口管道应有一定的柔性，特别是在高温、高压条件下，必须经过应力分析，根据应力的大小来确定管道的几何形状。

一般泵出口管的公称直径比吸入管的公称直径小 1～2 级，流速增大，不易产生气阻。

为防止流体倒流（如单台泵的停泵及并联泵的启动或停泵等）引起泵的叶轮倒转，在泵出口与第一道切断阀之间设止回阀。升降式止回阀应安装在水平管道上；立式升降式止回阀可装在管内介质自下而上流动的垂直管道上；旋启式止回阀、旋启对夹式止回阀优先安装在水平管道上，也可安装在介质从下往上流动的垂直管道上；双板弹簧对夹式止回阀可安装在水平或垂直管道上，流体方向一般应自下而上，但在阀门结构允许时也可自上而下。安装对夹式止回阀时，出口方向必须设短管，不能与切断阀直接相连。对于泵出口压头不高或停泵后不致发生叶轮倒转时，可不设止回阀。

泵出口管道垂直向上时，应根据需要在止回阀出口侧管道（或止回阀盖上钻孔）安装放净阀。也可在止回阀出口法兰所夹的排液环的接口安装放净阀。

为降低泵出口切断阀高度，可采用异径止回阀。

对于大口径顶出泵的出口管道，为便于阀门操作和支承，可采用图 6-44 所示的管道布置。

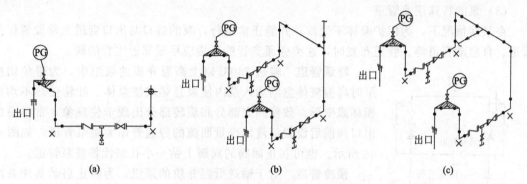

图 6-44　泵出口管道阀门布置例图

泵出口压力表安装在泵口和止回阀之间的短节上，也可安装在出口异径管或异径止回阀上。压力表接管应设根部阀（即切断阀），压力表表头应朝向操作侧便于观察的位置。

泵出口的管道处，一般安装异径管。当泵出口在上部时，应安装同心异径管；当泵出口在侧面时，宜安装底平偏心异径管。在有备用泵的场合，停运侧的泵成了死区，因此温度计应安装在两台泵合流的管道上。泵出口阀应布置在便于操作的高度或设置小平台操作。

典型的泵进口与出口管道布置如图 6-45 所示。

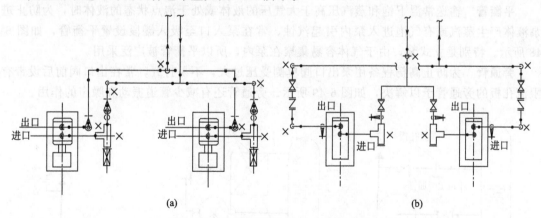

图 6-45　典型的泵进口与出口管道布置

（4）泵的辅助管道

泵的轴承一般需要冷却水冷却，或者需要冲洗水把漏出的液体洗掉，以免扩散于大气；有时还需要润滑油或密封液，这些管道叫泵的辅助管道，一般在带控制点的流程图上画出。泵的辅助管道常绘成透视图。在开车前就应把这些辅助管道安装好，并进行检查。

冷却水管道应尽量贴近泵座布置，设检流器以观察水流情况（防止断流）；并注意防冻。

在泵轴心线距泵基础 200～300mm 的前方，要设 $DN150$ 的漏斗收集泵的冷却水或聚集在泵底盘的从泵漏出的液体，然后引往下水道。此漏斗可用一 150mm×100mm 的同心异径管代用；为了避免管道堵塞，漏斗后的管道不要小于 $DN100$。有的离心泵的底盘可收集泵漏出的液体，然后用螺纹连接的管子接至漏斗。

用于冲洗的管道，可根据具体情况设置固定管或接头。

管道布置时，应了解泵是否带有密封液系统，该系统通常由制造厂设计及配套供应。泵的管道应与密封液设备及管道协调布置。若泵输送的是热的或接近平衡状态的液体，密封液则可不从泵出口引出，而是用从它处引来液体做密封液。

（5）泵的特殊用途管道

在某些情况下，为保护泵体不受损坏并能正常运行，泵的进口与出口管道上常设置保护管道、自启动管道等。管道布置时，这类旁通支管的连接应尽量靠近主管的阀。

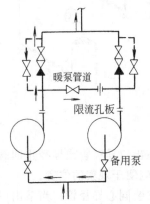

图 6-46　暖泵管道

暖泵管道　输送 230℃ 以上高温介质的泵组中，为避免切换泵时高温液体急剧涌入泵内使泵急热或使泵体、叶轮受热不均而损坏或变形，致使固定部分和旋转部分出现卡住现象，常在泵的出口阀前后设置使液体少量回流的旁通管作为暖泵管道，如图 6-46 所示。也可在止回阀的阀瓣上钻一小孔来代替暖泵管道。

预冷管道　对于输送低温介质的泵组，为防止启动备用泵时泵体和叶轮因急冷而损坏，常在泵的出口阀（组）前后设置 $DN20$（或 $DN25$）的旁通管道（带切断阀）作为预冷管道。

小流量旁通管　当泵的工作流量低于额定流量的 20％ 时，就会产生垂直于轴方向的径向推力，而且由于泵在低效率下运转，使入口部位的液温升高，蒸汽压增高，容易出现汽蚀。为此，常设置小流量旁通管，如图 6-47 所示。小流量旁通管不要接至泵的吸入管，而应接至吸入罐或其他系统上。

平衡管　输送常温下饱和蒸汽压高于大气压的液体或处于泡点状态的液体时，为防止进泵液体产生蒸汽或有气泡进入泵内引起汽蚀，常在泵入口至吸入罐段设置平衡管，如图 6-48 所示。特别是立式泵，由于气体容易集聚在泵内，所以平衡管被广泛采用。

旁通管　为防止高扬程备用泵出口阀单侧受压过大，不易打开，常在出口阀前后设带有限流孔板的旁通管予以解决，如图 6-49 所示。旁通管还有减少管道振动和噪声的作用。

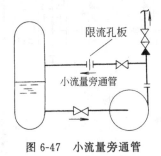

图 6-47　小流量旁通管

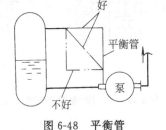

图 6-48　平衡管

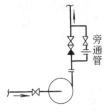

图 6-49　旁通管

防凝管　环境温度低于输送物料的倾点或凝点时，其备用泵的进口与出口常设置 $DN20$ 的防凝管，以免备用泵和管道堵塞，如图 6-50 所示。一般设两根防凝管，一根从泵出口切断阀后接至止回阀前，另一根从泵出口切断阀后接至泵入口切断阀前。防凝管的安装，应使泵进出口管道的"死角"最少，必要时可对防凝管加伴热管。

6.3.3.2　压缩机的管道布置设计

压缩机与泵不同，它的容量大，压力高。所以，压缩机管道的布置不论从操作、维修或安全方面，都必须充分考虑。

（1）离心式压缩机管道布置设计

① 入口管道　当压缩机布置在厂房内时，其入口总管通常设置在厂房外侧，这样可节约厂房占地面积，又便于安装和维修。压缩机入口不宜直接接弯头，其最短直管段应大于 2 倍公称直径，通常可取 3～5 倍公称直径。

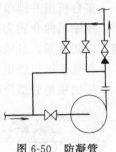

图 6-50　防凝管

原则上各段入口均应采取气液分离措施。分离罐应尽量靠近入口处，由分离罐至压缩机入口的管道应坡向分离罐。为防止异、杂物进入压缩机，通常应在靠近其入口的管道上设置一段可拆卸短管，以便安装临时粗过滤器。

② 出口管道　管道布置应有利于支架设计，对离心式压缩机（包括蒸汽驱动机）通常不要求进行振动分析，但必须对管系进行柔性（热胀应力）分析，使其符合管口受力的要求。计算中应考虑设备管口的热位移。

压缩机出口至分离罐（分离凝液和润滑油）的管道应布置成无袋形。

应注意噪声水平，必要时采取降噪声的措施。

以压缩机管口不承受管道的自重为原则，应在管口上方设支架（一般为弹簧吊架），如不可能时，应在机体附近设支承点，承受管系重量。

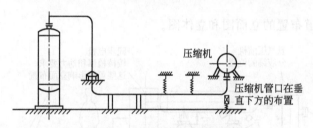

图 6-51　压缩机管道的支架

图 6-51 所示为压缩机管道的支架。必须注意的是，不仅管道会发生热胀，压缩机的机体也会发生热胀。对于大型工程项目，压缩机管道的支架不一定生根在地面，可根据项目的实际情况，生根在合适的地方，大、中型压缩机进、出口管道支架的基础不应与厂房的基础连在一起。

③ 阀门　压缩机出入口的切断阀，应布置在主操作面上，必要时增加阀门伸长杆。

出口管与工艺系统相接时，应在切断阀前设止回阀。阀门位置不得影响压缩机的维修。阀门高度应便于操作，尽量集中布置，并使之在开停车操作时能看到有关就地仪表。安全阀应布置在便于调整的位置。

（2）往复式压缩机管道布置设计

对往复式压缩机的管道布置，除要求柔性分析外，还必须进行振动分析。

压缩机进出口管道应短而直，尽量减少弯头数量。出口管道有热胀时，应使管道具有柔性。缓冲罐应靠近压缩机出入口，使防振或减振的效果好。必要时，可在容器的进出口法兰处安装孔板，以降低管段内的压力不均匀度，从而达到减振的目的。

管道布置应尽量低，支架敷设在地面上，且为独立基础，加大支架和管道的刚性。避免采用吊架。对有些出入口管道，在能满足管系柔性的前提下，宜尽量少用弯头，必须采用时，应使用45°弯头或曲率半径较大的弯管，以减缓激振反力对管系的影响。不宜将出口管的支架生根在建筑物的梁及小柱上。

管道布置应考虑液体自流到分液罐，当管道出现液袋时，应设低点排净。

多台机组并排布置时，其进出口管道上的阀门和仪表应布置在便于操作的地方。

压缩机的介质为可燃气体时，管道低点排凝、高点放空的阀门应设丝堵、管帽或法兰盖，以防泄漏，且机组周围管沟内应充砂，避免可燃气体的积聚。

布置压缩机进出口管道时，应不影响检修吊车行走。

压缩机的管道应布置在操作平台下，使机组周围有较宽敞的操作和检修空间。

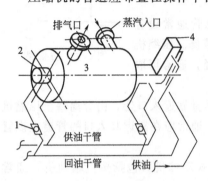

图 6-52　润滑油管道
1—视镜；2—轴承；
3—汽轮机；4—转速控制器

（3）压缩机驱动用蒸汽透平（汽轮机）的蒸汽管道

对蒸汽透平（汽轮机）的蒸汽管道，应满足制造厂提出的力和力矩的要求，不宜采用冷拉安装。应特别注意排冷凝水设施的布置，充分保证其有效性和可靠性。对过热蒸汽也应考虑开停车时需排放冷凝水。支管连接时，应从主管的顶部引出。

（4）压缩机的辅助管道

压缩机的辅助管道有冷却水管道、润滑油管道、密封油管道、洗涤油管道、气体平衡管道、放空管道等。对于密封油管道、润滑油管道还有油冷却器的冷却水管和冬天储罐保温用的蒸汽管，使用前必须进行充分的清洗。润滑油管道如图 6-52 所示。

当压缩机由电机驱动时，可能还有对电机正压通风的管道。当压缩机采用蒸汽透平驱动时，需要蒸汽管道。蒸汽透平的管道与离心式压缩机的要求一样，但蒸汽温度和压力均较高，所以要特别注意热应力。

图 6-53 和图 6-54 分别是压缩机管道布置的立面图和立体图。

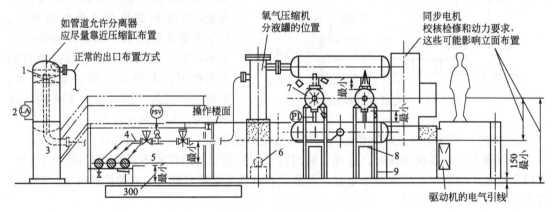

图 6-53　压缩机的管道布置立面图
1—破沫网；2—液位镜；3—内管；4—支管；5—集合管；
6—润滑油设备；7—拆卸阀门；8—可调节弹簧垫；9—气缸支架

6.3.4　管道布置计算机辅助设计制图软件

由于计算机辅助设计具有精确的自检功能、多变的出图方式、快速又准确的材料统计，大大提高了设计的质量和速度，因此获得了广泛的应用。目前常用的管道布置计算机辅助设计软件主要有以下几种。

AutoCAD　是当前各设计领域广泛使用的绘图工具，可以绘制任意二维和三维图形，速

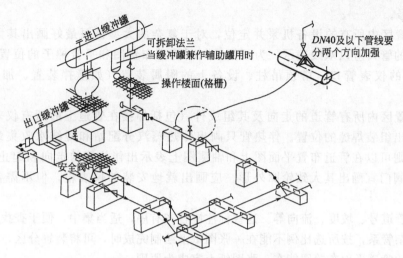

图 6-54　压缩机的管道布置立体图

度快、精度高，而且便于个性化，它已经在压力管道设计中得到了广泛的应用。

PDS（Plant Design System）　是美国 Intergraph 公司开发的大型工厂设计软件，可在计算机上动态直观地展示出工厂或单元装置建成后的实际情景，有利于业主决策、施工控制及生产维护。目前国内外大型工程公司已广泛采用此软件。

PDMS（Plant Design Managemant System）　是由英国 AVEVA 公司开发的三维工厂设计系统，有独立的数据库结构，不依赖第三方数据库，所有设计信息被保存在该数据库中。Autodesk Navisworks 是 PDMS 常用的 3D 模型漫游和渲染软件。

SmartPlant 3D　主要提供两方面的功能，一方面，它是一个完整的工厂设计软件系统；另一方面，它可以在整个工厂的生命周期中对工厂进行维护。

6.4　管道布置图

管道布置图是管道布置设计意图的表述，用于指导管道施工。管道布置图一般是根据带控制点的工艺流程图，在设备布置图的基础上完成的，大致可分为两类：管道布置平面图及布置立面图和管道布置平面图加管道空视图。

6.4.1　管道布置平面图的设计

（1）设计的一般要求

管道布置图图幅一般采用 A0，比较简单的也可采用 A1 或 A2，同区的图宜采用同一种图幅，图幅不宜加长或加宽。

管道布置平面图应按比例绘制。通常是根据装置的占地大小、设备尺寸、管径及管道的多少等决定绘制比例，对于石油炼制、石油化工、化工装置等（露天布置的设备）用（1∶30）～（1∶50）比例绘图；对于油罐区设备及其他大型设备用（1∶50）～（1∶300）比例绘图；对于食品工业装置、制药工业装置及试验装置等小型设备（室内布置的设备）用（1∶20）～（1∶30）比例。

画出装置区内所有的建、构筑物，表示出梁柱、门、窗、墙、平台、梯子、斜撑、栏杆、吊车轨、设备机泵的基础、围堰等的位置及大小。建、构筑物的纵横向轴线最好按整个装置统一编号。

画出装置区内所有的设备机泵并定位，对于复杂的大型机泵最好画出其大致的轮廓外形，设备的管口应以双线表示。为了便于判断管道布置图和平台梯子的位置是否合理，最好将设备的仪表管口、塔顶吊柱、设备上的附属装置（如搅拌装置、加料装置等）画出。

画出装置区内所有管道的走向及其组成件（包括焊接在管道上的所有仪表元件）的位置，表示出组装焊缝的位置。伴热管只画出伴热蒸汽分配站和凝结水收集站（如果项目有要求，则可以在管道布置平面图上和轴测图上表示出伴热管的走向和起止点）。大型复杂的特殊阀门宜画出其大致轮廓外形。应画出就地安装的仪表箱，但不需要标注定位尺寸。

标注出管道号、坡度、流向等。这些标注应整齐有序，适当集中，便于查找。

对于复杂管系，按所选比例不能在一张图纸上绘制完成时，可将装置分区，每一区的范围以使该区的管道平面布置图能在一张图纸上完成为原则。

为了解分区情况，方便查找，应在管道布置图的右上角或标题栏的左边绘制分区索引图。分区索引图可在分区界线的右下角矩形框内写分区号，也可只在所绘区域打斜线，用罗马字注写区号。在管道布置图上分区界线用粗双点划线表示，在拼接线（M.L）处写出与该图标高相同的相邻部分布置图的图号。

分张绘制的有关图纸必须采用同一种比例，遇到设备小、管道密集处，管道布置图中某些基本管道表示不清楚时，允许在图纸四周空位或另一张 A3 图上采用局部放大轴测图表示，这样不必绘立面图。

（2）设备的画法

设备的位置以设备中心线为准，根据总图条件来绘制。

基础外形、设备外形、框架、梯子、平台和管口均要在配管图中表示，对于泵等简单的转动设备可不必表示其外形。设备的保温需表示。

设备截面的画法为周围剖面线、中间为空白表示。

对于仪表、液位计的外形要表示，温度计仅表示管口。带有管道附件的压力计，如属于管道专业范围，该附件应表示口径和等级（或形式）。

换热器或卧式罐上的放空和放净、泵上的仪表排净及放空不需表示。

管口的管口号或管口名称应表示，与管道相连的管口要在图上标注角度和管口表上未表示的尺寸。平面图上可不表示平台栏杆。如果平台位置距管口太近，管口表示不清楚，应加一断面图。平台及楼面的标高应表示。

设备位号应表示，且尽量沿中心线标注。当平面图上只表示设备的一个断面时，其标高应表示出在该平面图上所表示的此设备的范围。卧式换热器或储罐的安装高度应在图中表示。

（3）构筑物的画法

① 构筑物画法的一般要求　对于构筑物，无论在图纸范围内还是外，均应用实线表示。平台及楼梯标高应表示。

柱线号和柱间距在平面图上应表示，但立面图则不需要表示。柱线号应从图纸的正面看，水平书写。柱线号的数字或字母应与布置图一致（大小写字母应有所区别）。对于没有柱线号的简单的构筑物（如操作平台），柱子则不需表示。

② 钢结构　基础外形、柱子、主梁及次梁均要表示。斜撑的中心线应表示。梯子、台

阶应表示。钢结构防火后的外形应表示出来。楼板用相交阴影线表示。

③ 混凝土结构　柱、梁及楼面的外形应表示。断面用三条斜线表示。储油池、电缆沟和排污坑应在图上表示，但名称、尺寸及位置不需表示。楼层不需表示。

当钢结构的一部分（如柱基础、设备平台等）超出了界区线，钢结构的整个外形应表示，不能有界区线切断。而与其他图纸相接的通道和横梁可以在界区线处断开。

（4）维修空间边界的表示法

对于操作和检修空间，用双点划线表示，延伸至相邻图纸的空间也应在本图上表示。

需要表示的空间包括：换热器管束的抽出空间；过滤器滤网的抽出空间；更换催化剂时汽车进入的空间；吊车的起吊空间。

（5）尺寸的表示法

在管道布置平面图上，应表示出总尺寸及标高。管道的长度用整数表示，精确到毫米。对于斜管，应表示其平面尺寸，表示至小数点第一位。

在平面布置图上要标注管道、阀门等的坐标位置或者尺寸以及与设备连接点的坐标位置或尺寸、管间距、支架间距等。与设备相连接的管道、阀门等一般以设备或辅助设备的中心线为基准，与框架、管架等有关联的管道则以其柱中心线为基准，顺序标注上述尺寸。

尺寸线以 0.1～0.2mm 的细实线表示，与管道必须有明显的粗细之分，而且尽可能避免与设备名称和管道编号等文字交叉，力求清楚，保持图面清晰。标注尺寸均以 mm 为单位。

除管廊上配管的间隔尺寸、与其他区的图纸的连接尺寸外，要避免重复标注尺寸。

管道元件要原封不动地使用各资料数据表中的数值。组装尺寸用整数表示（每一元件总尺寸的计算至小数点第一位圆整）。与其他图纸相接的管道尺寸应表示在相接区的附近。垫片的厚度包括在相关阀门的尺寸中。

"¢ EL"加注在管中心标高前，如果因梁或支架，管子需标注管底标高时，加注"BOP EL"。在坡度管和重力流管道要控制标高时，应以"WP　EL"（工作点标高）表示。

（6）标注方法

管道的标注与带控制点的工艺流程图中管道标注相同，由介质代号、管道编号、公称直径、管道等级和标高等组成，隔热管道还应增加隔热代号。

通常两根以上管道并排在支架上时，管底与地面或平台楼板间有一定距离要求的，应标注管底标高。与设备接管直接连接的管道，则标注管中心线标高。标高都是以地面为基准算起，基准面以上为"＋"，以下为"－"。

在垂直管道上设置的阀门高度，有两种标注方法。

ⅰ. 采用法兰连接的阀门，标注与阀门下端相连接的管道法兰上面的标高。

ⅱ. 采用承插焊或螺纹连接的阀门，标注中心线标高。

管道与设备接管直接连接时，有两种标注方法。

ⅰ. 设备接管朝上时，应注出与其连接的管道法兰下面的标高。

ⅱ. 设备接管朝下时，应注出与其连接的管道法兰上面的标高。

其他标注内容包括：设备的项目编号及名称；框架、管架等的编号；管内介质的流动方向；管径尺寸、管道编号、管道等级；仪表项目编号；表示管道支管的位置及其详细图的编号；保温、保冷、伴热管道除用图表示外尚须注明（保温——H，保冷——C，防烫——P，蒸汽伴热——ST，电伴热——ET）；指北针；分区索引图；现场焊接点位置及符号。

图 6-55 是综合上述各种原则、根据图 3-5 所示的带控制点的流程图和图 3-14 所示的设备平面布置图完成的管道平面布置图示例。

6.4.2 管道空视图

管道空视图又称单管管段图、管道轴测图，是沿北向方向标（N），按正等轴测投影绘制的管道立体视觉图形。管道空视图可供施工单位在施工现场预备管道材料并预制、装配管道，以加快施工速度，缩短周期，并保证安装质量。

（1）管道空视图的内容

管道空视图主要包括五部分内容：管道轴测图形、工程数据、管段材料表、方向标、图签。图 6-56 是图 6-55 所示管道平面布置图中加粗管道的空视图。

管道轴测图形 是按照管道布置平面图的设计，把管道的必要信息以及它们在空间中的相对位置表示出来的图形，包括管子、管件、阀门、仪表元件代号、管道标高、管道长度、介质流向、坡度、管道号、管架、连接信息等，尤其是更加详尽地表示出了在管道布置平面图上难以表达清楚的管道立管上的具体设计。

工程数据 包括装置及工区代号、管道号、配图图号、轴测图号、保温涂漆代号、各种尺寸、标高和管道标志、组件规格、编号、设计条件（温度、压力、保温涂漆要求）、制作检验要求等标注说明。

管段材料表 包括组成该管段的所有组件的元件代码名称、管道材料的描述和数量。

方向标和图签 需要根据工程项目的具体情况而定。图签主要是项目名称、设计日期、签名（设计人、校核人、审核人）、设计单位的名称等一些信息。

（2）空视图设计的一般要求

空视图无论管径的大小，均采用单线绘制管道，线条的宽度及字体可以根据所在项目的工程规定，也可以参见 HG/T 20549 中的规定。

空视图上的北向 N 或者 PN（Plant North）通常指向图纸的右上方，项目特殊要求时也可以指向正上方，同一装置所有管段的空视图上的方向标取向应相同。空视图上的北向标与管道布置图上的北向标的北向应一致。

除使用工程中规定的缩写词外，图中是采用英文还是使用中文应按照项目的具体规定。

管道空视图不必按比例绘制，但相对比例要协调。阀门的手轮方向应表示在空视图上。

（3）尺寸标注

管道空视图上的所有尺寸都以 mm 为单位。

对于水平管道，其尺寸线应与管道相平行，尺寸界线为垂直线。尺寸的大小要和管道布置平面图上的一致。从邻近的主要基准点到各个独立的管道元件如孔板法兰、异径管、拆卸用法兰、仪表接口、不等径支管的尺寸均应标出，但不应画封闭尺寸。对于垂直管道，不注长度尺寸，而以水平管道的标高落差表示。

对于管道上带法兰的阀门和管道元件，标出尺寸基准点到阀门或管道元件的一个法兰面的距离。对调节阀、分离器、过滤器等特殊管道元件，要注出其两侧法兰面之间的距离。异径管以大端确定位置尺寸。立管上的阀门和其他元件需表示出标高。

为标注管道尺寸的需要，应画出容器或设备的中心线，注出其位号。与标注尺寸无关时不需要画设备中心线，只画出与管道连接的法兰的位置。

调节阀管道等级与管道相同时，一般只注出法兰面型式；调节阀管道等级不同于管道时，调节阀和对应法兰都要注明温度-压力等级和法兰面型式。螺纹连接的调节阀，图纸上

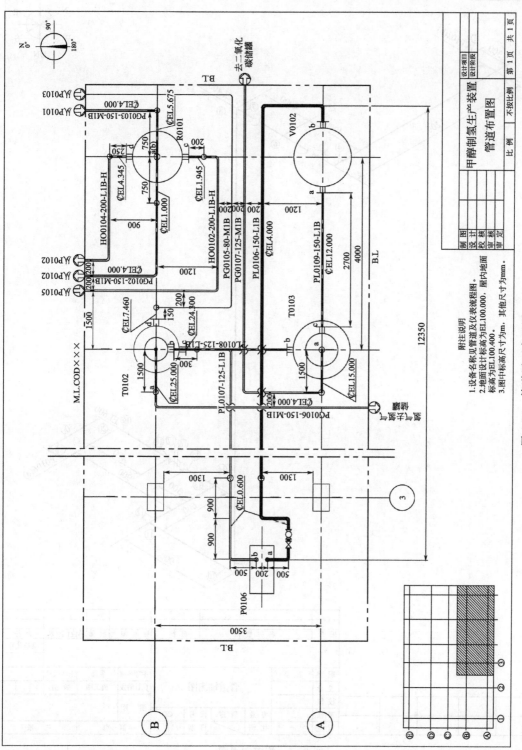

图 6-55　管道平面布置图

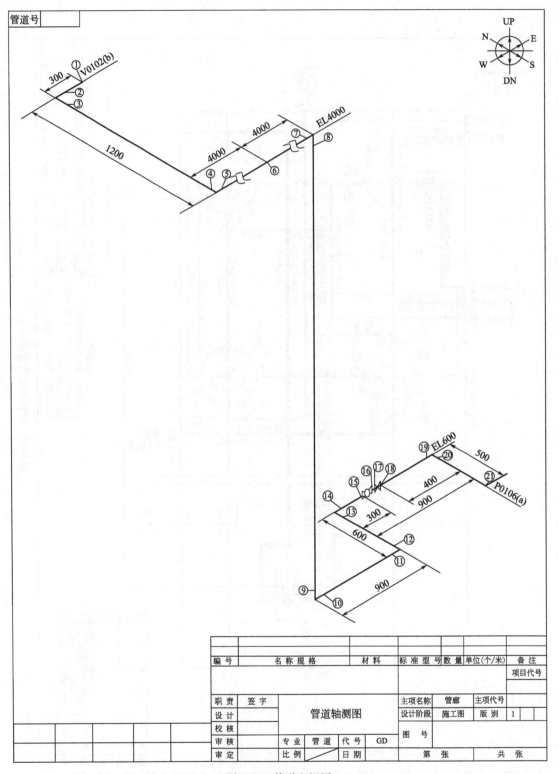

图 6-56　管道空视图

158

必须注明"螺纹"。

（4）特殊的标记方法

用编写词标注某些管件，如：SRE——短半径无缝弯头；WC——焊接管帽；THDC——螺纹管（帽）；SWC——承插焊管帽；THDF——螺纹法兰；PLG——堵头；NIP——管接头。

在同一张空视图中，法兰有两种以上形式时，应将用量较少的那些法兰注明；同种类、同规格阀门出现两种以上型号时，应将用量较少的型号注在那些阀门的近旁。

焊接弯头的角度和焊缝系数要注写清楚。注出直接焊在管道上的管架编号，该编号必须与管架表中的管架编号相同。但管架材料不列入管道空视图的材料表中。

6.5　管道应力分析与补偿

进行管道应力分析的目的是使管道应力在规定的许用范围内，使设备管口的载荷符合制造商的要求或公认的标准，计算出作用在管道支吊架上的载荷，辅助压力管道布置设计的优化。

6.5.1　管道应力分析

（1）管道应力分析的主要内容

管道应力分析包括静力分析和动力分析。

静力分析的内容和目的是：计算压力载荷和持续载荷作用下的管道一次应力，防止管道材料发生塑性变形破坏；计算管道热胀冷缩以及端点附加位移等位移载荷作用下的管道二次应力，防止疲劳破坏；计算管道对机器、设备的作用力，防止反作用力太大，保证机器和设备的正常运行；计算管道支吊架的受力，为支吊架的设计提供依据；计算管道上法兰的受力，防止法兰发生泄漏；计算管系的位移，防止管道碰撞和支吊点位移过大。

动力分析的内容和目的是：分析管道自振频率，防止管道系统发生共振；分析管道强迫振动响应，控制管道振动及应力；分析往复压缩机的气柱频率，防止气柱共振；分析往复压缩机的压力脉动，控制压力脉动值；分析、防止管道地震应力过大。

（2）一次应力和二次应力

管道系统在工作条件下可能承受的载荷包括：重力（包括管道自重、保温材料的重量、管内介质的重量和管道上积雪的重量）；压力（包括内压力和外压力）；风载荷；地震载荷；位移载荷（包括管道热胀冷缩位移、端点附加位移和支承沉降等）；瞬变流冲击载荷（如安全阀启跳或阀门快速启闭时的压力冲击）；两相流脉动载荷；压力脉动载荷（如往复压缩机往复运动产生的压力脉动）；机械振动载荷（如回转设备的振动）。

在外加载荷作用下管道所产生的应力称为一次应力，其特点是：满足与外加载荷的平衡关系，随外加载荷的增加而增加，且无自限性，当其值超过材料的屈服极限时，管道将产生塑性变形而破坏。管道承受的内压、自重、介质重量等持续外载荷而产生的应力属于一次应力。

二次应力是由于热胀冷缩和端点位移等引起的管道变形受到约束而产生的应力，其中，由管道热胀冷缩产生的二次应力称为热应力。二次应力具有自限性，不直接与外力平衡，当管道局部屈服和产生小量变形时应力就能降下来。二次应力过大时，将使管道产生疲劳破坏。

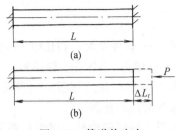

图 6-57　管道热应力

（3）管道热应力的产生原因分析

设一直管两端固定，管长为 L，截面积为 A，安装温度 t_0，工作温度 t_1（$t_1 > t_0$），管材的弹性模量 E，线膨胀系数 α。如管道能自由伸缩，则伸长量为 $\Delta L_t = \alpha(t_1 - t_0)L = \alpha \Delta t L$。但由于直管两端固定，管子不能有任何伸缩，这可理解为管子先自由伸长，然后在其一端加上作用力 P 将管子仍然压缩到原来的位置，即压缩了 ΔL_t，如图 6-57 所示。

作用力 P 的大小可按下式计算

$$P = \frac{\Delta L_t}{L}EA = \alpha \Delta t EA \qquad (6-2)$$

管道产生的热应力为

$$\sigma = \frac{P}{A} = \alpha E \Delta t \qquad (6-3)$$

工作温度大于安装温度时的热应力为压应力；反之则为拉应力。

从式（6-3）可以看出，两端固定的直管道的热应力大小与管道长度和截面积无关，仅与材料的热膨胀系数、弹性模量和温度变化有关。

【例 6-1】　某油罐的进出油管道为 $\phi 159 \times 4.5$ 钢管，如图 6-58。管材为 Q235-A 钢，线膨胀系数为 $\alpha = 12.2 \times 10^{-6}/℃$，弹性模量为 $E = 2.0 \times 10^5 \text{MPa}$。操作温度 100℃，安装温度 0℃，求管道的热应力和管子对油罐的推力。

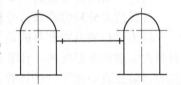

图 6-58　与设备相连的直管

解

管子截面积	$A = 2.18 \times 10^{-3} \text{m}^2$
温度变化	$\Delta t = (100 - 0) = 100(℃)$
管中热应力	$\sigma = \alpha E \Delta t = 244(\text{MPa})$
管子对油罐的推力	$P = \sigma A = 5.3192 \times 10^5 \text{N}$

由上述计算结果可见，管中的热应力很大，并将对管端设备产生很大的推力，造成油罐局部变形甚至破坏。显然，如图 6-58 这样的配管设计应该避免。

（4）一次应力和二次应力的合格判断式

管道在内压和持续外载作用下产生的轴向应力，即一次应力（σ_L）不得超过设计温度下管道材料的许用应用（$[\sigma]^t$），即

$$\sigma_L \leqslant [\sigma]^t \qquad (6-4)$$

管道的一次应力（σ_L）加二次应力（σ_E）的许用应力 $[\sigma_E]$ 按式（6-5）计算

$$[\sigma_E] = 1.25f[\sigma] + 0.25[\sigma]^t \qquad (6-5)$$

二次应力的许用范围 $[\sigma_E]^t$ 按式（6-6）计算

$$[\sigma_E]^t \leqslant f(1.25[\sigma] + 0.25[\sigma]^t) \qquad (6-6)$$

当管道的最大轴向应力小于材料在最高工作温度下的许用应力，即 $[\sigma]^t > \sigma_L$ 时，可将两者的差值加到式（6-6）中，在此情况下，二次应力的许用应力范围 $[\sigma_E]^t$ 可按式（6-7）计算

$$[\sigma_E]^t = f[1.25([\sigma] + [\sigma]^t) - \sigma_L] \qquad (6-7)$$

式中　f——在预期寿命内，考虑循环总次数影响的许用应力范围减少系数；

$[\sigma]$——管子材料在 20℃ 时的许用应用，MPa；

$[\sigma]^{\mathrm{t}}$——管子材料在设计温度下的许用应力，MPa。

（5）管道应力分析方法

对于简单管道，可利用材料力学理论；对于复杂的静不定管道，除了材料力学理论，还需借助结构力学理论来求解，然后利用弹性力学或塑性力学的准则建立其强度判定条件。对于复杂管道，当这样的方程数量太多时需采用计算机进行应力分析。目前常用的管道应力分析软件主要是 Ceasar Ⅱ。Caesar Ⅱ 是由美国 COADE 公司研发的压力管道应力分析专业软件，既可进行静态分析，也可进行动态分析，凭借其强大的分析功能、友好的界面、丰富的数据库等优异性能而获得广泛应用。

在工程设计中，对操作条件缓和、相连设备对管道的附加力不敏感、管道空间形状简单且符合简单判断式或图表法分析条件的管道，不一定非要采用计算机进行详细计算和分析，此时对管道应力可采用快速分析法，以降低成本。

成熟的工程公司都拥有比较完备的快速管道应力分析手段，一般都采用一定的管道应力分析简化计算图表，配合少量的手工计算。这类方法更多的是考虑管道的位移在允许的范围内——即管道有足够的柔性，能够吸收管道由于热胀冷缩等产生的位移。依据位移应力评定标准，只计算膨胀的二次应力及对端点或设备的作用力及力矩。

6.5.2　管道的柔性设计

管道柔性是反映管道变形难易程度的一个物理概念，表示管道通过自身变形吸收热胀冷缩和其他位移变形的能力。

管道柔性设计的目的是保证管道在设计条件下具有足够的吸收位移应变的能力，防止管道因热胀冷缩、端点附加位移、管道支承设置不当等原因造成管道应力过大引起金属疲劳、管道推力过大造成支架破坏、管道连接处产生泄漏、管道推力或力矩过大使与其连接的设备产生过大的应力或变形等问题，影响设备的正常运行。

（1）柔性系数和应力增强系数

弯管（或弯头）在承受弯矩后，其外侧拉伸，内侧压缩，截面产生椭圆效应，刚度下降。若以同一弯矩值作用在弯管上，比作用在直管上的位移量大 K 倍，此 K 值称为弯管的柔性系数。

应力增强系数 i 是在疲劳破坏循坏次数相同的情况下，作用于直管的名义弯曲应力与作用于管件的名义弯曲应力之比。

柔性系数和应力增强系数是在管道柔性设计中考虑弯管、三通等管件对柔性和应力的影响时所采用的系数。管道中的弯管在弯矩作用下与直管相比较，其刚度降低、柔性增大，应力减小，因此，在计算管道应力时就要考虑其柔性系数和应力增强系数。而三通等管件由于存在局部应力集中，在计算应力时，采用应力增强系数可使问题简化。

对各种结构形式的弯头和三通，可先按 GB/T 20801.3 给出的公式计算出尺寸系数 h，再用尺寸系数 h 在 GB/T 20801.3 中的简图读得柔性系数 K 和应力增大系数 i。

（2）柔性设计时管道计算温度的确定

管道的柔性计算是计算管道由于持续外载和热载荷而产生的力与力矩。管道热胀应力的计算是热力管道柔性分析的一个主要内容。对于设计温度在 $-50 \sim 100 ℃$ 区间的管道，均应考虑进行柔性计算。

管道计算温度应根据工艺设计条件及下列要求确定。

ⅰ.对于无隔热层管道，介质温度低于 65℃ 时，取介质温度为计算温度；介质温度高于或等于 65℃ 时，取介质温度的 95％ 为计算温度（有的资料显示，全部按介质温度计算）。

ⅱ. 对于有隔热层的管道，除另有计算或经验数据外，应取介质温度为计算温度。

ⅲ. 对于夹套管道，应取内管或套管介质温度的较高者作为计算温度。

ⅳ. 对于外伴热的管道，应根据具体条件确定计算温度。

ⅴ. 对于衬里管道，应根据计算或经验数据确定计算温度。

ⅵ. 对于安全泄压管道，应取排放时可能出现的最高或最低温度作为计算温度。

进行管道柔性设计时，不仅应考虑正常操作条件下的温度，还应考虑开车、停车、除焦、再生及蒸汽吹扫等工况下的温度。

（3）柔性设计时应考虑的管道端点的附加位移

在管道柔性设计中，除考虑管道本身的热胀冷缩外，还应考虑各种管道端点的附加位移。

ⅰ. 静设备热胀冷缩对连接管道施加的附加位移。

ⅱ. 转动设备热胀冷缩在连接管口处产生的附加位移。

ⅲ. 加热炉管对加热炉出口管道施加的附加位移。

ⅳ. 储罐等设备由于基础沉降而在连接管口处产生的附加位移。

ⅴ. 不与主管一起分析的支管，应将分支点处主管的位移作为支管端点的附加位移。

（4）管道热应力及柔性分析示例

如图 6-59 所示的平面管系，AC 管长为 a，CB 管长为 b，若 B 端自由，在管子升温而膨胀时，AC 管的热伸长量为 Δa，CB 管的伸长量为 Δb，$\Delta a = \alpha a \Delta t$，$\Delta b = \alpha b \Delta t$。管系的总伸长可以用 B 端的位移 Δu 来表示

$$\Delta u = \sqrt{\Delta a^2 + \Delta b^2} = \alpha \Delta t \sqrt{a^2 + b^2} = \alpha \Delta t u$$

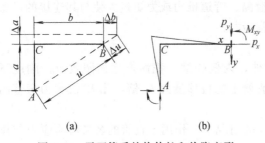

其中，u 为 A、B 两端点间的直线距离长度。可见，平面管系当一端自由时，管系总的热伸长等于管系两端点之间直线管长的热伸长，如图 6-59（a）所示。如果平面管系两端都固定，A 和 B 点都不能移动，如图 6-59（b）所示，当温度变化时，整个管系仍可发生变形。这时，管系两端支座处将受到支座反力和力矩的作用，但管系中的热应力比

图 6-59 平面管系的热伸长和热胀变形

相似条件下直线管道（图 6-58）中的热应力小得多。这是因为平面管系由于几何形状的原因比直线管系有更大的柔性。同理，对于一个立体管系，当一端可以自由伸缩时，整个管系的热伸长量等于管系两端之间直线管长的热伸长量。如果立体管系的两端固定，在温度变化时，管道中的热应力将由于立体管系有更大的柔性而比相似条件下平面管系中的热应力更小。

当图 6-59 所示 L 形管道受热而膨胀时，如果把支座 B 视为自由端，而代之以复原力 P_x、P_y 和复原力矩 M_{xy}，使 B 点仍恢复到原来的位置，P_x、P_y 和 M_{xy} 即 B 点处的支座反力和力矩。P_x、P_y 和 M_{xy} 在 xy 平面上产生的位移和转角必然满足下列力法方程

$$\begin{aligned}
P_x \delta_{xx} + P_y \delta_{xy} + M_{xy} \delta_{xm} &= -\Delta x \\
P_x \delta_{yx} + P_y \delta_{yy} + M_{xy} \delta_{ym} &= -\Delta y \\
P_x \delta_{mx} + P_y \delta_{my} + M_{xy} \delta_{mm} &= -\theta_{xy}
\end{aligned} \tag{6-8}$$

式中　Δx，Δy，θ_{xy}——B 端为自由端时，管系在 x、y 方向上的热伸长量及转角；$-\Delta x$

$$= \Delta b , \quad -\Delta y = \Delta a , \quad \theta_{xy} = 0 ;$$

δ_{xx}，δ_{xy}，δ_{xm}——变形系数，反映管系变形与外力之间的关系，可用下式统一表示

$$\delta_{ij} = \sum \int \frac{\overline{M_i}\,\overline{M_j}}{EI}\,\mathrm{d}L$$

式中　δ_{ij}——j 方向上的单位力在 i 方向上产生的位移（或转角）；

$\overline{M_i}$，$\overline{M_j}$——i、j 方向上的单位力在管系各管子中产生的弯矩，$\overline{M_i}$、$\overline{M_j}$ 与 M_{xy} 方向相同时符号取正号，方向相反时取负号；

I——各管子的截面轴惯性矩，$I = (\pi/64)(D_{\mathrm{w}}^4 - D_{\mathrm{n}}^4)$。

【例 6-2】　设图 6-59 所示平面管系的管长 $AC=5\mathrm{m}$，$CB=10\mathrm{m}$，安装温度为 0℃，工作温度为 100℃，管材为碳钢 Q235-A，管子规格为 $\phi159\times4.5$，利用上述方法可求得管系中最大热胀应力。

解　已知 Q235-A　　　　　　$\alpha=12.2\times10^{-6}/℃$；$E=2.0\times10^5\mathrm{MPa}$

管子截面轴惯性矩　　　$I=(\pi/64)(0.159^4-0.15^4)=6.52\times10^{-6}\,(\mathrm{m}^4)$

各管子的热伸长量　　　$\Delta x=-12.2\times10^{-6}\times(100-0)\times10=-1.22\times10^{-2}\,(\mathrm{m})$

$$\Delta y=-12.2\times10^{-6}\times(100-0)\times5=-0.61\times10^{-2}\,(\mathrm{m})$$

各变形系数的值

$$\delta_{xx}=\frac{1}{EI}\sum\int_B^A \overline{M}_{x^2}\,\mathrm{d}L=\frac{1}{EI}\left(\int_B^C 0^2\,\mathrm{d}L+\int_C^A L^2\,\mathrm{d}L\right)=\frac{1}{EI}\frac{a^3}{3}=3.20\times10^{-5}\,(\mathrm{m/N})$$

$$\delta_{yy}=\frac{1}{EI}\sum\int_B^A \overline{M}_{y^2}\,\mathrm{d}L=\frac{1}{EI}\left(\frac{b^3}{3}+ab^2\right)=6.39\times10^{-4}\,(\mathrm{m/N})$$

$$\delta_{mm}=\frac{1}{EI}\sum\int_B^A \overline{M}_{m^2}\,\mathrm{d}L=\frac{1}{EI}(b+a)=1.15\times10^{-5}\,[\mathrm{rad/(N\cdot m)}]$$

$$\delta_{xy}\Rightarrow\delta_{yx}=\frac{1}{EI}\sum\int_B^A \overline{M}_x\overline{M}_y\,\mathrm{d}L=\frac{-1}{EI}\frac{a^2b}{2}=-9.58\times10^{-5}\,(\mathrm{m/N})$$

$$\delta_{xm}\Rightarrow\delta_{mx}=\frac{1}{EI}\sum\int_B^A \overline{M}_x\overline{M}_m\,\mathrm{d}L=\frac{1}{EI}\frac{a^2}{2}=9.58\times10^{-6}\,[\mathrm{m/(N\cdot m)}]$$

$$\delta_{ym}\Rightarrow\delta_{my}=\frac{1}{EI}\sum\int_B^A \overline{M}_y\overline{M}_m\,\mathrm{d}L=\frac{-1}{EI}\left(\frac{b^2}{2}+ab\right)=-7.67\times10^{-5}\,[\mathrm{m/(N\cdot m)}]$$

将以上各值代入力法方程式(6-8)，即可求得：$P_x=860\mathrm{N}$，$P_y=264\mathrm{N}$，$M_{xy}=1042\mathrm{N\cdot m}$，该管系弯矩图见图 6-60。$A$，$B$，$C$ 各点的力矩为

$$M_B=M_{xy}=1042\mathrm{N\cdot m}$$

$$M_C=M_B-P_y b=-1598\mathrm{N\cdot m}$$

$$M_A=M_C+P_x a=2702\mathrm{N\cdot m}$$

最大热应力的位置在管系受最大力矩处，从上述计算可知，最大热应力的位置在下端支座 A 处。对于 AC 管

截面积　$A=(\pi/4)(D_{\mathrm{w}}^2-D_{\mathrm{n}}^2)=2.18\times10^{-3}\,(\mathrm{m}^2)$

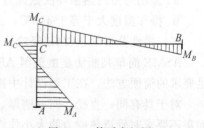

图 6-60　管系弯矩图

抗弯截面模量 $W=(\pi/32)(D_w^4-D_n^4)/D_w=8.2\times10^{-5}(\text{m}^3)$

由此得 A 点处热应力为

$$\sigma_{max}=(P_y/A)+(M_A/W)=(0.121\times10^6+32.95\times10^6)=33.07(\text{MPa})$$

可以看出，平面管系中的热应力主要是弯曲应力，由轴向力引起的应力甚小，本例中由轴向力引起的应力只有 0.121MPa。在材料、尺寸、温差均相同的条件下，将直管道（图 6-58）改为平面 L 形管道（图 6-59），二直管长分别为 10m 和 5m 时，最大热应力由 244MPa 降低到 33.07MPa，管端推力由 531920N 降低到 860N。可见对管道系统作不同的布置，对热应力的大小有很大的影响。

对于图 6-59 所示的平面管系，假设其他条件不变，采用弯曲半径 $R=500$mm 的弯管代替原来的直角弯头。查 GB/T 20801.3 可得，弯管的尺寸系数和柔性系数分别为

尺寸系数 $$h=\overline{T}R_1/r_2^2=\frac{4.5\times500}{77^2}=0.38$$

柔性系数 $$K=1.65/h=4.34$$

弯管处变形系数计算式为 $\delta_{ij}=\dfrac{K}{EI}\int\overline{M_i}\,\overline{M_j}\,\mathrm{d}L$，是相同尺寸直管的 K 倍。

弯管长度 $L=\dfrac{\pi R}{2}=0.785$m，原直管长度变为 $a=10-0.785=9.215(\text{m})$，$b=5-0.785=4.215(\text{m})$

弯管处的应力增大系数 $i=0.9/h^{2/3}=1.7$

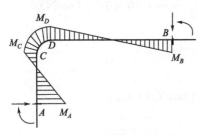

图 6-61   管系弯矩图

将以上数据重新代入式(6-8)，可算得管系 B 点处的支座反力分别为：$P_x=723$N，$P_y=190$N，$M_{xy}=807$ N·m，弯矩图如图 6-61 所示。

$$M_B=M_{zy}=807 \text{ N·m}$$
$$M_D=M_B-P_yb=-998 \text{ N·m}$$
$$M_C=M_D-P_yR+P_xR=-732 \text{ N·m}$$
$$M_A=M_C+P_xa=2522 \text{ N·m}$$

最大热应力仍在下端支座 A 处

$$\sigma_{max}=\frac{p_y}{A}+\frac{M_a}{W}=0.088+30.76=30.85(\text{MPa})$$

比不考虑弯管柔性时的 33.07MPa 相比，降低了约 7%。

正因为考虑弯管柔性后，管道的应力会减小，大大提高了管道的安全性，因此 GB/T 20801.3 规定对下述三种管道系统必须进行管道应力分析。

ⅰ.设备管口有特殊的载荷要求。

ⅱ.预期寿命内热循环次数超过 7000 的管道。

ⅲ.操作温度大于等于 400℃，或小于等于 −70℃ 的管道。

（5）柔性分析的 ASME 经验公式判断法

ASME 简单判断法是由美国 ASME B31.1 给出的一种快速确定管系热膨胀补偿是否满足要求的简便方法，在工程设计中得到了广泛的应用。

对于具有同一直径、同一壁厚、无分支管、两端固定、中间无支承约束的非剧毒管道，如果不要求对管道热应力的大小作详细计算，只要求判断管道有无足够的补偿能力，即判断管道会不会因热应力而造成破坏，这时可采用下列经验公式进行判断

$$\frac{D_o \Delta}{(L-U)^2} \leqslant 208.4 \tag{6-9}$$

式中　D_o——管子外直径，mm；

　　　　L——管道的伸展长度，m；

　　　　U——固定支架间的直线距离，m；

　　　　Δ——作用于管道的总热位移（mm），由管端处管道自由热胀冷缩位移以及设备热胀冷缩位移叠加构成，前者在热胀条件下取正值，在冷缩条件下取负值，后者以造成端点相向移动取正值，相背移动取负值。

对于满足式(6-9)的热力管道，可认为它是安全的。例如，对于图6-59所示的L形平面管系，$D_o=168$mm，$U=\sqrt{5^2+10^2}=11.8$(m)，$L=5+10=15$(m)

$$\Delta=1000\alpha\Delta t\, U=12.2\times10^{-6}\times100\times11.8\times1000=13.6\text{(mm)}$$

代入式(6-8)

$$D_o\Delta/(L-U)^2=168\times13.6/(15-11.18)^2=156.8<208.4$$

即可认为该管系是安全的。

式(6-9)虽然简单，但不适用于下列情况的管道。

ⅰ.存在剧烈冷热循环变化的管道。

ⅱ.大直径薄壁管。

ⅲ.不等腿的管道展开长度大于端点连线长度2.5倍的U形管道。

ⅳ.不在端点连线方向上的端点附加位移占总位移量大部分的管道。

ⅴ.近似直线的锯齿形状的管道。

该方法仅是一个简单的判断式，并不能计算管系的应力、边界反力和位移等数值，且判断结果是粗略并偏保守的，因此昂贵材料管道（如合金钢、不锈钢、特殊耐热钢、超低温用钢管道等）不宜用它进行最终分析。

（6）改善管道热应力过大的措施

如计算结果显示应力过大或对设备的力和力矩过大，可以采用以下措施加以改善。

ⅰ.改变管道的走向，以增加管道的柔性。

ⅱ.将刚性支架改为弹簧吊架，增加弹簧吊架的柔性或将可变弹簧吊架改为恒力弹簧吊架。

ⅲ.改变支架结构，减少活动支架的摩擦力，或将支架改为吊架。

ⅳ.提高法兰的等级，或将法兰连接改为焊接以减少泄漏。

ⅴ.设置波形补偿器等元件，但对于危险性较大的可燃介质管道和有毒介质管道，严禁采用套管式补偿器和球形补偿器，因为这些元件是管道中的薄弱环节，易于损坏和泄漏。

ⅵ.在支架有上下位移处，应设置弹簧吊架或弹簧支架。

6.5.3　管道热应力补偿

对于热应力过大的管系，为了保证管系的安全运行，必须对热应力进行补偿，使其满足安全判据式(6-7)。工程上常采用的补偿方法有设置管道补偿器和冷紧安装两种。

6.5.3.1　管道补偿器

管道的热应力与管道柔性（即弹性）有关，因此在温度较高的管道系统中，常常设置一些弯曲的管段或可伸缩的装置以增加管道的柔性，减小热应力。这些能减小热应力的弯曲管段和伸缩装置称为补偿器或伸缩器。

（1）管道补偿器的类型

补偿器可分成两类：一类是由于工艺需要在布置管道时自然形成的弯曲管段，称自然补偿器，如 L 形补偿器、Z 形补偿器（图 6-62）；另一类是专门设置用于吸收管道热膨胀的弯曲管段或伸缩装置，称为人工补偿器，如 Ⅱ 形补偿器（图 6-63）、波纹式补偿器（图 6-64）或填料函式补偿器等。

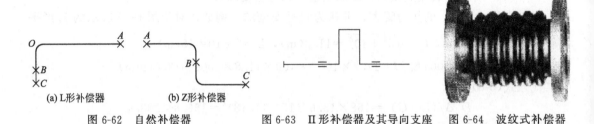

| (a) L形补偿器 | (b) Z形补偿器 | | |

图 6-62　自然补偿器　　　　　图 6-63　Ⅱ形补偿器及其导向支座　　图 6-64　波纹式补偿器

如采用 L 形自然补偿器，则需考虑其中较短管 ［图 6-62(a) 中 OB 管段］是否有足够的吸收管系热膨胀的能力，如 OB 管段的长度不够，则应加长至 C 或重新考虑管道布置，以免管系因弯曲过度而破坏。如采用 Z 形自然补偿器，则不应在 Z 型管道中 B 处 ［图 6-62(b)］加以固定使之成为二个 L 形（AB 和 BC），即只需在两端（A、C）加以固定保持 Z 形。

管道在自然补偿时如选用立体形方式，其补偿效果比平面形的更好。

（2）管道补偿器的选用和布置原则

自然补偿器在布置管道时自然形成，不增加管内介质的流动阻力，因此应尽量采用自然补偿器，只有在自然补偿器不能满足要求时，才采用人工补偿器。

人工补偿器中最常用的是 Ⅱ 形补偿器，制造容易且补偿能力大，能用在温度、压力较高的管道上。Ⅱ 形补偿器应布置在两固定点中部，与固定点的距离不宜小于两固定间距的 1/3。为防止管道横向位移过大，应在 Ⅱ 形补偿段的两侧设置导向支座。导向支座与 Ⅱ 形补偿器管端的距离一般取管径的 30～40 倍。

管道布置受限制时，在设计压力和输送介质允许的情况下，可选用金属波纹管补偿器。波纹式补偿器的补偿能力大、占地小，但制备较为复杂，价格高，适用于低压大直径管道。

波纹式补偿器是用 3～4mm 厚的金属薄片制成的，它利用金属本身的弹性伸缩来吸收管道的热膨胀，每个波纹可吸收 5～15mm 的膨胀量。其优点是体积小、结构严密。但为了防止补偿器本身产生纵向弯曲，补偿器不能做得太长，每个补偿器的波纹总数一般不得超过 6 个，这使补偿器的补偿能力受到限制，这类补偿器仅用在内压小于 0.7MPa 的管道上。

布置无约束金属波纹管补偿器应符合以下要求。

ⅰ.两个固定支座间仅能布置一个补偿器。

ⅱ.固定支座必须具有足够的强度，以承受内压推力的作用。

ⅲ.对管道必须进行严格保护，尤其是靠近补偿器的部位应设置导向支座，第一个导向支架与补偿器的距离应不大于 4 倍公称直径，第二个导向支架与第一个导向支架的距离应不大于 14 倍公称直径，以防止管道有弯曲和径向偏移造成补偿器的破坏。

ⅳ.布置带约束的金属波纹管补偿器应符合应力计算的要求。

填料函式补偿器由铸铁或钢制成。铸铁制的用在压力不超过 1MPa 的管道上,钢制的用在压力不超过 1.6MPa 的管道上。填料函式补偿器的优点是体积小、补偿能力较波纹式大,主要使用在因受地形限制不宜采用 Π 形补偿器的管道上,如地沟中或码头上的管道。使用填料函式补偿器时应在其两端管道的适当位置上设置导向支架,以保障它的自由伸缩通道,防止管道发生偏弯时使填料函套筒卡住不起作用。这种补偿器的缺点是密封难以做到十分严密,填料压得太紧会妨碍伸缩,太松则易引起泄漏。

套管式、球形补偿器因填料容易松弛、发生泄漏,可燃介质管道和有毒介质管道严禁选用。

储罐前的管道当地震烈度大于或等于 7 度、有不均匀沉降,且 $DN \geqslant 150$ 时,应设置储罐抗震用金属软管。金属软管的直径不应小于储罐进出口的直径。金属软管应布置在靠近储罐壁的第一道阀门和第二道阀门之间。

(3)带约束的金属波纹管膨胀节

在工程设计中,经常由于工艺、布置空间等方面的要求而使用金属波纹膨胀节。为满足工艺要求、管道走向、空间限制等诸方面的要求,膨胀节也有多种形式。常用的金属波纹管膨胀节主要有以下几种。

单式铰链式膨胀节 由一个波纹管、销轴和铰链组成,用于吸收单平面角位移。

单式万向铰链型膨胀节 由一个波纹管及万向环、销轴和铰链板组成,能吸收多平面角位移。

复式拉杆型膨胀节 由用中间管连接的两个波纹管及拉杆组成,能吸收多平面横向位移和拉杆间膨胀节本身的轴向位移。

复式铰链型膨胀节 由用中间管连接的两个波纹管及销轴和铰链板组成,能吸收单平面横向位移和膨胀节本身的轴向位移。

复式万向铰链型膨胀节 由用中间管连接的两个波纹管及销轴和铰链板组成,能吸收互相垂直的两个平面横向位移和膨胀节本身的轴向位移。

弯管压力平衡型膨胀节 由一个工作波纹管或用中间管连接的两个工作波纹管及一个平衡波纹管构成,工作波纹管与平衡波纹管间装有弯头或三通,平衡波纹管一端有封头并承受管道内压,工作波纹管和平衡波纹管外端间装有拉杆,用以约束波纹管压力、推力。此种膨胀节能吸收轴向位移和横向位移,常用于管道方向改变处。

直管压力平衡型膨胀节 一般由位于两端的两个工作波纹管及有效面积等于两倍工作波纹管有效面积、位于中间的一个平衡波纹管组成,两套拉杆分别将每一个工作波纹管与平衡波纹管相互连接起来,约束波纹管压力、推力。此种膨胀节能吸收轴向位移。

上述各种带约束的金属波纹管膨胀节的共同特点是管道的内压推力(俗称盲板力)没有作用于固定点或限位点处,而是由约束波纹管膨胀节用的金属部件承受。

在选用金属波纹管膨胀节时,一定要注意:膨胀节通常适用于高温低压的场合;对于有疲劳因素的管道应特别注意膨胀节的使用寿命;膨胀节绝不应使用于有扭转的位置;应特别注意负压时膨胀节对系统的影响。

6.5.3.2 冷紧

在热力管道配管工程中,为了提高管道的热补偿能力,减小热应力,降低管道对管端设备的推力和力矩,常采用冷紧技术,即先将管道切去一段预定的长度,在安装(冷态)时产生一个初位移和初应力。冷紧还可防止法兰连接处弯矩过大而发生泄漏,但冷紧不会改变热胀应力范围。

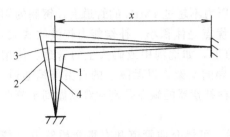

图 6-65 管系的冷紧
1—未冷紧的冷态位置；2—未冷紧的热态位置；
3—冷紧的热态位置；4—冷紧的冷态位置

冷紧比为冷紧值与全补偿量的比值。对于在材料蠕变温度下工作的管道，冷紧比宜取 0.7。对于在材料非蠕变温度下工作的管道，冷紧比宜取 0.5。冷紧技术常与补偿器一起使用。

例如，图 6-65 所示 L 形管系在工作状态下，其中较长管子（长度为 x）的热膨胀量为 90mm，当采用 50% 冷紧时，将该管子预先切去 45mm，安装位置由 1 变为 4，工作状态位置由 2 变成 3。这样，管系在工作状态下的最大热应力只有未采取冷紧措施时的一半。但管系在安装后冷态下存在一个安装应力，其最大值是未采取冷紧措施时管系工作应力的一半，受力方向与工作时热应力方向相反。

与敏感设备相连的管道不应采用冷紧，一方面是因为施工误差使得冷紧量难以控制，另一方面，在管道安装完成后要将与敏感设备管口相连的管法兰卸开，以检查该法兰与设备法兰的同轴度和平行度，如果采用冷紧将无法进行这一检查。

6.5.4 管道支吊架

管道支吊架是管系中不可缺少的组成部分，正确选用支吊架，可以减小管系的应力及管道对设备的推力和力矩，使管道和设备能够长期安全运行。

（1）管道支吊架的作用及分类

管道支吊架的作用可概括为三个方面：承受管道载荷、限制管道位移和控制管道振动，其中，承受管道载荷是支吊架最主要、最普遍的功能。管道支吊架的作用及分类见表 6-6。

表 6-6 管道支吊架的作用及分类

序号	大分类		小分类	
	名称	作用	用称	作用
1	承重管架	承受管道载荷（包括管道自身载荷、隔热或隔声结构载荷和介质载荷等）	刚性架	用于垂直位移的场合
			可调刚性架	用于无垂直位移，但要求安装误差严格的场合
			可变弹簧架	用于有少量垂直位移的场合
			恒力弹簧架	用于垂直位移较大或要求支吊点载荷变化不能太大的场合
2	限制性管架	用于限制、控制和约束管道在任一方向的变形	固定架	用于固定点处不允许有线位移和角位移的场合
			限位架	用于限制管道任一方向线位移的场合
			轴向限位架	用于限位点处需要限制管道轴向线位移的场合
			导向支座	用于允许管道有轴向位移，但不允许有横向位移的场合
3	减振架	用于限制或缓和往复式机泵进出口管道和由地震、风压、水击、安全阀排出反力等引起的管道振动	一般减振架	用于需要减振的场合
			弹簧减振器	用于需要弹簧减振的场合
			油压减振器	用于需要油压减振器减振的场合

一般情况下，管道支吊架可以分为三部分，即附管部件、生根部件和中间连接件。与管子直接接触或与管子直接焊在一起的部分称为附管部件。与地面，设备及建（构）筑物等支承设施相连的部分称为生根部件。连接附管部件和生根部件的部分称为中间连接件。并非所有支

吊架都由这三部分组成，有时仅包括两部分甚至一部分。

（2）支吊架形式的选用原则

为保证支吊架的合理选用，必须遵守以下原则。

ⅰ.在确保安全使用的前提下，优先选用标准管架和定型元件，以减少管架类型和非标准管架。选用标准系列支吊架有利于支吊架的预制和安装，减少用材品种，节省采购、制造、管理等费用，并有利于装置的美观。

ⅱ.支吊架形式应能满足管道的承重、限位或防振的基本要求。在进行支吊架选型时，应首先根据管道的承重、限位或防振要求来选择其合适的形式。

ⅲ.在选用管道支吊架时，应根据支承点所承受的载荷大小和方向、管道的位移情况、工作温度、是否保温或保冷、管道的材质等条件选用合适的支吊架。

ⅳ.焊接型的管托、管吊比卡箍型的管托、管吊省钢材，且制作简单，施工方便。因此，除下列情况外，应尽量采用焊接型的管托和管吊：管内介质温度高于或等于400℃的碳素钢材质的管道；低温管道；合金钢材质的管道；生产中需要经常拆卸检修的管道；架空敷设且不易施工焊接的管道；非金属衬里管道。

ⅴ.为防止管道过大的横向位移和可能承受的冲击载荷，一般在下列情况中设置导向管托，以保证管道只沿着轴向位移：安全阀出口的高速放空管道和可能产生振动的两相流管道；横向位移过大可能影响邻近管道时；固定支架之间的距离过长，可能产生横向不稳定时；为防止法兰和活接头泄漏，要求管道不宜有过大的横向位移时。

ⅵ.当架空敷设管道的热胀量超过100mm时，应选用加长管托，以免管托滑到管架梁下。

ⅶ.凡支架生根在需整体热处理的设备上时，应向设备专业提出所用垫板的条件。

ⅷ.对于载荷较大的支架位置要事先与有关专业设计人联系，并提出支架位置、标高和载荷情况。凡需要限制管道位移量时，应考虑设置限位架。

ⅸ.支吊架形式应能适应管道或生根设备材料及热处理的要求。在通常的设计中，往往会出现最佳的支承位置和支吊架形式不一定具备合适支承生根条件的情况，此时就应考虑变换支架形式，或者在满足要求的条件下改变生根位置进行支承。

ⅹ.支吊架形式应便于管道的拆卸检修，有利于施工，并不妨碍操作及通行。当支吊架位于操作人员可能通过的地方且位置又较低时，应考虑取消三角支承或改为吊架。当管道需经常拆卸时，应避免采用焊接结构。

ⅺ.支吊架选型还须符合经济性原则。

（3）常用支吊架的形式

常用支吊架形式已基本形成系列化。这些支吊架系列包括平（弯）管支托、型钢支架、悬臂支架、管托、管卡、摩擦减振支架、吊架等。

① 管卡 是一种应用比较广泛的支架形式，常与梁柱或其他支架（如悬臂支架等）配合使用，用于非隔热管道和保冷管道。一般由扁钢或圆钢制作。

② 吊架 一般用于管子的承重。其刚度较小，与管子之间不存在摩擦力，因此对管系的柔性限制较小，但降低了管系的稳定性，因此在一个管系中不可全部采用吊架承重。当管子有较大的横向位移时也不能选用吊架。一般规定吊架吊杆的偏转角不得大于4°。何时选用吊架，何时选用其他形式的承重架，往往取决于可用的支架生根条件。当生根点位于被支承管子的上面时，可考虑用吊架。

③ 管托 主要用于隔热管道，并分别与不同的生根形式配合使用，可以实现管子的滑

动（承重）、固定、导向、止推等作用。

④ 平（弯）管支托　主要用于距地面或平台较近（一般不大于1500mm）的水平管或弯管的承重。根据结构的不同，可分别适用于水平和垂直方向有少量位移的情况。

⑤ 耳轴　主要用于水平敷设管道的承重。当水平管道拐弯且其跨度超出标准要求的最大允许值时，可以借助于该形式的支架承重。该支架一般仅作承重用，而且仅能用于允许支架与管子直接焊接的情况。当管道有保温时，它可与滑动管托配合使用，此时的滑动管托形式与直接支承在管子上的形式相同。耳轴的最大长度视不同管径而定，一般不应超过2000mm。

⑥ 单柱型钢支架　常常代替平（弯）管支托用于 $DN \leqslant 40$ 管道的承重。所用型钢一般为角钢，并与管卡配合使用。由于管卡不利于管道的位移（尤其是管子隔热时更是如此），此类支架不适用于管子有较大位移的场合。

⑦ 框架型钢支架　主要用于水平管道的承重，常利用系统已有梁柱作为生根点，其特点是承重能力大，支承刚度大，常代替系统支承梁进行局部支承。

⑧ 悬臂支架　常用于管道的承重或导向。此类支架是应用较多的一种支架形式，支架的种类也较多。按生根条件可分为生根在钢结构梁柱上的悬臂支架和生根在设备上的悬臂支架；按有无斜撑可分为悬臂式和三角式；按支承的作用可分为承重型和导向型；按悬臂的数量可分为单肢型和双肢型。

⑨ 摩擦减振支架　给管道上一些点施加较大的摩擦力，以达到减振目的。摩擦减振不能作为强迫振动的防振支架，仅能作为一种辅助防振支架。

⑩ 弹簧支吊架　是管道支吊架中的一种特殊形式，一般是由专业生产厂制造的组合件，制造要求高，选用也比较复杂。目前工程上常用的弹簧支吊架主要是恒力弹簧支吊架和可变弹簧支吊架，已形成标准系列。

可变弹簧支吊架　可变弹簧支吊架的核心部件是一个被控制的圆柱弹簧，当被支承管道发生竖向位移时，会带动圆柱弹簧的控制板使弹簧被压缩或被拉长。

NB/T 47039 共给出了 A、B、C、D、E、F、G 七种标准形式，如图 6-66 所示：A 型为上螺纹悬吊型；B 型为单耳悬吊型；C 型为双耳悬吊型；D 型为上调节搁置型；E 型为下调节搁置型；F 型为支承搁置型；G 型为并联悬吊型。

可变弹簧支吊架标准系列中都给出了它们的对应关系数据表，选用时查表即可。当管系中某点的垂直位移量较大时，可考虑采用串联可变弹簧支吊架。如果弹簧支吊点的垂直位移比较大，选用两个可变弹簧串联仍不能满足要求时，可以串联更多的可变弹簧，但此时应考虑是否改为恒力弹簧更合适。

当管道支承点的载荷超出标准可变弹簧支吊架的最大允许载荷，或者受支承条件（如竖管支承）、生根条件等限制不宜采用单个可变弹簧支吊架进行支承时，可选用两个或两个以上的可变弹簧支吊架并联支承。

可变弹簧支吊架串联安装时，应选用最大载荷相同的弹簧，每个弹簧的压缩量应按其工作位移范围比例进行分配。可变弹簧支吊架并联安装时，应选用同一型号的弹簧，每个弹簧承受的载荷应按并联弹簧个数平均分配。

恒力弹簧支吊架　当管系在支承点的竖向位移较大而选用可变弹簧会引起较大的载荷转移时，应考虑选用恒力弹簧支吊架。

工程中实际应用的恒力弹簧支吊架种类并不多，NB/T 47038 给出了两种常用的形式，即立式恒力弹簧吊架（用 LH 表示）和卧式恒力弹簧吊架（用 PH 表示），一般情况下多用

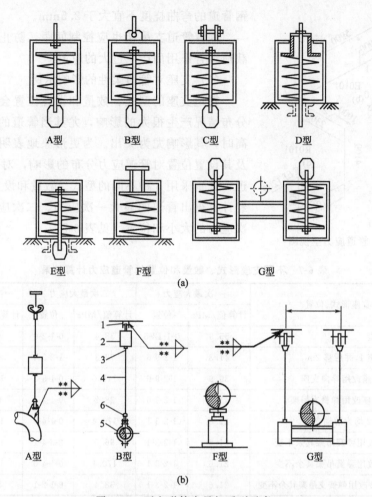

图 6-66　可变弹簧支吊架系列示意

卧式系列。根据承受载荷大小的不同，恒力弹簧吊架有单吊和双吊两种。

　　可变弹簧支吊架串联的目的是为适应管道支承点有较大的位移量和防止有较大的载荷变化率，但这种问题对恒力弹簧吊架都不存在，因此恒力弹簧吊架一般不串联使用，对于管道载荷较大，或者受吊点条件（如竖管）和生根条件的影响，恒力弹簧吊架可以并联使用。

　　（4）支吊架间距

　　管道支吊架间距即管道跨距，跨距太小则需增加支架的数目和投资费用，但跨距也不能太大，必须满足一定的强度和刚度条件。

　　根据 GB/T 17116.1，确定水平布置管道的支吊架间距，要保证管道不产生过大的挠度、弯曲应力和剪切应力，特别要考虑管道上诸如法兰、阀门等部件集中载荷的作用。水平直管道的支吊架间距应满足下列要求。

　　强度条件　应控制管道自重产生的弯曲应力，使管道的持续外载当量应力在允许范围内。一般钢管道的自重应力不宜大于 16MPa。

　　刚度条件　应控制管道自重产生的弯曲挠度，使管道能在安全范围内使用并能正常疏、放水。管道的相对挠度应小于管道疏放水时实际坡度的 1/4。对于可能产生振动或有抗地震要求的管道，还应根据其振因控制管道的挠度，使管道的固有频率值在适当的范围内。一般

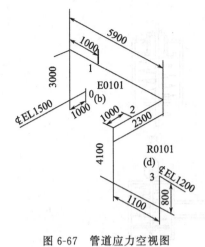

图 6-67 管道应力空视图

钢管道的弯曲挠度不宜大于 2.5mm。

垂直管道支吊架也应控制间距，防止管道由于各种载荷组合作用而产生过大的应力。

（5）支座对管道柔性的影响示例

管道支座的型式、数量和设置位置会对管道的应力分布情况产生很大的影响，尤其当管道的工作温度比较高时，其影响尤为突出。为更形象地表明不同支座型式及其设置位置对管道应力分布的影响，对图 6-67 所示管道，分别采用 8 种不同的型式、数量和设置位置的支承，经计算得出管道的最大一次应力、二次应力和一次加二次应力的大小和位置（见表 6-7）。

表 6-7 不同支座形式、数量和位置的管道应力计算结果

序号	支座形式、位置	一次最大应力		二次最大应力		一次加二次最大应力	
		计算值/MPa	位置	计算值/MPa	位置	计算值/MPa	位置
1	不设支座	55.9	0-1-12-6	38.4	0-1-2-0	83.2	0-1-12-1
2	只用支座1，并后移2m	41.3	1-2-9-6	72.3	1-2-5-4	92.8	1-2-5-5
3	(2)中支座改用导向支座	39.9	1-2-9-6	145.0	0-1-5-3	159.7	0-1-5-3
4	(2)中支座改用弹簧支吊架	41.3	1-2-9-6	38.2	0-1-2-1	66.1	1-2-9-5
5	如图，1、2均为滑动支座	21.6	1-2-3-1	170.4	0-1-4-0	180.9	0-1-4-0
6	支座1改用弹簧吊架其余不变	21.6	1-2-3-1	96.5	2-3-4-1	110.2	2-3-4-1
7	支座2改用弹簧吊架其余不变	21.6	1-2-3-1	170.1	0-1-4-0	180.5	0-1-4-0
8	支座1、2改用弹簧支吊架其余不变	21.6	1-2-3-1	38.4	0-1-2-1	51.9	0-1-2-0

注：最大应力位置 4 个数字前 2 个数字表示分支的起、终点；第 3 个数字表示分支中的元件序数，管子分为直管单元和弯管单元两大类；第 4 个数字表示每个元件分为 9 等分的节点顺序号。如表中第 5 种情况，一次应力最大值的位置在 1-2-3-1，表示位于由 1 为起点、2 为终点的分支上；该分支从直管单元开始经一弯管单元，后接一直管单元，共 3 个元件。第 3 个元件即弯头后的直管元件。将该直管元件 9 等分，1 就在起始位置。所以一次应力最大值位置就在弯管后与直管连接的位置上。

第 1 种情况不设支座，管道受热膨胀可以自由变形，管道中的热应力很小，但一次应力最大值比刚性支承结构时的一次应力最大值均大。而且从防振角度分析，这种结构安全性不够，结合常规设计方法，中间设置支座还是必要的。

第 2、第 3、第 4 三种情况均在高处水平直管段的中间设一个支座，一次应力的最大值差不多，但二次应力最大值有很大差别，采用弹簧支吊架管道的热膨胀位移基本不受限制，二次应力很小；滑动支座限制了垂直方向位移，二次应力最大值增大近一倍；用导向支座则限制两个方向的位移，二次应力最大值又增大约一倍。使用弹簧支吊架管道应力最小，但管道抗振能力低，且弹簧支吊架的成本和安装要求均较高。在满足强度要求的前提下，管道还应作适当固定。

后 4 种情况分别使用 2 个支座（图 6-67）。采用 2 个弹簧支吊架代替滑动支座（第 6 种情况）的管道热膨胀位移几乎没有约束，二次应力大幅度减小，但一次应力最大值没有变化。采用一个滑动支座、一个弹簧支吊架，二次应力最大值的大小与弹簧支吊架的位置有

关。支座 1 用弹簧支吊架、支座 2 用滑动支座（第 7 种情况）与支座 1 用滑动支座、支座 2 用弹簧支吊架（第 8 种情况）两种情况下管道应力的大小有很大不同，这是因为支座 1 处采用滑动支座（滑动支座限制一个方向自由度，即在支座 1 处垂直方向不能产生位移），支座 1 前垂直管段的热膨胀位移要靠支座前一小段水平直管段的弯曲变形来协调，所以管道上产生很大的应力；支座 1 采用弹簧支吊架就能够补偿直管的热伸长，而支座 2 虽采用了滑动支座，但由于支座前后管段在热膨胀方向都能较容易产生位移，应力就低了。对含有 L 形管段的高温管道，其两臂的长度不要相差太多，如果两者长度相差太大，则会因短臂为协调长臂大的热膨胀位移而产生很大的弯曲应力。

以上分析表明管道支座的数量、型式和位置，对管道，尤其对高温工作管道的应力分布有很大的影响，一定要认真对待、仔细研究。

6.6 管道的防振设计

管道振动对安全生产造成很大的威胁。大的振动将导致隔热材料损坏、仪表指示错误、管道支架损坏、管道疲劳失效、管道连接部位（法兰、焊缝等）发生松动或破裂等问题，因此应进行管道振动分析，力求将振动减到最小。

引起管道系统振动的原因，大致可分为来自系统自身的和系统外的两大类。来自系统自身的主要有与管道直接相连接机器、设备的振动和管道内流体的不稳定流动引起的振动；来自系统外的有风载荷、地震载荷等。一般而言，管道振动最常见的振源是机器的振动和管内流体的不稳定流动所引起的振动。

6.6.1 往复式压缩机管系的振动

（1）往复式压缩机管道振动的机理

往复式压缩机的工作特点是吸、排气呈间歇性和周期性，因此激发进、出口管道内的流体呈脉动状态，使管内流体参数（如压力、速度、密度等）随位置及时间作周期性变化。这种现象称为气流脉动。脉动流体沿管道输送时，遇到弯头、异径管、分支管、阀门、盲板等元件，将产生随时间变化的激振力，受该激振力作用，管系便产生一定的机械振动响应。压力脉动越大，管道振动的振幅和动应力越大。强烈的脉动气流会严重影响阀门的正常关闭，降低工作效率，还会引起管系的机械振动，造成管件疲劳破坏，发生泄漏，甚至造成火灾爆炸等重大事故。因此降低气流脉动是往复式压缩机配管设计的主要任务之一。

管道振动的第二个原因是共振。管道内气体构成一个系统，称为气柱。气柱本身具有的频率称为气柱固有频率。活塞往复运动的频率称为激发频率。管道及其组成件组成一个系统，该系统结构本身具有的频率称为管系机械固有频率。在工程上常把 $(0.8 \sim 1.2) f$ 的频率范围作为共振区。气柱固有频率落在激发频率的共振区内时，发生气柱共振，产生较大的压力脉动。管系机械固有频率落在激发频率的共振区或气柱固有频率的共振区时，发生结构共振。因此配管设计必须避免发生气柱共振及结构共振，即调整气柱固有频率和管系机械固有频率。

管道振动的第三个原因是机组本身的振动。机组本身的动平衡性能差、安装不对中、基础及支承设计不当均会引起机组振动，带动管系振动。

（2）振动分析所使用的控制标准

美国石油学会制定的 API 618 标准，从量上规定了对压力脉动和振动控制的设计要求。

当压力在 $0.35\sim20.7\text{MPa}$ 之间时，压力不均匀度按式（6-10）计算

$$\delta = 126.77/(pdf)^{1/2} \tag{6-10}$$

式中　δ——压力不均匀度；

　　　p——管内平均绝对压力，MPa；

　　　d——管道内径，mm；

　　　f——脉动频率，Hz。

脉动频率 f 按式（6-11）计算

$$f = nm/60 \tag{6-11}$$

式中　n——压缩机转速，r/min；

　　　m——激发频率的阶次。

管道因振动而损坏的可能性主要取决于振幅和频率，也就是取决于交变应力的大小和循环次数。对温度不超过 370°C 的碳钢和低合金钢，设计疲劳强度不应超过 50MPa。由压力脉动及其他载荷产生的综合一次应力不应超过管道的热态许用应力。

（3）管道振动的控制措施

往复式压缩机管道内的气流脉动如图 6-68 所示，气流脉动大小用压力不均匀度来表示

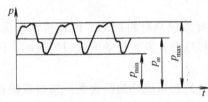

图 6-68　管道压力脉动

$$\delta = \frac{p_{\max} - p_{\min}}{p_{\text{m}}} \times 100\% \tag{6-12}$$

式中　　　δ——气体压力不均匀度，%；

$p_{\max}$，$p_{\min}$——在一个循环中最大、最小气体压力，MPa；

　　　p_{m}——在一个循环中平均气体压力，$p_{\text{m}} = \dfrac{p_{\max} + p_{\min}}{2}$，MPa。

压力脉动幅值 Δp 指偏离平均压力的最大幅度

$$\Delta p = \frac{p_{\max} - p_{\min}}{2} = \frac{p_{\text{m}}\delta}{2} \tag{6-13}$$

显然，管道的气流压力不均匀度 δ 值越大，振动的能量越大，对管道带来破坏的可能性也越大。

管道振动的控制措施有：

① 进行气柱固有频率的计算　使气柱固有频率（至少前三阶）与活塞激发频率错开，从而避开气柱共振。影响气柱固有频率的因素除介质的组分外，还有缓冲器的尺寸与位置、管径的大小、管系分支的多少与位置、各管段的长度、孔板及其安装位置、各管段的端点条件等。

② 合理设计缓冲器并安装在尽量靠近气缸的位置　缓冲器是一个其容积比气缸容积大10 倍以上的容器，也是最简单有效的减缓气流脉动的设施。压缩机排出的气体经过缓冲器后，压力脉动明显下降。

理论分析和实践均表明，为了能充分发挥缓冲器减缓气流脉动的作用，应尽量将缓冲器放置在紧靠压缩机的进、排气口。生产中有些压缩机管道振动严重，缓冲器位置不当或缓冲器容积太小，甚至不设缓冲器是重要原因。为使缓冲器的减振效果更理想，还可在缓冲器与管道的连接方式上采取措施，图 6-69 表示三种不同连接方式，据试验比较发现连接方式（a）的消振作用不明显，连接方式（b）的消振效果提高 $15\%\sim20\%$，连接方式（c）又比连接方式（b）的消振效果提高 $2\sim3$ 倍。

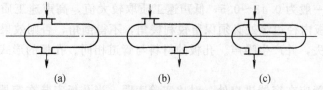

图 6-69　缓冲器与管道连接方式

缓冲器容积为气缸容积的 10 倍以上就可以得到较好的消减气流脉动的效果。但这种经验方法过于简单，尤其对于高压装置不适用，应通过必要的计算来确定缓冲器容积。根据美国石油协会 API 618 标准的规定，缓冲器容积按式(6-14) 计算

$$V_s = 8 p D \left(\frac{k T_s}{M} \right)^{\frac{1}{4}} \tag{6-14}$$

$$V_d = V_s R_p^{-\frac{1}{4}} \tag{6-15}$$

式中　V_s——最小吸气缓冲器容积；

k——气缸每冲程吸入净容积；

T_s——吸气温度；

M——气体分子量；

V_d——最小排气缓冲器容积；

R_p——气缸压力比。

缓冲器有两种形式，前述的是无内件的缓冲器，还有一种是有内件的滤波型缓冲器，如图 6-70。采用滤波型缓冲器可以更有效地控制缓冲器后的管道内的压力脉动，适当减小缓冲器的容积，但同时会增大阻力降。缓冲器的安装应尽量靠近气缸，对上进气下排气的压缩机，入口缓冲器应布置在气缸上方，并尽量靠近气缸，出口缓冲器应布置在气缸的正下方并尽量靠近气缸。

③ 合理增设消振孔板　在容器的入口处加装适当尺寸的孔板，可以将该管段内的压力驻波变成行波，使管道尾端不再具有反射条件，从而降低压力不均匀度，达到减轻管道振动的目的，如图 6-71 所示。但加装消振孔板会产生局部

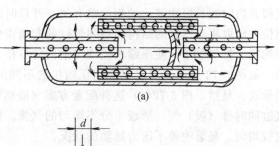

(a)

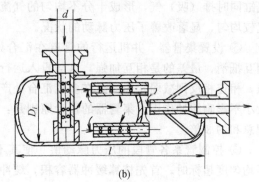

(b)

图 6-70　滤波型缓冲器

阻力损失，所以压缩机制造厂在确定缓冲器容积时一般不考虑加装孔板。当缓冲器容积过大无法制造安装时，也可考虑加装孔板，同时需对孔板的局部阻力损失进行核算。

孔板的孔径 d 与管道直径 D 之比 d/D 与工质的平均流速 u_0 有关。孔径比可用式(6-16) 计算。

$$\frac{d}{D} = \left(\frac{u_0}{a} \right)^{\frac{1}{4}} \tag{6-16}$$

式中　a——压力波在气体中的传播速度，$a = \sqrt{KRT}$，其中 K 为气体绝热指数；R 为气体常数；T 为气体绝对温度。

孔板的孔径比一般为 0.43～0.5，低声速工质取较大值，高声速工质取较小值。孔板厚度为 3～5mm，孔板内径边缘处必须保留锐利棱角，不得倒角，否则效果要降低。孔板太厚会增大局部阻力损失，并产生噪声。孔板的材料与管道相同。孔板的形式与法兰的密封面相适应。

孔板的设置位置应在容器进口处，对比实验表明，当孔板安装在容器进口处时，$\delta_{max} = 11\%$；孔板安装在远离容器的位置时，$\delta_{max} = 19\%$，效果有明显的差别。当孔板远离容器时，不能形成无反射的端点条件，不能将驻波转化成行波，仅起到单纯的局部阻力元件的作用。

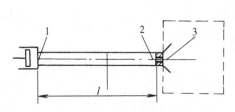

图 6-71 孔板与容器组成的无反射端

1—压缩机；2—孔板；3—容器

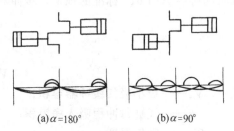

(a)$\alpha=180°$　　(b)$\alpha=90°$

图 6-72 压缩机气缸激发的压力脉动

④ 采用合理的吸、排气顺序　多缸压缩机吸、排气时，管道中的气流脉动情况与气缸气阀开启时间长短和彼此的相位差有关，开启时间长短与气缸压力比有关，各气缸开启时间相位差则取决于气缸的结构和各列气缸的曲柄错角 α。通过改进气缸的结构和配置，采用合理的吸、排气顺序，使压缩机较均匀地向管道排（吸）气，可以达到减小气流压力脉动的目的。如图 6-72 所示为双缸双作用压缩机的不同配置在排气管道和吸气管道上激发的压力脉动形式。显然，图 6-72(a) 这种配置方案（曲柄错角 $\alpha=180°$）是不利的，在一个瞬间两个气缸同时排（吸）气，形成十分不均匀的气流。而图 6-72(b) 的方案（$\alpha=90°$）则排（吸）气较均匀，显著改善了压力脉动的状况。

⑤ 设置集管器　并机运行的管道在汇合处脉动量会相互叠加，叠加的结果，最好的是相互抵消，最差的是相互加强，这与投入运行的压缩机的曲柄错角有关，如果相位一致则加强，相位相反则减弱。为避免在多机汇合处产生过大脉动值，在汇合处设置集管器，其尺寸大小不影响缓冲作用。集管器的设计原则是：集管器的通流面积应不大于所有进气管通流面积总和的 3 倍。

⑥ 控制管系各管段的压力脉动值　使其不超过式(6-10) 的计算值。当主管道上的压力不均匀度超标时，首先核算缓冲器容积，缓冲器容积不够时，加大缓冲器容积。如果缓冲器已制造完毕或缓冲器太大难以制造，可采用加装消振孔板的方法。当分支管（如跨线、放空线等）的脉动值超标时，可适当加大该管管径或在该分支的适当位置加装孔板。如果该分支的末端为盲板或关闭的阀门，应考虑改变该管段的长度。

在整个管系脉动值都控制在允许范围内后，再进行管系结构振动的计算，将机械振动的振幅和动应力控制在允许范围内。

6.6.2　液击引起的管道振动

在输送液体的管道中，由于生产装置的开停车和生产过程的调节，常需要启闭阀门，水泵和水轮机也有可能发生突然开、停的情况。这时，管道内的液体速度就会发生突然变化，有时还是十分急剧的变化。液体速度的变化使液体的动量改变，必然使管道内的压力迅速上升或下降，并伴有液体锤击的声音，这种压力波动在管中交替升降来回传播的现象叫液击，也称为水锤或水击。液击造成管道内压力的变化有时是很大的，常导致管道振动，发出噪声，严重影响管道系统的正常运行。突然升压严重时可使管子爆裂，突然迅速降压形成的管内负压有时可使管子失稳。

（1）液击的产生过程

液击问题主要是液体的弹性力和惯性力起作用。

图 6-73 是一个等直径简单管道，一端 M 接一个有固定水头的水箱，另一端 O 为阀门，管子长度为 L，管子直径为 D。阀门正常开启时，水箱的水流经管道流到一个敞口大容器。为了使讨论简化，先忽略液体黏性的影响，并假设阀门的关闭瞬间完成，即阀门关闭的时间为零。设管中原流动状态时的压强为 p_0，流速为 u_0。可以将液击的过程分解为四个阶段研究。

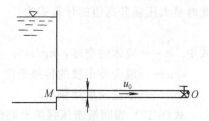

图 6-73 阀门突然关闭时发生液击的管道

① 减速、升压过程 阀门突然关闭，紧贴阀门的微段跟着前一微段停止流动，依次各微段相继停止流动，动能转化为压强能，使已停止的液体压强升高。压强的升高使液体受到压缩，同时也使这些液体所在位置的管壁膨胀。这种液流停止和由此造成压强升高的现象以波的形式由 O 沿管道向上游 M 处传播，这个波被称为压强升高波。

因已假设液体和管壁均匀，管中压强波的传播速度是常数 a，经过 $t = L/a$ 之后，管中的液柱全部停止不动，而压强均升高，与管中原始压强 p_0 相比，升高的压强 Δp 就是液击压强。此时管中液体流速 $u_0 = 0$，压强 $p = p_0 + \Delta p$。

② 压强恢复过程 由于水箱是一个具有固定水头的大容器，管道中的升压波不会造成水箱压头的明显变化，当压强升高波传至 M 点时被水箱截止，即 M 左端压强可以认为是不变的。这样，M 点的两侧存在压差 Δp，管内的液体向水箱倒流，管内液体依次逐段向左做减压流动。压强逐段依次恢复到 p_0，在管内形成一个压强恢复波，其传播速度为 a，经过 $t = L/a$ 后，压强恢复波传到阀门 O 处。在这个过程中，MO 段内液体逐段自右向左运动，各点速度为原始速度 u_0，压强恢复至 p_0。

③ 压强降低过程 假定液体无黏性，这样液体流动没有压头损失。压强恢复波传到阀门时管内液体具有自右向左的运动速度 u_0 和压强 p_0。在紧挨阀门处的液体存在离开阀门的趋势，但这里并无液体补充，O 处液体就不能离开阀门，但压强降低，密度变小。理想状态下，压强的下降等于升压过程的上升值 Δp，液体停止流动，降低压强的过程由 O 点逐段依次至 M，形成降压波。降压波的传播速度同样为 a，经过时间 $t = L/a$，降压波传至 M 处，OM 段的液体全都静止，即 $u = 0$，压强 $p = p_0 - \Delta p$。

④ 压强恢复过程 降压波传到 M 时，被水箱截止，这时 M 点左侧压强比右侧高 Δp，以此为推动力液体又开始向管中流动，流动速度仍为 u_0，管内自 M 到 O 逐段依次恢复压强 p_0，经过时间 $t = L/a$ 后，管内压强全部恢复至 p_0，速度为 u_0。

当压强恢复波传播至 O 时，下一个变化周期就开始了。因假设没有黏性阻力损失，因此在压强波传播过程中没有能量损耗，液击的四个过程将不断重复。事实上液体都存在黏性，上述振动过程的幅度逐渐减小，直至完全消失。

从阀门突然关闭到液击波第一次返回阀门需要时间 $t_0 = 2L/a$，再过 $2L/a$ 的时间液击波第二次返回阀门，完成一个液击波的循环。所以液击波的周期 $T=4L/a=2t_0$。事实上，阀门的关闭不可能不消耗时间，设阀门关闭时间为 t_z，则当 $t_z<t_0$ 时，所产生的液击就叫"直接液击"，而 $t_z>t_0$ 时的液击称为"间接液击"。间接液击压强波返回到阀门时，阀门尚未完全关闭，压强的升高被部分抵消，而直接液击的压强波返回到阀门时阀门已完全关闭，所以其压强的升高值比间接液击的压强升高值大。

（2）最大压强升高值

① 直接液击　指快速关闭阀门，压强波返回到阀门时阀门已完全关闭时所产生的液击，此时最大压强升高值的计算式为

$$\Delta p=\rho a\,\Delta u \tag{6-17}$$

式中　ρ——液体的密度，kg/m^3；

　　a——液击冲击波的传播速度；m/s；

　　Δu——液流速度增量。

式(6-17)表明液击压强的升高值与密度 ρ、冲击波的传播速度 a 和速度增量 Δu 三个因素有关。其中 Δu 是由正常液流速度 u_0 降为 0，所以 Δu 与 u_0 的大小相等。冲击波的传播速度 a 的计算式为

$$a=\sqrt{\dfrac{E_0/\rho}{1+\dfrac{DE_0}{SE}}} \tag{6-18}$$

式中　E_0——液体的体积弹性模量，MPa；

　　E——管材的弹性模量，MPa；

　　D——管道内径，mm；

　　S——管道壁厚，mm；

　　ρ——液体密度，kg/m^3。

将式(6-18)代入式(6-17)，得

$$\Delta p=\Delta u\sqrt{\dfrac{\rho E_0}{1+\dfrac{DE_0}{SE}}} \tag{6-19}$$

式(6-19)为直接液击时最大液击压强升高值的计算式。

若将管壁视为刚体，即 $E=\infty$，水的容积模量 $E_0=2.06\times10^9 N/m^2$，由式(6-18)可算得液击冲击波的传播速度为 1435m/s，这就是水中的音速。若考虑管子的弹性，液击冲击波的传播速度要慢一些。假如管子是 $\phi159\times4.5$ 的钢管，液击冲击波的传播速度为 1412m/s，比不考虑管材弹性时的传播速度要小一些。由式(6-18)或式(6-19)可知，考虑管材弹性后，液击压强的升高值也要小一些。

【例 6-3】　一内径 $D=150mm$、壁厚 $S=4.5mm$ 的管道，管中水的流速为 $u_0=1.5m/s$，此时阀门处的压强 $p_0=1.2MPa$，管材的弹性模量 $E=1.96\times10^5 MPa$，水的体积弹性模量 $E_0=2.06\times10^3 MPa$，当阀门突然关闭时管壁内将产生多大的应力？

解　由式(6-19)可知

$$\Delta p=\Delta u\sqrt{\dfrac{\rho E_0}{1+\dfrac{DE_0}{SE}}}=1.5\times\sqrt{\dfrac{1000\times2.06\times10^9}{1+\dfrac{150\times2.06\times10^9}{4.5\times1.96\times10^{11}}}}=1.85(MPa)$$

此时总压强　$p = p_0 + \Delta p = 1.2 + 1.85 = 3.05(\text{MPa})$

管壁应力　$\sigma = (pD)/(2S) = (3.05 \times 150)/(2 \times 4.5) = 50.83(\text{MPa})$

而正常工作时的管壁应力则为　$\sigma = (p_0 D)/(2S) = (1.2 \times 150)/(2 \times 4.5) = 20.0(\text{MPa})$

　　由上述计算结果可见，液击使管壁应力增大到正常工作时管壁应力的 2.5 倍。

　　如果将管壁视为刚体，即 $E = \infty$，则

$$\Delta p = 1.5 \times \sqrt{1000 \times 2.06 \times 10^9} = 2.15(\text{MPa})$$

最大压强 $p = 3.35\text{MPa}$，液击时管壁应力 $\sigma = 55.83\text{MPa}$。可见比考虑管壁弹性时的管壁应力大约 10%。

　　如管径不变，壁厚由 4.5mm 改为 9mm，可算得 $\Delta p = 1.99\text{MPa}$，最大压强 3.19MPa，管壁在液击时的应力 $\sigma = 26.58\text{MPa}$；若作刚性管处理，管壁应力 $\sigma = 27.92\text{MPa}$，比考虑管壁弹性时的应力只大约 5%。所以，当管径 D 与壁厚 S 之比值小于 10 时，管壁弹性对液击时应力值的影响已很小而可以忽略。但液击管壁应力仍然是正常时应力的 2.5 倍以上。

　　② 间接液击　如果阀门关闭缓慢，$t_z > t_0$，这种液击称为间接液击，这时阀门处的液击压强相对于直接液击时的液击压强要小一些。间接液击的液击压强可近似地用式(6-20)计算

$$\Delta p = \rho a \Delta u \frac{t_0}{t_z} = \rho \Delta u \frac{2l}{t_z} \tag{6-20}$$

　　上式与式(6-19)比较可看出，间接液击比直接液击的液击压强要小。阀门关闭时间越长，液击压强就越小。

　　(3) 液击引起的管道振动的消减

　　液击产生的管道机械振动而造成管道破坏的主要原因是振动初始值引起的较大振幅或力幅，因此工程上解决液击问题主要从以下几方面入手。

　　ⅰ. 从管道元件选型（使用具有防液击功能的阀门）或工艺操作方面予以解决。例如，对大型泵出口管道上的止回阀，采用辅助液压缓闭型止回阀，使阀门关闭时间 t_z 大于液击波周期 T 的二分之一，即 $t_z > t_0$，t_z 越长，液击压强 Δp 越小；流量调节时采用小流量长时间调节等。

　　ⅱ. 在管道靠近液击源附近设安全阀、蓄能器等装置，以释放或吸收液击的能量。

　　ⅲ. 加强管道支承，使管道获得足够的刚度，从而使液击产生的管道最大振幅不超过允许值。在冲击力发生的方向或力的作用方向设置适当的止推支架，可防止较大的瞬时冲击力直接导致的管子破坏。

6.6.3　气液两相流引起的管道振动

　　气态与液态的两相流是常见的管内流动形式之一，如带液的气体、带液的饱和蒸汽和正在汽化的原油等。

　　(1) 气液两相流的各种流动状态

　　气液两相流有多种流动状态，与气、液两相的速度和物理特性、管道走向等有关。

　　① 在水平管道内气液两相流流型　在水平管内，气液两相流的流动状态随流速由低到高时可依次呈现以下六种流型。

　　分层流　水平管道内液相和气相速度都很低时，气液之间的作用很微弱，液体在管道下部流动，气体在管道上部流动。两相都是连续的，界面平滑，几乎是水平面。气速增大，界面会出现波纹。

波状流　气速再增大，波纹变大，有时掀起的峰尖能碰到管子的顶壁面，两相仍各自连续，但相互作用加剧。

环-雾状流　气速继续增大，液体被气体分散到管壁上，形成上、下不对称的环形液膜，有部分液体呈雾状分散在气流中，气相是连续的成环-雾状流。气速再高，液膜也不存在了，就成了单纯的雾状流。

气泡流　在气相较少的两相流中，气速较小时，气体以长形气泡的形式紧贴在管道上壁移动。气速降低，气泡就会变成扁圆形的更小的气泡。

液节流　气速增大，气泡长大，其截面可增至接近管子整个面积，气液两相呈串联排列成液节流。有的文献称为柱塞流。这种流型经弯头时最有可能引起管道振动。

泡沫流　液体高速流动气体被分散成小气泡，比较均匀地分布在管截面上。泡沫流的液相连续，当流速很大时进一步转化为环-雾状流。

② 垂直管内气液两相流流动状态　在垂直管内，两相流向上流动时的流态随流速由低到高时可依次呈现以下四种流型。

气泡流　气泡以小泡形式分散在液体中，低气速下小泡有互相靠拢合并成大气泡的趋势。

液节流　当气泡汇聚出现直径大于管子半径的大气泡时，气泡流开始向液节流转化。液体被大气泡分成一节节的向上流动。

泡沫流　气速增大，将黏着管壁的液膜搅碎，气液混合成泡沫流。

环-雾状流　气速再升高，气体将液体部分雾化，另一部分液体被挤到管壁随气流向上流动成环-雾状流，四周液体也可能全部被气流雾化夹带流动。

某些文献介绍了水平管和垂直管内的气液两相流流型的判别方法，可供参考。

（2）气液两相流引起的管道振动

气液两相流的液节状流在经过弯头时，最易引起管道振动，应尽量避开。管内气液两相流流型以雾状最好，环状流或泡沫流（分散气泡流）也可以。工程中在可能条件下应控制适当的流速，避免液节流的出现。

由于同一质量物质，以液态或气态存在时所占有的空间有很大的区别，因而相变对体积流速和压力等参数会产生显著影响。伴有相变的两相流，由于流体的流动状态受到扰动，会激发管道的振动。随相变的发生还可能出现一些其他问题，如在某一瞬间因受热液体气化，占有的体积激增，附近将产生很大的压力，这个压力有可能使原来的气泡突然溃破，周围的介质就自然会立即向这个空穴运动，这种情况会发出噪声，并激发管道振动。

（3）减小气液两相流振动的措施

为避免或减小气液两相流引起的管道振动，可以根据引起振动的原理从减小激振力和加强支架刚度两方面采取措施。

① 减小激振力　这是一种积极的减振措施。对输送饱和状态两相流的管道必须提高隔热要求；尽量缩短管道长度，适当降低管内流体速度，以使液化的气体减少，减缓相变的过程。设计时要注意选择适当的管内流速，避免出现液节流。采用较大弯曲半径的弯头，使其展开长度大，弯管部位流体较多，减小因管道两端弯头中流体质量差值而引起的不平衡力，即减小了激振力。

② 加强支架刚度　由于两相流的特殊性质，必然要产生对管道的激振力，两相流的不稳定性质，在实际生产中又不可避免地出现工艺参数的波动，设计考虑再周到也不可能完全消除激振力。所以，还要从另一个角度考虑，即适当加强支架刚度、提高管道的抗振能力。

但要注意，不要一味地加固支座，还要考虑管道具有足够的吸收热膨胀的能力。否则，振动问题解决了，热应力过大仍然不能保证管系长时间安全运行。这一点在生产实际中不能忽视。

学习要求

掌握管道系统的组成及选材原则，重点掌握管道的设计原则和装置用管道的设计，学会绘制管道布置图和轴测图。掌握热应力的特点、影响管道热应力的重要因素、减小热应力的措施和热应力的计算方法。掌握管道振动的主要振源，了解往复压缩机管道气流脉动和气柱共振的原理，掌握消除和减小管道振动的措施。了解液击和两相流与管道振动的关系和减振措施。一般性了解管道振动分析方法。

参考文献

[1]　周明衡，常德功.管道附件设计选用手册.北京：化学工业出版社，2004.
[2]　马秀让，彭青松.油罐及管道技术与管理.北京：石油工业出版社，2017.
[3]　石仁委.油气管道工程施工安全技术.北京：化学工业出版社，2016.
[4]　王显方.化工管道与仪表.北京：中国纺织出版社，2015.
[5]　宋岢岢.压力管道设计及工程实例.第2版.北京：化学工业出版社，2018.
[6]　张德姜，赵勇.石油化工工艺管道设计与安装.第3版.北京：中国石化出版社，2013.
[7]　徐宝荣.化工管道设计手册.北京：化学工业出版社，2011.
[8]　吴德荣.石油化工装置配管工程设计.上海：华东理工大学出版社，2013.
[9]　李政辉.压力管道设计基础.北京：化学工业出版社，2014.
[10]　郑旭煦，杜长海.化工原理（上）.第2版.武汉：华中科技大学出版社，2016.
[11]　郑旭煦，杜长海.化工原理（下）.第2版.武汉：华中科技大学出版社，2016.
[12]　李国清.炼油厂装置平面布置及管道设计.北京：中国石化出版社，2017.
[13]　方翠兰，李晋旭，易德勇.管道工程识图、工艺、预算.北京：北京理工大学出版社，2017.
[14]　张德姜.全国压力管道设计审批人员培训教材.第3版.北京：中国石化出版社，2015.
[15]　宋岢岢.工业管道应力分析与工程应用.北京：中国石化出版社，2011.
[16]　帅健.管道及储罐强度设计.第2版.北京：石油工业出版社，2016.
[17]　郑茂鼎.管道柔性简化计算.北京：化学工业出版社，2008.
[18]　李振庆.压力管道结构有限元分析及安全技术.北京：化学工业出版社，2014.
[19]　胡忆沩，杨梅，李鑫.实用管工手册.北京：化学工业出版社，2017.
[20]　徐鉴，王琳.输液管动力学分析和控制.北京：科学出版社，2015.
[21]　杨国安.往复机械故障诊断及管道减振实用技术.北京：中国石化出版社，2012.
[22]　GB/T 9112～9124—2010　钢制管法兰.
[23]　GB/T 1047—2005　管道元件DN（公称尺寸）的定义和选用.
[24]　GB/T 1048—2005　管道元件PN（公称压力）的定义和选用.
[25]　NB/T 47038—2013　恒力弹簧支吊架.
[26]　NB/T 47039—2013　可变弹簧支吊架.
[27]　GB/T 12459—2017　钢制对焊管件　类型与参数.
[28]　GB/T 13401—2005　钢板制对焊管件.
[29]　GB/T 13402—2010　大直径钢制管法兰.
[30]　GB/T 14383—2008　锻制承插焊和螺纹管件.
[31]　GB/T 17116.1—2018　管道支吊架　第1部分：技术规范.
[32]　GB/T 17185—2012　钢制法兰管件.

[33]　GB/T 20801—2016　压力管道规范 工业管道.

[34]　GB 50016—2014　建筑设计防火规范.

[35]　GB 50019—2015　工业建筑采暖通风和空气调节设计规范.

[36]　GB 50058—2014　爆炸危险环境电力装置设计规范.

[37]　GB 50074—2014　石油库设计规范.

[38]　GB/T 50087—2013　工业企业噪声控制设计规范.

[39]　GB 50160—2008　石油化工企业设计防火规范.

[40]　GB 50235—2010　工业金属管道工程施工规范.

[41]　GB 50184—2011　工业金属管道工程施工质量验收规范.

[42]　GB 50316—2000　工业金属管道设计规范.

[43]　GB 50183—2015　石油天然气工程设计防火规范.

[44]　GB 50229—2006　火力发电厂与变电站设计防火规范.

[45]　SH 3011—2011　石油化工工艺装置布置设计规范.

[46]　SH 3012—20011　石油化工金属管道布置设计规范.

[47]　SH/T 3059—2012　石油化工管道设计器材选用规范.

[48]　SH/T 3406—2013　石油化工钢制管法兰.

[49]　SH/T 3408—2012　石油化工钢制对焊管件.

[50]　SH/T 3410—2012　石油化工锻钢制承插焊和螺纹管件.

[51]　SY/T 0510—2017　钢制对焊管件规范.

[52]　SY/T 5257—2102　油气输送用钢制感应加热弯管.

[53]　HG/T 20546—2009　化工装置设备布置设计规定.

[54]　HG/T 20592～20635—2009　钢制管法兰、垫片、紧固件.

7 过程控制工程设计

过程控制工程设计是把实现生产过程自动化的各种方案用文字资料和图纸资料表达出来的全部工作过程。这两种资料一方面可以提供给审核机构，对该建设项目进行审批；另一方面是作为施工建设单位进行施工安装和生产的依据。因此，设计工作对工程的建设起着决定性的作用。一般地说，过程控制工程设计应包括以下六部分内容：从实际情况出发，确定自动化水平；确定各种检测参数；主要参数控制方案的设计；信号联锁系统的设计；控制室、仪表盘的设计；节流装置、调节阀等的计算。

在进行设计时，首先要认真领会设计任务书的要求，并严格贯彻一系列技术条例和规定。同时，必须加强经济观念，对自动化仪表（包括计算机）的投资要进行经济核算，认真进行技术经济分析，比较各种方案的技术经济效果。

7.1 过程控制系统设计

过程控制系统的设计是工程设计的一个重要环节，该设计的正确与否将直接影响项目建成后能否投入正常运行。因此要求过程控制专业人员必须根据流程工业生产过程的特点、工艺对象的特性和生产操作的规律，正确运用过程控制理论，合理选用自动化技术工具，做出技术先进、经济合理、符合生产需要的控制系统设计。

7.1.1 过程控制系统方案的确定

（1）过程工艺分析

控制系统的设计是为工艺生产服务的，因此它与工艺流程设计、工艺设备设计以及机泵设备选型等都有密切的关系。生产过程的类型很多，因此过程控制设计人员必须学习了解国内外有关的生产工艺和技术资料，熟悉生产工艺流程、操作条件、设备性能、产品质量指标、操作岗位分布、定员和投资等，并与工艺人员一起研究各操作单元的特点、它们之间的相互联系和影响以及整个生产装置工艺流程的特性，以便确定保证产品质量和生产安全的关键参数。有时设计了控制系统后有可能简化工艺流程，取消或增加工艺设备和机泵，或更改工艺设备的尺寸和机泵的选型，为此控制和工艺设计人员应密切配合，使设计做到能提高产量，保证质量，节省投资，降低消耗指标。

（2）过程控制分析

经过工艺分析之后，就可根据工艺流程制定各种控制系统方案。所谓控制方案简单地说就是过程控制设计人员用自动化技术工具代替人工操作的方案。控制方案的含义是保证整个生产过程在预先规定的一定状况下操作或使整个装置在操作过程中将一系列参数保持在界限内的一整套办法。在确定控制系统方案时，有两种情况：一种是现场已有与设计相同的控制对象，其控制系统往往是经过实践考验证明是行之有效的，对此，设计人员应深入现场调查研究，吸取现场成熟的经验，将其应用到设计中去。另一种是新的生产过程和新的控制对象，对此控制设计人员必须熟悉工艺，掌握对象特性，正确地选择被控变量和操纵变量，分析各种干扰因素，分析负荷变化和滞后对控制系统的影响，选择合适的自动化技术工具，规定合理的控制方案。

随着生产的发展，装置日趋大型化、复杂化，凭经验设计控制系统的方法越来越不能满足工艺生产的要求，这就使得过程对象动态特性的分析研究在过程控制方案的确定中更为重要。由于自动化技术、过程动态学、计算机技术和现代控制理论的发展，使得获取过程对象动态特性成为可能，为设计合理的控制方案提供了理论依据。当前许多新型控制方案的设计，如前馈控制、纯滞后控制、采样控制、时间最优控制等，如果离开了对象特性的研究了解，几乎无法实现。由于过程对象种类繁多，生产机理一般都较复杂，要精确获取其动态特性存在一定困难。因此在工程设计中常常采用静态特性加动态补偿的控制方法，有的已收到了较好的效果。总之，在确定控制方案时，必须对过程对象的静态和动态特性作分析研究，然后确定控制方案，才能使设计准确、合理。

7.1.2 过程控制系统设计中的注意事项

（1）确定安全措施

各种生产过程在正常操作遭到破坏时，轻则会使产品质量不合格，重则会造成设备损坏，甚至引起火灾、爆炸或人身事故。尤其对于一些在高温、高压下操作，原料、中间体、产品有毒、易燃、易爆的生产过程，在控制系统设计中，对于安全措施应给予充分的重视。

为了保证安全生产，需设置必要的自动联锁停机系统，以保护局部装置的安全。但是对于这类系统的设计要作慎重考虑，因为这种硬保护系统若设置得过多，表面上看局部虽然"安全"了，而对整个生产过程来说却又造成了不安全，有可能出现动辄停车，以致整个装置无法投入正常运行。

在高度集中的现代化大型工厂中，由于硬保护系统这种约束（限制）条件的逻辑关系往往比较复杂或是生产速度太快，操作人员的反应跟不上生产速度的变化，易出差错或因约束性条件太多，用硬性保护方法不受欢迎。所以面对在短期内生产不太正常的情况，可设计选择性控制系统即软保护系统。这种控制系统是把由工艺生产过程中的限制条件所构成的逻辑关系，叠加到正常的自动控制系统中去。当生产操作趋向限值条件时，一个用于不安全情况下的控制系统将自动取代正常情况下工作的控制系统，以达到既能起自动保护作用，又不造成停车事故。

（2）控制方案的经济性比较

衡量一个控制系统设计方案好坏的标准是要看该方案在技术上是否先进、可靠，在经济上是否合理。因此，设计时应在深入调查研究的基础上对各种控制方案进行技术、经济比较。

7.1.3 单回路控制系统的设计原则

单回路控制系统是指由控制对象、测量变送元件、调节器和调节阀等四部分所组成的单回路反馈控制系统，它是实现过程控制的最基本的自动化单元。其方块图如图 7-1 所示。

在单回路控制系统中，由于调节器可以实现
比例、比例积分、比例积分微分三种控制规律，
调节阀特性有线性、等百分比、快开和抛物线等
型式，对于不同的控制对象，为了达到控制目
的，只要选择合适的控制规律、阀特性、测量变
送元件和操作参数，采用单回路控制系统，其被

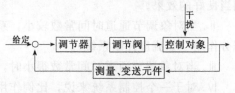

图 7-1　单回路控制系统方框图

控变量一般可以得到较好的控制质量，因此目前在过程控制设计中所占比例很高。为了充分
发挥单回路控制系统的作用，设计时应考虑下列原则。

（1）合理选择被控变量

在选择被控变量时，必须考虑被控变量变化的灵敏度，即变量变化必须灵敏而且有足够
的变化数值，否则就无法得到高精度的控制质量。一般被控变量选择原则如下。

ⅰ.对于定值控制，其被控变量往往可按工艺要求直接选定。

ⅱ.对于产品质量控制系统，最好直接用质量指标作为被控变量，当不能用质量指标作
为被控变量时，应选择一个与产品质量指标有单值对应关系，并且对干扰有足够的变化灵敏
度和变化数值的参数作为被控变量。

ⅲ.选择被控变量时，还应考虑到工艺过程的合理性和国内仪表生产的现状。

（2）合理选择操纵变量

在生产过程中，干扰是客观存在的，它是影响控制系统平稳操作的因素，而操纵变量是
克服干扰的影响使控制系统重新稳定运行的因素，因此正确选择操纵变量，可使控制系统有
效地克服干扰的影响，以保证生产过程平稳操作。在选择操纵变量时，应分析干扰对被控变
量的影响，一般可归纳如下。

ⅰ.如果在一个控制系统中存在有若干个影响被控变量的可控工艺参数，选择的操纵变
量以对克服主要干扰最有效为原则，即选择的操纵变量使对象调节通道的放大倍数为最大。

ⅱ.在选择操纵变量时，应使对象干扰通道的时间常数越大越好，而对象调节通道的时
间常数应当小一些。

ⅲ.要考虑工艺上的合理性，一般避免用主物料流量为操纵变量。

（3）正确选择测量元件和确定合适的安装位置

测量元件的滞后会引起控制系统过渡时间和超调量的增大，当被测参数变化频繁时还会
引起记录值的严重失真，容易造成操作人员判断错误而产生事故。因此一般以选快速测量元
件为宜，若选择的测量元件时间常数为对象调节通道时间常数的 1/10 则更好。

控制系统总的纯滞后总是降低控制质量的，因此在选择测量元件安装位置时，应将测量
元件安装在具有代表性的点上，尽量减少纯滞后。

（4）正确预估负荷变化对控制质量的影响

一般工业装置的控制对象，其特性大部分为非线性的，当负荷大幅度、频繁变化时，会
引起对象特性漂移，从而影响控制系统的正常运行。这就需要控制系统自身具有克服负荷变
化的能力，在设计中要加以考虑。目前，在实际中应用的方法是用选择调节阀的特性来补偿
由于负荷变化所引起的对象特性漂移或可采用其他控制规律，以满足工业控制对象的要求。

（5）正确选用调节器的控制规律

调节器的控制规律选择得正确与否将直接影响控制质量。对于不同的工业对象，其控制
规律的选用可大致归纳如下。

ⅰ.当对象调节通道和测量元件时间常数较大，纯滞后很小时，应用微分作用可以获得相当良好的效果。

ⅱ.当对象调节通道时间常数较小，系统负荷变化较大时，为了消除余差，可选用比例积分作用（如流量控制系统）。

ⅲ.当对象调节通道时间常数很小时，采用反微分作用可以收到良好的效果。

ⅳ.对于一个控制系统来说，比例作用是主要的、基本的。为了消除余差，可引入积分作用，但积分作用的引入总是使其他控制质量变差。

ⅴ.如果对象调节通道纯滞后很大，负荷变化也很大，这时单回路控制系统无法满足工艺要求，需设计更复杂的控制系统。此时，可参考有关资料，根据实际需要合理选用。

按以上所述，可以将自动化系统设计内容归纳为以下几部分：被控变量的确定、操纵变量的选定、测量元件选择、调节器及其调节规律的确定、调节系统结构的确定等。下面将以一个单回路控制系统设计实例说明自动化系统设计过程。

7.1.4 单回路控制系统设计举例

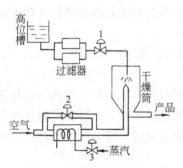

图 7-2 乳化物干燥过程及
调节系统示意图

图 7-2 是一套乳化物干燥过程的示意图，由于乳化物是一种胶体物质，在剧烈搅拌下容易固化，故不用泵输送，而采用高位槽。两个过滤器轮流使用，以保证连续生产。干燥后产品质量要求高，含水分不能波动过大，因此对于干燥温度 Y_0 要求严格控制。这套装置中，影响干燥温度的因素有乳化物流入量 f_G，蒸汽压力 f_P 和鼓风机风量 f_Q。可选作操纵变量的有：乳化物流入量；旁路空气量（旁路空气量的改变，等于改变了热风温度）；加热蒸汽量（也是等于改变热风温度）。选其中任一个操纵变量都能够构成温度调节系统，达到控制干燥温度的目的，其控制系统如图 7-3 所示。图 7-4～图 7-6 是三个调节方案的方框图。

下面将定性地对以上提出的三个方案进行分析。方案 1（方框图如图 7-4 所示，调节位置见图 7-3 中 TC101）：以乳化物流量作为操纵变量，乳化物直接进入干燥筒，滞后最小，对干燥温度的校正作用最灵敏，而且干扰位置最靠近调节阀，似乎最适宜作为操纵变量。但是乳化物流量是生产负荷，需要维持稳定才能保证产量，故它不宜作为操纵变量。方案 2（方

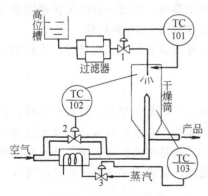

图 7-3 控制系统流程图

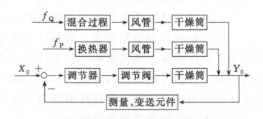

图 7-4 操纵变量为乳化物流量时的系统方框图

框图如图 7-5 所示，调节位置见图 7-3 中 TC102）：以风量为操纵变量，旁路空气量经与热风混合后，再通过风管进入干燥筒，比方案 1 以乳化物流量作为操纵变量的流量调节通道滞后稍大，灵敏度次之。蒸汽干扰在调节阀处进入系统。方案 3（方框图如图 7-6 所示，调节位置见图 7-3 中 TC103）：选用蒸汽流量作为操纵变量，蒸汽流量要经过换热器、风管才能达干燥筒，调节通道最长，容量滞后最大，灵敏度最差，所有干扰进入位置都靠近操纵变量。很明显，结论是选用第 2 方案，以旁路空气量作为操纵变量为好。

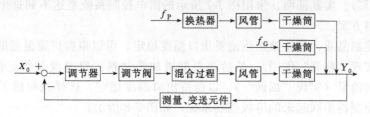

图 7-5　操纵变量为风量时的系统方框图

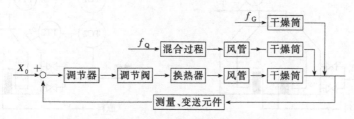

图 7-6　操纵变量为蒸汽流量时的系统方框图

7. 1. 5　串级控制

在大多数情况下，单回路控制系统已经能够满足生产工艺的要求，但如果工艺对控制质量的要求很高而工艺过程本身又很难控制；或者控制的任务比较特殊，此时单回路控制系统就显得无能为力了。而且，随着生产过程向大型化、连续化和集成化方向发展，对操作条件要求更加严格，参数间相互关系更加复杂，对控制系统的精度和功能提出了许多新的要求。为此需要在单回路控制的基础上，设计开发更加复杂的控制系统，以满足生产过程对控制的要求。常用的复杂控制系统包括：串级控制系统、前馈控制系统、比值控制系统、选择性控制系统、均匀控制系统、分程控制系统等。这里仅简要介绍串级控制系统。

串级控制系统是改善控制质量极为有效的方法，在过程控制中得到了广泛的应用。串级控制系统一般是由两个调节器，一个调节阀，两个变送器和两个被控对象组成的控制系统，适用于滞后较大、干扰较强烈，控制较频繁的过程控制。下面以加热炉为例，简要阐述其基本原理。

管式加热炉是石油化工生产中的重要装置之一，它的任务是把原油和重油加热到一定温度，以保证下一道工序（分馏和裂解）的顺利进行。加热炉的工艺流程如图 7-7 所示，燃料油经过蒸汽雾化后在炉膛中燃烧，被加热油料流过炉膛四周的排管后，被加热到出口温度 T。在燃油管道上装设了一个调节阀，用它来控制燃油量以达到控制被加热油料出口温度的目的。

引起油料出口温度 T 变化的扰动因素很多，主要有以下几种。

ⅰ. 被加热油料的流量和温度的扰动 D_1。

ⅱ. 燃料油压力的波动、热值的变化 D_2。

ⅲ. 喷油用的过热蒸汽压力的波动 D_3。

ⅳ. 配风，炉膛漏风和大气温度方面的扰动 D_4 等。

从图 7-7 所示的控制系统中可以看出，从燃料油控制阀动作到出口温度 T 改变，这中间需要相继通过炉膛、管壁和被加热油料所代表的容积，因此整个控制通道容量滞后大、时间常数大，这就会导致控制系统的控制作用不及时，反应迟钝，最大偏差大、过度时间长、抗干扰能力差、控制精度降低，而工艺上对出口温度 T 的要求很高，一般希望波动范围不超过 $\pm(1\%\sim2\%)$。实践证明，采用图 7-7 所示的简单控制系统是达不到这个要求的，必须寻找其他的控制方案。

为了改善控制品质，保持被加热油料出口温度稳定，可以根据炉膛温度的变化，先调节燃油量（迅速实现"粗调"作用），然后再根据被加热油料出口温度与给定值之间的偏差，进一步调节燃料油量（实现"细调"），以保持出口温度稳定，这样就构成了出口温度控制器与炉膛温度控制器串联起来的串级控制系统，如图 7-8 所示。

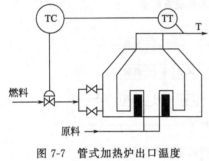

图 7-7 管式加热炉出口温度
单回路控制系统

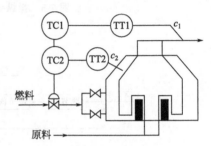

图 7-8 管式加热炉出口温度
串级控制系统

与图 7-8 所示的加热炉出口温度串级控制系统示意图相对应的方框图如图 7-9 所示。被控对象中包括炉膛、管壁和油料等三个热容积，而诸如扰动 D_1、D_2、D_3 和 D_4 则作用于不同地点。由于热容积之间有相互作用，严格说来这个画法是不准确的，但可以近似地用来说明问题。从图 7-9 中可以看出，扰动因素 D_2、D_3 和 D_4（用 d_2 表示）包括在副环之内，因此可以大大减小这些扰动对出口油温 T 的影响。对于被加热油料方面的扰动 D_1，采用串级控制也可以得到一些改善，但效果则没那么显著。

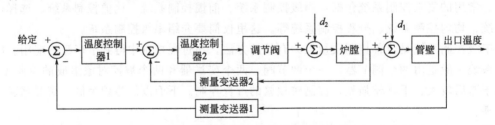

图 7-9 加热炉出口温度串级控制系统方框图

从图 7-9 中可以看出，串级控制系统由两套检测变送器、两个调节器、两个被控对象和一个调节阀组成，其中的两个调节器串联起来工作，前一个控制器的输出作为后一个调节器的给定值，后一个调节器的输出才送往调节阀。串级控制系统与简单控制系统有一个显著的区别，它在结构上形成了两个闭环。一个闭环在里面，称为副环或副回路，在控制过程中起着"粗调"的作用；一个闭环在外面，称为主环或主回路，用来完成"细调"任务，以保证被控变量满足工艺要求。

能够迅速克服进入副回路的干扰，是串级控制系统的最主要的特点。因此，在设计串级控制系统时，应设法让主要扰动的进入点位于副回路内。

在串级控制系统中，副回路可视为主回路的一个环节，或称为等效对象（等效环节）。对主控制器而言，整个被控对象分为两部分：一是副回路等效对象，二是主对象。如果匹配的好，可使通道大大缩短。

串级控制系统由于副回路的存在，它对副对象（包括控制阀）的特性变化不敏感，从这个意义上来讲，它也具有一定的"鲁棒性"。

7.2 自动化装置的选型

自动化控制装置一般由检测变送器、调节器、执行器等构成。根据控制要求合理选用控制仪表至关重要。构成控制回路的各种仪表的精度要相配，仪表的量程应按正常生产条件选取，同时还要考虑到开停车、生产事故时变量变动的范围，而且还要针对不同类型的控制方式选用不同系列的仪表。选型时要做到控制回路当中的各个仪表相匹配，以便使控制系统达到设计要求。

7.2.1 仪表选型

生产过程自动化的实现，不仅要有正确的测量和控制方案，而且还需要正确选择和使用自动化仪表。

（1）选型原则

① 根据工艺对变量的要求选用仪表 对工艺影响不大，但需经常监视的变量宜选指示型仪表；对要求计量或经济核算的变量宜选具有积算功能的仪表；对需要经常了解其变化趋势的变量宜选记录型仪表；对变化范围较大且必须操作的变量宜选手动遥控型仪表；对工艺过程影响较大，需随时进行监控的变量宜选控制型仪表；对可能影响生产或安全的变量宜选报警型仪表。

仪表的精度应按工艺过程的要求和变量的重要程度合理选择。一般指示仪表的精度不应低于 1.5 级，记录仪表的精度不应低于 1.0 级，就地安装的仪表精度可略低些。构成控制回路的各种仪表的精度要相配。仪表的量程应按正常生产条件选取。有时还要考虑到开停车、生产事故时变量变动的范围。

② 仪表系列的选择 基地式仪表的功能往往限于单回路控制，适用于中小型生产装置或大型生产中的一些就地控制场合。

电动单元组合仪表的选用原则是变送器至显示控制单元间的距离超过 150m 以上时；大型企业要求高度集中管理控制时；要求响应速度快，信息处理及运算复杂的场合；设置有计算机进行控制及管理的对象。一般来讲，电动仪表功能、性能、可靠程度都要比气动仪表好，从整体来讲，应首先考虑选用电动仪表，只有现场极易燃易爆时，才考虑选用气动仪表。

可编程控制器、微型计算机控制是以微处理机为控制核心，具有多功能、自诊断功能的特色。能够适应复杂控制系统，尤其是同一系统要求功能较多的场合。

计算机配上 D/A、A/D 转换器及操作台就构成了计算机控制系统。它可以实现实时数据采集、实时决策和实时控制，具有计算精度高、存储信息容量大、逻辑判断能力强及通用灵活等特点，广泛用于各种过程控制领域。

③ 根据自动化水平选用仪表 自动化水平和投资规模决定着仪表的选型，而自动化水平是根据工程规模、生产过程特点、操作要求等因素来确定的。根据自动化水平，可分为就地检测与控制；机组集中控制；中央控制室集中控制等类型。针对不同类型的控制方式应选

用不同系列的仪表。

（2）温度测量仪表的选型

工业温度检测主要采用热电偶和热电阻。选型可参考表 7-1～表 7-3。

表 7-1　工业热电偶规格型号

热电偶名称	型　号	分度号	测量范围/℃	结构特征	插入深度/mm	保护管直径及材料
铂铑$_{10}$-铂	WRP—120	S	0～1300	无固定装置防溅式	150～2000	ϕ16,瓷管、不锈钢
	WRP$_2$—121（双支）			无固定装置防水式	500～2000	ϕ25,瓷管
	WRP—106			无接线盒	50～150	ϕ8,氧化铝瓷管
	WRP—110			普通接线盒	150～2000	ϕ16,氧化铝管
	WRP—130			无固定装置防水式	150～2000	ϕ16,不锈钢
镍铬-镍硅	WRN—120	K	−50～1000	无固定装置防溅式	150～2000	ϕ6,氧化铝管
	WRN—220			固定螺纹防溅式	150～2000	ϕ16,碳钢20
	WRN—320			活动法兰防溅式	150～2000	ϕ16,不锈钢
	WRN—421			固定法兰防溅式	150～2000	ϕ20,碳钢20
	WRN—430			固定法兰防水式	150～2000	ϕ16,不锈钢
镍铬-铜镍	WRE—120	E	−40～800	无固定装置防溅式	150～2000	ϕ16,氧化铝管
	WRE—220			固定螺纹防溅式	150～2000	ϕ16,不锈钢
	WRE—320			活动法兰防溅式	150～2000	ϕ16,碳钢20
	WRE—421			固定法兰防溅式	150～2000	ϕ20,不锈钢
	WRE—430			固定法兰防水式	150～2000	ϕ16,不锈钢

注：热电偶总长度为插入深度加150mm。

表 7-2　常用热电阻的规格型号

热电偶名称	型　号	分度号	测量范围/℃	结构特征	插入深度/mm	保护管直径及材料
铂热电阻	WZP—121	Pt10 Pt100	−200～850	无固定装置防溅式	75～1000	ϕ12,不锈钢
	WZP—230			无固定装置防水式	75～2000	ϕ16,不锈钢
	WZP—330			活动法兰防水式	75～2000	ϕ16,不锈钢
	WZP—430			固定法兰防水式	75～2000	ϕ16,不锈钢
铜热电阻	WZC—130	Cu50 Cu100	−50～100	无固定装置防水式	75～1000	ϕ12,H62黄铜
	WRN—230			固定螺纹防水式	75～1000	ϕ12,碳钢20
	WRN—330			活动法兰防水式	75～1000	ϕ12,碳钢20
	WRN—430			固定法兰防水式	75～1000	ϕ12,碳钢20

表 7-3　常用热电偶补偿导线的规格型号

型　号	配用热电偶名称	正　极		负　极		工作端为100℃,冷端0℃时热电势
		材料	颜色	材料	颜色	
SC	铂铑$_{10}$-铂	铜	红	铜镍合金	绿	0.645±0.037
KC	镍铬-镍硅	铜	红	康铜	绿	4.095±0.105
KC	镍铬-镍硅	铁		铜镍合金		

190

(3) 压力测量仪表的选型

① 根据使用环境和测量介质的性质选择 对一般的空气、水、水蒸气等介质的压力指示可选用普通弹簧管压力表。在大气腐蚀性较强、粉尘较多和易喷淋液体等环境恶劣的场合，宜选用密闭式全塑压力表。测量气氨、液氨、氧气、氢气、氯气、乙炔、硫化氢及碱液等介质压力时，应选用专用压力表。对腐蚀性介质（如酸、碱类）的测量，宜选用耐酸压力表或不锈钢膜片防腐压力表；介质中含固体颗粒，黏稠液、结晶、结疤时，选用膜片压力表或隔膜压力表。对剧烈脉动介质或机械振动较强的场合，应选用耐振压力表或船用压力表。

② 根据显示方式及其他要求选择压力表 根据生产过程对压力的要求，可选现场指示式、记录式；远传显示、远传记录仪；基地式显示（记录）控制仪、压力变送器（单元组合）；报警联锁和位式控制器。

③ 精度等级的选择 一般测量用压力表、膜盒压力表和膜片压力表，应选用 1.5 级或 2.5 级；要求精密测量和校验用压力表，应选 0.1、0.5 或 0.16 级。

④ 测量范围的选择 测量稳定压力时，正常操作压力值应在仪表测量范围上限值的 2/3～1/3。测量脉动压力（如泵、压缩机、风机等出口处压力）时，正常操作压力值应在仪表测量范围上限值的 1/2～1/3。测量高、中压力（＞4MPa）时，正常操作压力值不应超过仪表测量范围上限值的 1/2。

⑤ 压力变送器、传感器的选择 要求采用标准信号时，应选用压力变送器。对易燃、易爆和火灾危险场所，应选用防爆型电动压力变送器。对黏稠、易结晶、易堵及腐蚀性强的测量介质，应选用法兰式变送器。与介质直接接触部件的材料，必须根据介质的特性选择。使用环境条件较好、测量精度和可靠性要求不高的场合，可选用电阻式、电感式远传压力表或霍尔压力变送器。测量微小压力（＜500Pa）时，可选用微差压变造器。

⑥ 安装附件的选择 安装压力表时，应根据使用环境条件和介质特性选择安装附件。测量水蒸气和温度高于 60℃ 的介质压力时，应选用螺旋形或 U 形弯管；测量易液化的气体时，若取压点高于仪表，应选用分离器；测量含粉尘的气体时，应选用除尘器；测量脉动压力时，应选用阻尼器或缓冲器；在环境温度接近或低于测量介质的冰点或凝固点时，应采取绝热或伴热措施；在有大气腐蚀、多粉尘或露天安装的压力开关和压力变送器，应采用保护箱。

(4) 流量测量仪表的选型

参考表 7-4。

表 7-4 流量仪表选型参考

| 流量计类型 | | 精确度/% | 洁净液体 | 蒸气或气体 | 脏污液体 | 黏性液体 | 带微粒、导电 | | 微流量 | 低速流体 | 大管道 | 自由落下固体粉粒 |
							腐蚀液体	磨损悬浮液				
差压	标准孔板	1.5	○	○	×	×	○	×	×	×	×	×
	非标准 文丘里	1.5	○	○	×	×	○	×	×	×	○	×
面积	金属转子 普通	1.6,2.5	○	×/○		×	×	×	×	×	×	×
速度	靶式	1.5～4	○	×/○	○	○	○	○	×	×	×	×
	蜗轮 普通	0.1,0.5	○	○	×	×	×	×	×	×	×	×
	旋涡 普通	0.5,1,1.5	○	×	×	×	×	×	×	×	×	×

注：表中"○"表示宜选用。表中"×"表示不宜选用

（5）物位测量仪表的选型

参考表7-5、表7-6。

表7-5　液面、界面、料面测量仪表选型推荐表

分类	液体		液界面		泡沫液体		脏污液体		粉状固体		粒状固体		块状固体		黏湿性固体	
	位式	连续	位式	连续	位式	连续	位式	连续	位式	连续	位式	连续	位式	连续	位式	连续
差压式	可	好	可	可	—	—	可	可	—	—	—	—	—	—	—	—
浮筒式	好	可	可	可	—	—	差	可	—	—	—	—	—	—	—	—
电容式	好	好	好	好	好	可	好	差	可	可	好	可	可	可	好	可
静压式	—	好	—	—	—	可	—	可	—	—	—	—	—	—	—	—
声波式	好	好	差	差	—	—	好	好	—	差	好	好	好	好	可	好

注：表中"—"表示不能选用。

表7-6　料面测量仪器选用参考表

分类	方式	功能	特点	注意事项	适用对象
电气式	电阻式	位式测量	价廉，无可动部件，易于应付高温、高压、体积小	导电率变化，电极被介质附着	导电性物料、焦炭、煤、金属粉、含水的砂等
	电容式	位式测量 连续测量	无可动部件，耐腐蚀，易于应付高温、高压、体积小	电磁干扰，含水率的变化，电极被介质黏附，多个电容式仪表在同一场所相互干扰	导电性和绝缘性物料、煤、塑料单体、肥料、砂、水泥等
机械式	阻旋式	位式测量	价廉，受物性变化影响	由于物料流动引起误动作，粉尘侵入，荷重	物料比密度在0.2以上的小粒度物料
	隔膜式	位式测量	在容器内所占空间小，价廉	粉粒压力，流动压力，附着性	小粒度的粉粒体

（6）过程分析仪表的选型

参考表7-7。

表7-7　过程分析仪表选用简表

介质类别	待测组分（或物理量）	含量范围	背景组成	可选用的过程分析器
气体	H_2	常量/V%	Cl_2,N_2,Ar,O_2	热导式氢分析器
	O_2	常量/V%	烟道气（CO_2、N_2 等）	热磁式氧分析器
				磁力机械式氧分析器
				氧化锆氧分析器
		微量/$\times 10^{-6}$	Ar,N_2,He	极谱式氧分析器
	水分	微量/$\times 10^{-6}$	空气或 H_2 或 O_2	电解式微量水分分析器 压电式微量水分分析器
			惰性气体	
			CO 或 CO_2	
			烷烃或芳烃等气体	
	热值	$3.32\sim41.8MJ/Nm^3$	燃气、天然气或煤气	气体热值仪

(7) 显示调节仪表的选型

① 显示仪表的选型　　在控制室仪表盘上安装的仪表，宜选用矩形表面的仪表。需要密集安装时，宜选用小型仪表；需要显示醒目时，宜选用大、中型仪表。

指示、记录仪的量程，一般按正常生产条件选取，需要时还应考虑到开停车、生产事故状态下预计的变动范围。

需要显示速度快，示值精度高，读数直接而方便，要求在测量范围内量程可任意压缩、迁移，或要求对输入信号作线性处理等变换，或要求对变量作显示的同时兼作变送输出等，均可选用数字显示仪表。要求复杂数学运算的，应选用带微处理器的智能型仪表。

② 调节仪表的选型　　在工业自动控制中，调节仪表应根据被控对象的特性和工艺对控制质量的要求来确定。

调节仪表一般可选用电动单元组合式仪表、组装式仪表，基地式仪表等模拟式仪表，但也可根据实际情况，选用带微处理器的智能型仪表或一般的数字显示式调节仪表，对于大、中型企业和有条件的小型工厂可采用集散控制系统（DCS）和可编程序控制（PLC）。

当生产过程不易稳定或经常开停车时，对于模拟仪表宜选用全刻度指示调节器，不宜选用偏差指示调节器。对于数字式仪表宜用带有光带指示的调节器。

调节器调节规律的确定应考虑到对象、检测元件、变送器、调节仪表、执行器等系统中各环节的特性，干扰形式及系统要求的调节品质等因素。

在简单调节系统中调节器调节规律的选用，一般可参照表 7-8 来进行选择。当调节器用于联锁和自动开停车时或允许执行器全开、全关以及系统调节器要求不高的简单系统，可选用三位调节器，若要求适当改善调节品质时，可选用具有时间比例、位式比例积分或位式比例积分微分调节规律的位式调节器。

表 7-8　常用调节规律选用表

被调变量	调节规律	被调变量	调节规律
流量、管道压力	比例＋快速积分	压力	比例＋积分
温度、分析	比例＋积分＋微分	液位	比例或比例＋积分

7.2.2　控制阀的选型

控制阀（习惯称调节阀）的选型主要包括阀的型式选择、阀理想流量特性的选择、阀材料的选择、阀流向的选择、执行机构的选择、阀附件的选择、阀泄漏量的选择、填料函结构与材料的选择、上阀盖型式的选择及阀气开、气关形式的选择等。

(1) 控制阀结构型式的选择

控制阀结构型式的选择是一项重要的工作。有不少场合，由于阀的结构型式选择不当而导致控制系统不能正常运行或运行失败。也有不少场合，因为阀结构选型不当造成控制阀寿命缩短或经常发生故障。

控制阀结构型式的选择主要依据工艺变量（温度、压力、压降和流速等）、流体特性（黏度、腐蚀性、毒性、含悬浮物或纤维等）、控制系统的要求（可调比、泄漏量和噪声等）、控制阀管道连结形式等方面综合考虑。一般情况下优先选用体积小，流通能力大，技术先进的直通单、双座控制阀和普通套筒阀，也可以选用低 S（阀阻比）值节能阀和精小型控制阀。表 7-9 中列出了常用阀的特点及适用场合，可供选用时参考。

表 7-9　正常用阀的特点及适用场合

名　称	特点及适用场合
直通单座阀	泄漏量小，允许压差小，适用于一般流体，要求泄漏量小或切断场合
直通双座阀	不平衡力小，允许压差较大，对泄漏量要求不严的一般液体
套筒阀	稳定性好，允许压差较单座阀大，泄漏量大，适用于流体洁净，不含固体颗粒和阀压差较大、液体可能出现闪蒸或空化的场合
球阀	结构紧凑，重量轻，流量系数大，密封性好，适用于要求切断及纸浆、污水和含有纤维质，颗粒物等介质的场合
角型阀	流路简单，便于自净和清洗，泄漏量小，允许压差小，适用于高黏度、含颗粒物的介质，特别适用于要直角连接的场合
偏心旋转阀	体积小，重量轻，密封性强，允许压差大，适用于流通能力较大，可调比宽（R 可达 50：1 或 100：1）和大压差、严密封的场合
蝶型阀	结构紧凑，重量轻，流量系数大，允许压差小，价格低，适用于大流量、低压差、泄漏量要求不高的场合，尤其适用于浓浊浆状及含有悬浮颗粒的流体的场合
三通阀	适用于流体温度 300℃以下的分流和合流场合，用于简单配比控制，两流体的温差应小于 150℃
低 S 值节能阀	适用于工艺负荷变化大或当 $S \leqslant 0.3$ 的场合

（2）控制阀理想流量特性的选择

控制阀的理想流量特性有直线、等百分比、快开及抛物线等几种。一般按控制系统特性、干扰源和 S 值两方面综合考虑。快开特性的控制阀基本上作为双位式控制用，抛物线特性的控制阀作为三通阀用。控制阀理想流量特性的选择原则为：

ⅰ.当阀上压差变化小，给定值变化小，工艺过程主要变量的变化小，$S>0.75$ 的控制对象时，宜选用直线流量特性；

ⅱ.慢速的生产过程，当 $S>0.4$ 时，宜选用直线流量特性；

ⅲ.可调范围要求大，管道系统压力损失大，开度变化及阀上压差变化相对较大的场合，宜选用等百分比流量特性；

ⅳ.快速的生产过程，当系统动态过程不太了解时，宜选用等百分比流量特性；

ⅴ.根据经验可按表 7-10 选择流量特性。

表 7-10　调节阀流量特性选择参考表

特性	直线特性	等百分比特性
$\dfrac{\Delta p_n}{\Delta p_{Qunl}}>0.75$	① 液位定值调节系统 ② 主要干扰为给定值的流量温度调节系统	流量、温度、压力调节系统
$\dfrac{\Delta p_n}{\Delta p_{Qunl}}\leqslant 0.75$		各种调节系统

注：Δp_n——表示正常流量下的阀两端压差；Δp_{Qunl}——表示阀关闭时阀两端的压差。

（3）阀材料的选择

阀体耐压等级、使用温度范围、耐腐蚀性能和材料都不应低于工艺连接管道材料的要求，并应优先选用制造厂定型产品。一般情况下选用铸铜或锻钢阀体。水蒸气或含水较多的湿气体、易燃的流体、环境温度低于－20℃的场合，不宜选用铸铁阀体。

阀内件材料应能耐腐蚀、耐流体冲蚀以及耐流体经节流产生空化、闪蒸对阀内件的气蚀损坏。非腐蚀性流体一般选用 12Cr18Ni9、0Cr18Ni11Ti 或其他不锈钢。腐蚀性流体应根据流体的种类、浓度、压力和温度的不同，以及流体含氧化剂、流速的不同选择合适的耐腐蚀材料。常用耐腐蚀材料有：0Cr18Ni11Ti，0Cr18Ni12Mo2Ti、哈氏合金及钛钢。对于流速大、冲刷严重的工况应选用耐磨材料，如经过热处理的 9Cr18 及 17-7PH 和具有紧固氧化层、韧质及疲劳强度大的铬钼钢、G6X 等材料。

（4）控制阀流向的选择

球阀、普通蝶阀对流向没有要求，可选任意流向。三通阀、文丘里角阀、双密封带平衡孔的套筒阀已规定了某一流向，一般不能改变。单座阀、角型阀、高压阀、无平衡孔的单密封套筒阀、小流量控制阀等应根据不同的工作条件来选择控制阀的流向。

ⅰ. 对于 $DN \leqslant 20$ 的高压阀，由于静压高，压差大，气蚀冲刷严重，应选用流闭型；当 $DN > 20$ 时，应以稳定性好为条件来决定流向。

ⅱ. 角型阀对于高黏度、含固体颗粒介质要求"自洁"性好时，应选流闭型。

ⅲ. 单座阀、小流量控制阀一般选用流开型，当冲刷严重时，可选用流闭型。

ⅳ. 单密封套筒阀一般选用流开型，有"自洁"要求时，可选用流闭。

ⅴ. 两位式控制阀（单座阀、角型阀、套筒阀、快开流量特性），应选用流闭型；当出现水击、喘振时，应改选流开型。

（5）执行机构的选择

执行机构在阀全关时的输出推力 F（或力矩 M）应满足以下公式的要求

$$F \geqslant 1.1(F_t + F_0) \quad \text{或} \quad M \geqslant 1.1(M_t + M_0) \tag{7-1}$$

式中　F_t，M_t——阀不平衡力或力矩；

　　　F_0，M_0——阀座压紧力或力矩。

执行机构应满足控制阀所需要的行程，当阀关闭时应有足够的阀座密封压力。

薄膜执行机构结构简单，动作可靠，便于维修，应优先选用，当要求执行机构输出功率大、响应速度较快时，应选用活塞式执行机构。电动执行机构适用于没有气源或气源比较困难的场合及需要大推力、动作灵敏、信号传输迅速和远距离传送的场合。

（6）控制阀附件的选择

控制阀的附件较多，常用的是阀门定位器和继动器。阀门定位器通常用于缓慢过程需提高控制阀响应速度的场合，如温度、液位或分析等控制系统。而继动器则用于快速过程需要提高控制阀响应速度的场合，如液体压力和流量控制系统。此外，在分程控制系统和控制阀需要在能源中断时阀位置改变的场合，控制阀的流量特性需要改变的场合也可采用阀门定位器。

（7）控制阀气开、气关形式的选择

控制阀气开、气关形式的选择原则是：当仪表供气系统发生故障或控制信号突然中断时，控制阀的开度应处于使生产装置安全的位置。气开是指控制信号中断时控制阀处于关闭状态，气关是指控制信号中断时控制阀处于开启状态。

例如：加热炉、裂解炉燃料油（气）系统的给料控制阀应选气开阀。当换热器被加热流体出口温度过高会引起分解、自聚或结焦时，加热流体控制阀应选气开阀；当出口温度过低会引起结晶、凝固时，加热流体控制阀应选气关阀。

7.3　微机控制系统设计

微机控制系统设计，虽然随着控制对象、控制方式、控制规模不同而有所不同，但设计的基本内容和主要步骤是大体相同的，一般包括系统分析设计、总体方案设计、硬件软件设计和系统联调等几个步骤。整个设计过程可以用框图 7-10 表示。

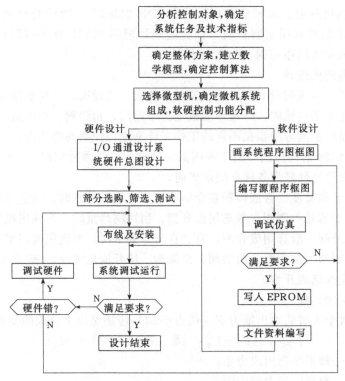

图 7-10　微机控制系统设计步骤

7.3.1　系统分析设计

系统分析设计包括：技术论证，确定任务指标；可行性论证，确定整体方案和建立数学模型，确定控制算法等内容。

在进行系统设计之前，必须对控制对象的工作过程进行深入的调查、分析、熟悉工艺过程，才能根据实际应用中的问题提出具体的要求，确定系统所要完成的任务等，并将系统最终的指标明确下来。

可行性论证主要分析控制系统需要完成任务的技术关键，论证能否用计算机去解决，用计算机是否有其优越性。可行性论证结束，即可构思控制方案。通常，第一要从系统构成上考虑，是采用开环控制还是闭环控制。当采用闭环控制时，应考虑采用何种检测元件，检测精度要求如何。第二考虑执行机构采用什么方案，是采用电机驱动、液压驱动还是其他方式驱动。比较各种方案，择优而用。第三考虑是否有特殊控制要求。某些系统有高可靠性、高精度或快速性的要求，为满足这些特殊要求应采取哪些措施。第四考虑微机在整个控制系统中应起的作用，是设定计算、直接控制还是数据处理。计算机应承担哪些任务，为完成这些任务微机必须具备哪些功能，需要哪些输入输出通道和配备什么外围设备。

控制算法的确定是计算机控制系统的核心问题。所谓计算机控制，就是计算机按一定的控制算法进行控制。由于控制系统种类繁多，控制算法也有很多，随着控制理论和计算机控制技术的不断发展，控制算法更是越来越多。例如，机床控制中常使用的逐点比较法的控制算法和数字积分法的控制算法；直接数字控制系统中常用的 PID 调节的控制算法；位置数字随动系统中常用的实现最少拍控制的控制算法；另外，还有各种最优控制的控制算法、随机控制和自适应控制的控制算法等。在系统设计时，按所设计的具体控制对象和不同的控制性能指标要求以及所选用的微机的处理能力，选定一种控制算法。需要说明的是有些控制算法需要知道被控对象的精确数学模型，如最少拍控制、状态空间设计法等。对这些控制算法，建立精确的数学模型极为重要，它是控制算法能否取得成功的基础。当控制对象的数学模型不易求得时，可以选用那些不需要精确数学模型的算法，如 PID 调节算法等。

7.3.2 总体方案设计

系统的总体设计主要是选择微机，确定微机控制系统的组成方法，并进行硬件、软件功能分配。

对微机控制系统来说，微机选择是个关键问题。它对整个控制系统所需的支持电路、接口设计和软件编程影响极大，也基本决定系统的造价和尺寸。如微机选择不当，将加长研制周期。控制用微机应满足以下要求。

① 完善的中断系统　微机控制系统必须具有实时控制功能。这是指系统正常运行时的实时控制能力和发生故障时的紧急处理能力。系统运行时除按确定的控制算法进行控制外，还可能发生故障，如某些量超限要报警处理，运行时需修改某些参数或要求转换某个工作程序以改变控制系统功能等。这些都要求能立即作出反应，一般采用中断控制，故微机应有完善的中断系统。

② 足够的存储容量　微机控制系统仅作控制用，只需少量 RAM，但须有足够多的 ROM 容量；微机系统作数据处理需用较多 RAM 和少量 ROM；如系统既作控制，又作数据处理且后者任务较重时，则应根据控制算法的复杂程度和数据处理任务的需要配备足够多的 RAM 和 ROM。

③ 完备的输入输出通道　视控制系统的需要，输入输出通道可以是数字量输入输出或模拟量输入输出或二者兼有。如外部设备需和内存之间快速交换批量信息，则应有直接数据通道（DMA）。

除上述要求外，选择微机时还要考虑计算机的字长和运算速度能否满足控制系统的要求，是否具有丰富的指令系统等因素。

目前，计算机控制系统中可供选择的微机有微机系统和单片机，还有可编程序控制器。微机系统的特点是软、硬件资源都比较丰富，内存容量大，且有软、硬盘等大容量的外存。通常都有直接数据通道，可实现内存和外存之间快速交换批量信息。有丰富的系统软件，可用高级语言、汇编语言混合编程，程序编制和调试都比较方便。控制系统设计人员的主要任务是设计应用软件，工作量较小，研制周期较短。当控制任务特别是数据处理任务较重时，采用微机系统组成控制系统是合适的。缺点是结构较大，成本较高，用来控制一个小系统时往往不能充分利用微机系统的全部功能。

单板机通常配有 CPU、RAM、ROM、I/O 接口、键盘、显示器、时钟和定时器以及中断和监控程序等。它体积小，价格低，适合于生产现场使用，维护管理方便。缺点是使用机器语言编程，编程调试不便。

单片机具有超小型化、功能强、价格低、功耗小等优点，其功能已超过一般单板机。因而单片机在控制领域已取代了单板机，运用面非常宽。其缺点是需要开发系统对其软硬件进行开发，数据处理能力较弱。单片机适用于一般控制和少量数据处理的控制系统。

可编程序控制器是一种以通用 CPU 为核心的数字量输入输出系统。它主要用于顺序控制，代替常规的复杂继电器系统，具有可靠性高、通用性强、控制灵活、可直接驱动执行机构、编程简便等一系列优点，具有强大的生命力。

微机控制系统通常有三种构成方式：直接选用一台现成的微机作为控制机；选用功能模板组合成系统以及选择微处理器、存储器芯片和 I/O 部件构成系统，它们各有优缺点，应根据对控制系统的性能要求、价格、资源、维修等多种因素综合考虑选择合适的构成方法。

微机控制系统是由硬件和软件共同组成的。对于某些既可用硬件实现、又可用软件实现的功能，在进行设计时，应充分考虑硬件和软件的特点，合理地进行功能分配与协调。一般说来，多采用硬件元件可以简化软件设计工作并使系统的快速性能等得到改善。但大量使用硬件元件，会使成本增加，还可能因接点数增加而增加不可靠因素。若用软件代替硬件功能，虽可减少硬件元件，增加系统的控制灵活性，但系统的速度相应降低。因此要根据控制对象的要求在确定总体方案时，采取合理的分配方案。

7.3.3 硬件设计

硬件设计主要包括输入、输出接口电路设计，输入、输出通道设计和操作控制台的设计。如接口通道的扩充、简单的组合逻辑或时序逻辑电路、供电电源、光电隔离、电平转换、驱动放大电路等。系统的硬件设计阶段要设计出硬件原理图，并根据原理图选购元件或模板；要列出明细表，还要进行印刷电路板、机架等的施工设计。

一个单片机应用系统的硬件电路设计包含有两部分内容：一是系统扩展，即单片机内部的功能单元，如 RAM、ROM、I/O 口、定时/计数器、中断系统等容量不能满足应用系统要求时，必须在片外进行扩展，即选择适当的芯片，设计相应的电路。对以 8031 单片机为核心的应用系统，因 8031 内部既无 ROM，也无 EPROM，存储器的扩展是必不可少的。即使选用有一定容量 ROM、RAM 的 80C51 系列单片机，当容量不满足要求时，也对存储器扩展有需求。二是系统配置，即按照系统功能要求配置外围设备，如键盘、显示器、打印机、A/D、D/A 转换器等，要设计合理的接口电路。

进行单片机应用系统的扩展和配置时，应尽可能选择典型电路，并符合单片机的常规用法，这有利于实现硬件系统的标准化、模块化，也有利于今后的维护保养工作。此外，硬件系统还应留有适当的余地，以便进行二次开发，同时还应充分考虑系统的可靠性、抗干扰性，并注意各芯片是否有足够的驱动能力，以保证系统可靠工作。

系统硬件必须认真做好元件的选定、筛选、印刷电路板制作、单元电路设计和试验以及每一块单板的焊接调试等每一个环节，才能保证硬件的质量。

7.3.4 软件设计

在微机控制系统设计中，软件设计具有十分重要的地位，对同一个硬件系统设计不同的软件，就能获得不同的系统功能。在硬件选定之后，系统功能主要依赖于软件功能。

微机控制系统是一个实时系统，要求软件具有实时性、可靠性和灵活性。

实时性是指微机能对被控对象送来的信息及时处理，输出相应的信息对被控对象进行控制，这对快动态过程的控制显得特别重要，设计人员可在现有微机资源基础上采用多占内存少花执行时间的方法及利用中断方式来实现快速控制。可靠性是指程序中不会出现如溢出、内存单元被冲及死循环等隐藏的错误，这靠反复调试来解决。灵活性是指在整个程序结构不变的情况下，能对应用程序方便地补充和修改。采用模块化程序设计有利于实现软件的灵活性。

7.3.5 系统联调

在硬件和软件分别调试通过之后，就要进行系统联调。联调通常分两步进行，第一步在实验室模拟装置上进行，尽量创造条件使模拟装置接近于实际控制系统，证明整个控制系统的设计基本正确、合理，基本能达到预定的控制品质指标，才转入第二步。第二步是在工业生产现场进行工业试验。在工业试验中还要考虑安全、抗干扰等问题，进一步修改和完善控制程序，记录和测试各项性能指标，直至控制系统能正式投产运行。

微机控制系统的设计过程是一个不断完善的过程。设计一个实际系统往往不可能一次就设计完善。或者是因为方案设计考虑不周，或者是因为提出了新的要求，常常需要反复多次修改补充，才能得到一个理想的设计方案和调试出一个性能良好的控制系统来。

7.4 DCS及FCS

随着生产规模日益扩大、工艺愈加复杂，对控制可靠性的要求越来越高，功能需求也不断增加；同时，经济全球化的趋势越来越明显，对生产过程寻求全局优化的要求使得原来孤立的控制单元逐渐连成一体，并与企业级的信息网络相连通，最终导致了集散控制系统（DCS）的诞生。并且，随着物联网智能传感器及计算机技术的发展，需要用数字信号取代模拟信号，便形成了现场总线控制系统（FCS），它是用新一代的控制系统代替传统的分散控制系统，实现现场总线通信网络与控制系统的集成。

7.4.1 基本概念

DCS即集散控制系统，又称分布式计算机控制系统，其实质是利用计算技术对生产过程进行集中监视、操作、管理和分散控制的一种控制技术。它是由计算机技术、信号处理技术、测量控制技术、通信网络技术和人机接口技术相互发展、渗透而产生的，既不同于分散的仪表控制系统，又不同于集中式计算控制系统。它是吸收了两者的优点发展起来的系统工程技术，具有很强的生命力和显著的优点。自20世纪70年代发展到今天，已十分成熟。世界上，几十家公司生产DCS，产品品种已有50多种。大型工艺生产流程大部分已使用了DCS系统，获得了很大收益。

FCS可根据国际电工委员会（international electromechanical commission）IEC61158定义为：安装在制造或过程区域的现场装置与控制室内的自动控制装置之间的数字式、串行、多点通信的数据总线，称为现场总线。由现场总线组成的控制系统称为FCS。因而，从本质上讲，传统的4～20mA模拟信号制将逐步被双向数字现场总线信号制所取代。现场总线技术的出现，在世界上引起了各方面的广泛重视，各大仪表制造厂纷纷推出自己的现场总线控制系统（FCS）及相应的现场总线仪表装置。

以FF基金会现场总线（foundation fieldbus）系统为例，已有实用的FCS在运转。Kaneka（Malaysia）SDN. BHD内的污水处理过程的控制、监视系统，采用了FCS系统。系统组成如图7-11所示。

LAS链路活动调度器（图7-11）承担数据交换的开始、维持和终止，要求站之间的一些协调和协作，需要管理交换过程。LAS上有一个确定的集中式总线调度程序，管理对现场总线的访问。

控制室SCADA（supervisory control and data acquisition）监控及数据采集；Remote

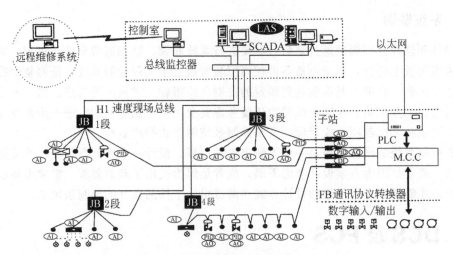

图 7-11　FCS 现场总线系统组成图

Maintenance System 远程维修系统；bus montor 总线监视器（网关桥路器）；HI Speed Fieldbus HI 低速现场总线；Segment1.2.3.4 段；Sub station 子控制站；Ethernet 以太网；FB Protocol Converter 通信协议转换器；digital Input/output 数字输入/输出；PLC 可编程控制器；MCC 马达控制中心。

　　将现场总线控制系统 FCS 与 DCS 系统相比较（图 7-12），图中右边表示 FCS 系统，左边表示 DCS 系统。从图 7-12 上看出现场总线控制系统的优点，并可以总结成以下几点。

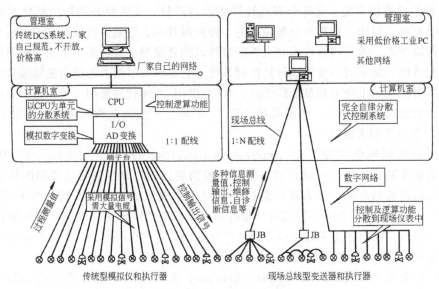

图 7-12　现场总线系统 FCS 同 DCS 比较

　　① 一对 N 结构　一对传输线 N 台仪表，双向传输多个信号。这种一对 N 结构使得接线简单，工程周期短，安装费用低，维护容易。如果增加现场设备或现场仪表，只需并行挂接到电缆上，无需架设新的电缆。

　　② 开放式系统　现场总线为开放式互联网络，所有的技术和标准都是公开的，所有制

造商都必须遵循。这样用户可以自由集成不同制造商的通信网络，既可与同层网络互连，也可与不同层网络互连；另外，用户可方便地共享网络数据库。

③ 彻底的分散控制　就是将 DCS 控制系统中的现场控制站取消，将其所具有的控制功能分散到现场仪表中去，通过现场仪表就可构成控制回路，实现了彻底的分散控制，提高了系统的可靠性、自律性和灵活性。这样一来，DCS 控制器的处理负荷也因 PID 算法在现场总线设备中执行而减轻了。

④ 可互操作性　以 FF（基金会现场总线）为例，其实现可互操作性所采用的主要技术手段是：对象字典（object dictionary，OD）和设备描述（device description，DD）两种技术。OD 主要用于网络上通信实体间的可相互操作，DD 主要用于显示和控制设备与现场设备间的可互操作，DD 提供了解释来自现场设备的显示和控制设备所需的全部信号。这样用户可以把不同制造商的各种品牌的仪表集成在一起，进行统一组态，构成他所需要的控制回路。

⑤ 可控状态　操作员在控制室既可了解现场设备或现场仪表的工作状态，也能对其进行参数调整，还可预测或寻找故障，始终使现场仪表处于操作员的远程监视与可控状态，提高了系统的可靠性、可控性和维修性。

⑥ 可靠性高　数字信号传输抗干扰强，精度高，无需采用抗干扰和提高精度的措施，从而减少了成本。

⑦ 互换性　用户可以自由选择不同制造商所提供的性能价格比最优的现场设备或现场仪表，并将不同品牌的仪表互连。即使某个仪表出了故障，换上其他品牌的同类仪表照常工作，实现"即接即用"。

⑧ 综合功能　总线现场仪表多功能化，可实现一表多用，方便用户，节省成本。

⑨ 统一组态　由于现场总线仪表引入了功能块的概念，所有制造商都使用相同的功能块，并统一组态方法。这样使组态变得非常简单，用户不需要因为现场设备或现场仪表种类不同带来组态方法的不同，进而进行培训或学习组态方法及编程语言。

正是基于 FCS 上述优点，因而引起了世界上各大 DCS 生产厂家的极大关注。FCS 制造商要想生存下去，一方面不想将原来的 DCS 制造技术丢失，另一方面也不希望将自己已占领的 DCS 销售市场份额失去。因此在现场总线技术统一的国际标准制定之前，纷纷都在自己的 DCS 系统融入现场总线技术。下面将以 NI（美国 NATINAL INSTRUMENTS 公司）的 FCS 系统产品和 NI LOOKOUT 工业自动化组态软件产品为例加以说明。

7.4.2　用 Field Point 组成的 FCS 系统

NI 公司生产的 FCS 系统 Field Point 是一个模块化的分布式 I/O 系统，可以为工业监视和控制等应用提供经济的解决方案。系统包括各种模拟和数字 I/O 模块、用于连接 I/O 模块与工业网络的智能网络接口，以及模块化的接线座。图 7-13 所示的是用工业网络实施的 FCS 系统。

图 7-14 所示的是由美国 NI 公司推出的 Field Point 产品 FP-3000 型组成的工业网络系统。Feld Point 的设计考虑到安装快速、维护简便以及可靠性更高等因素，可以在电源开启时移去并更换 I/O 模块，无需更新连接现场的 I/O 信号。利用热插拔（HotPnP）特性，已安装好的模块会自动提供系统辨识信息，以使系统进行自动设定。Field Point 模块具有智能化的特点，可以发挥系统最可靠性和预测能力，其中包括广泛的失效和错误检测功能、看门狗定时以及可编程的启动和失败模式状态。此外，Field Point 有坚固的包装，使其在极端恶劣的环境下，规范操作，认证结果，保证 Field Point 在工业环境下的可靠性。

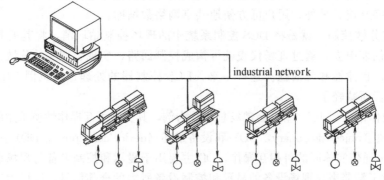

图 7-13　用工业网络实现 FCS 的原理图

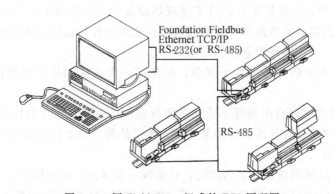

图 7-14　用 Field Point 组成的 FCS 原理图

  Field Point 系统中含有多种软件可供选用，除了用 FieldPoint OPC Server 软件，还可与任何 OPC 兼容的软件包建立标准连接程序，此外，还加入了一个配置应用程序和特定的驱动程序与软件库，以便与 NI 公司的 BridgeVIEW、Lockout、LabVIEW，和 Labwindows/CVI 等软件包配合使用。模块化的系统 Field Point 具有可使 I/O 功能、通信方式和信号终端模块化的创新结构。因此，可以单独选择最适合特定应用的 I/O 模块、工业网络和信号终端类型。利用 Field Point 的模块化结构，在出现其他的网络模块后，可以轻易地让系统连接到不同的工业网络。

  Field Point 包含三种类型的元件，使其具有非常优异的应用灵活性：I/O 模块；接线座；网络模块。

  I/O 模块包括各种模拟和数字 I/O 模块，可与多种类型信号连接，如模拟电压输入、热电偶、4~20mA 的输入与输出以及数字（AC/DC）与输出。每一个 Field Point I/O 模块中都有一个电子数据表，它会自动上载到网络模块，以进行自动设定。I/O 模块安装在一个基座上，基座上还有用于现场连线的端子。因此，不需要关闭系统的电源，也不需要断开现场的连线，就可以将 I/O 模块插到接线座上，或者将其取下。

  接线座是一种多用的基座，它可以配任何 Field Point I/O 模块。将其用夹子固定在标准的 DIN 轨道下或者安装在面板上。若安装多个基座，它们可以集成为高速的局部总线，在 I/O 模块与网络模块间有效地进行数据传输。该总线也可以为 I/O 模块提供电源，因此不需要给每个模块都接上电源。

  网络模块可将工业网络与 I/O 模块连接起来，智能型网络通信模块具有优异的性能，如 HotPnP 即插即用模块操作、SnaPShot 加电配置、看门狗定时以及自检功能，这些均使系统的安装、配置、维护工作变得更加简单。网络模块还提供 Field Point 节点与 RS-485 和 RS-232 网络的接口。

7.4.3 工业自动化组态软件 Lookout

图 7-15 所示的是 NI 公司生产的 Lookout 工业自动化组态软件开发的系统界面图。Lookout 是一个高性能而又简单易用的工业自动化软件，它可以在 Windows NT/95/3.1 环境的 PC 上运行。Lookout 为流程提供了一个图形化的接口，既可以作为人机界面（HMI），也可当作一个监控和数据采集（SCADA）系统。Lookout 是一个可配置的软件包，完全不需要编程或者注释——只要在空栏上填入数据即可。Lookout 具有可调整规模、面向对象、事件驱动的结构，因此是一种几乎适用于所有工业应用的绝佳解决方案，其应用范围包括了化学、石化、食品加工、制药、水和污水处理、运输、塑胶、玻璃、金属、能源管理、制造以及自动化系统等。

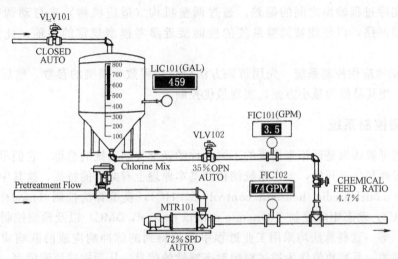

图 7-15 用 Lookout 开发软件包开发的系统界面图

Lookout 非常直观、连贯，易于学习和使用，这意味着初次接触它的用户，只需要花费学习其他软件包一小部分的时间，就可以熟悉该系统并开始操作。此外，Lookout 独特的结构可以避免传统开发过程中许多不必要的步骤，以节省时间。

在今天这个充满竞争的全球市场上，质量和生产率绝对是最重要的。操作人员、工程师和管理人员都没有时间花费在等待上，必须立刻获取影响后续操作的数据。Lookout 可连续提供瞬间信息，即可随时掌握完整的信息，针对流程做出最佳的决策。可以说 Lookout 提高了质量和生产率。

7.5 先进过程控制系统介绍

随着现代控制理论与计算机技术等学科的发展，为了满足工业生产过程自动化的迫切要求，自从 20 世纪 70 年代以来，国内外控制界致力于过程控制的研究和开发。例如对建模理论、在线辨识技术、系统结构、控制方法等开始突破传统的 PID 控制方法，并且已取得了成功应用的新进展。

先进控制系统是指针对工业过程本身非线性、时变性、耦合性和不确定性的特点，而采用的自适应控制、推断控制、预测控制、模糊控制、非线性控制、智能控制和人工神经网络控制等系统。这里将对其中几种先进控制系统作一简单介绍。

7.5.1 自适应控制系统

自适应控制系统是指能够适应被控过程参数的变化，自动地调整控制参数，从而补偿过程特性变化的控制系统。

工业上常用的自适应控制系统的形式多样，目前理论上较完整、应用较为广泛的自适应控制系统主要有以下几种。

① 简单自适应控制系统　可用一些简单的方法来辨识过程参数或环境条件的变化，按一定的规律来调整控制器参数，控制算法也比较简单。

② 模型参考自适应控制系统　利用一个具有预期的品质指标代表理想过程的参考模型，要求实际过程的模型特性向其靠拢。在原来反馈控制回路的基础上，增加一个根据参考模型与实际过程输出之间的偏差，通过调整机构（适应机构）来自动调整控制算法的自适应控制回路，以便使被调整系统的性能接近参考模型规定的性能。此类系统发展很快。

③ 自校正适应性控制系统　先用辨识方法取得过程数学模型的参数，然后以此进行校正控制算法，使其品质为最小方差，实现最优控制。

7.5.2 预测控制系统

预测控制可被认为是近年来出现的不同名称的新型控制系统的总称，它们尽管分别由不同国家的工程师和学者开发，但在系统结构和基本原理上有共同的特征，这其中包括模型预测启发控制（model predict heuristic control，MPHC），模型算法控制（model algorithmic control，MAC），动态矩阵控制（dynamic matrix control，DMC）以及预测控制（predictive control，PC）等。这些算法均采用工业过程中较易得到的脉冲响应或阶跃响应曲线，把它们在采样时刻的一系列数值作为描述对象动态特性的信息，从而构成预测模型。这样就可以确定一个控制量的时间序列，使未来一段时间中被控变量与经过"柔化"后的期望轨迹之间的误差最小。上述优化过程的反复在线进行，构成了预测控制的基本思想。这类系统有以下三大要素。

① 内部模型　在预测和控制算法中都引入了过程的内部模型。内部模型开始是非参量的，如动态矩阵控制中采用阶跃响应曲线的数据等，使建模工作变得相当简单。预测是用内部模型来进行的，依据当前和过去的控制作用和被控变量的测量值，来估计今后若干步内的变量值和偏差。

② 参考轨迹　设定值通过滤波器处理，成为参考轨迹，作用于系统，其目的是使被控变量的变化能比较缓和平稳地进行，或可称之为设定作用的"柔化"。

③ 控制算法　预测控制算法的特点是基于预测结果，求取能消除偏差，并使调节过程品质优化的控制作用。

7.5.3 模糊控制系统

英国的马丹尼（Ebrashim Mamdani）首先于1974年建立了模糊控制器，并用于锅炉和蒸汽机的控制，取得了良好效果。后来的许多研究大多基于他的基本框架。模糊控制可获得满意的控制品质，而且不需要过程的精确知识。模糊控制器的构思吸收了人工控制时的经验。人们搜集各个变量的信息，形成概念，如温度过高、稍高、正好、稍低、过低等，然后依据一些推理规则，决定控制政策。模糊控制器的设计在原则上包括以下三个步骤。

第一步，把测量信息（通常是精确量）化为模糊量，其间应用了模糊子集和隶属度的概念。

第二步，运用一些模糊推理规则，得出控制决策，这些规则一般都是 if…then…形式的条件语句，通常是依据偏差及其变化率来决定控制作用。

第三步，把这样推理得到的模糊控制量转化为精确量。

因此，整个过程是先把精确量模糊化，在模糊集合中处理后，再转化为精确量的历程。

7.5.4 人工神经网络控制系统

人工神经网络（artificial neural network，ANN）是以人工神经元模型为基本单元，采用网络拓扑结构的活性网络。它能够描述几乎任意的非线性系统，具有学习、记忆、计算和智能处理的能力，在不同程度和层次上模仿人脑神经系统的信息处理能力和存储、检索功能。ANN 是解决非线性系统和不确定性系统的控制问题的一种有效途径。

ANN 的工作过程分为两个阶段：一个阶段是学习期，此时计算单元不变，各连接权值通过学习来修改；另一个阶段是工作期，此时连接权固定，计算单元状态变化，以达到某种稳定状态。常用的学习规则包括：Hebb 学习规则、δ 学习规则、有监督 Hebb 学习规则。

人工神经网络已渗透到自动控制领域的各个方面，包括系统辨识、控制器设计、优化计算以及控制系统的故障诊断与容错控制等。基于神经网络控制器的设计方法主要有：由神经网络单独构成的控制系统，包括单神经元控制在内；神经网络与常规控制原理相结合的神经网络控制系统，如神经网络 PID 控制、神经网络预测控制、神经网络内模控制等；神经网络与自适应方式相结合的神经网络控制系统，包括神经网络模型参考自适应控制系统（NN-MRAC）和神经网络自校正控制系统（NN-STC）；神经网络智能控制，如 ANN 推理控制、ANN 模糊控制、ANN 专家系统等；神经网络优化控制。

学习要求

明确过程控制工程设计的基本任务和基本程序，初步学会系统方案的确定、被控变量的选择、操纵变量的选择、调节器的控制规律的正确确定方法。了解自动化装置选型原则，调节阀选择包括的内容，计算机控制系统设计涉及的内容，对 DCS 和 FCS 及其区别作一般了解。

以一生产过程为例，设计一整套控制系统：包括带控制点流程图一张，调节系统方框图若干张、检测仪表、调节仪表、执行器选型表及设计说明书。

参考文献

[1] 魏欣，李立早.可编程逻辑器件应用技术.北京：北京大学出版社，2014.
[2] 靳鸿.可编程逻辑器件与 VHDL 设计.北京：电子工业出版社，2017.
[3] 黄宋魏.工业过程控制系统及工程应用.北京：化学工业出版社，2015.
[4] 刘维.自动调节系统的工程设计方法.北京：机械工业出版社，2011.

[5]　董红生，李双科，李先山.自动控制原理及应用.北京：清华大学出版社，2014.

[6]　朱金钧.微型计算机原理及应用技术.北京：机械工业出版社，2016.

[7]　刘士荣.工业控制计算机系统及其应用.北京：机械工业出版社，2008.

[8]　刘国荣，梁景凯.计算机控制技术与应用.北京：机械工业出版社，2008.

[9]　李正军.现场总线及其应用技术.北京：机械工业出版社，2017.

[10]　张早校，王毅.过程装备控制技术及应用.第三版.北京：化学工业出版社，2018.

8　绝热设计

绝热是保温和保冷的统称。绝热的目的是防止在生产过程中的设备和管道等向周围环境散发或吸收热量，以节约能源，降低能耗，改善操作条件，保护环境，保障设备和管道的安全运行。因此，绝热工程已成为生产和建设过程中不可缺少的一项工程。

绝热设计是取得工程绝热最佳效果和效益的关键环节，应引起足够的重视。真正下工夫进行认真的绝热材料选择、绝热结构设计、绝热计算，以提高绝热工程的节能效果和经济效益。

8.1　绝热结构设计

对于石油、化工、医药等生产中所用各类装置的设备、管道及其附件，一个完整的绝热结构最多可由5层组成，由里到外分别为防锈层、绝热层、防潮层、保护层和修饰层（识别层）。

8.1.1　绝热结构的形式

根据采用的绝热材料的性质以及绝热层的形式和施工方法不同，绝热结构通常有以下几种形式。

充填结构　一般采用圆钢或扁钢做支承环，将环套或焊在管道或设备外壁，在支承环外包上镀锌铁丝网或镀锌铁皮，在中间充填疏松散状的绝热材料，使之达到规定的密度。这种结构常用于表面不规则的设备、管道、阀门的绝热。由于施工时很难做到充填均匀，影响绝热效果，同时由于使用散料充填，粉尘易于飞扬，影响工人的健康。因此，目前除了局部异形部件保温及冷装置采用外，其余已很少采用。充填结构中充填的绝热材料主要有岩棉、矿渣棉及玻璃棉等。

捆扎结构　是利用毡、席、绳或带之类的半成品绝热材料，在现场裁剪成所需要的尺寸，然后捆扎在管道或设备上，外面用镀锌铁丝或镀锌钢带缠绕扎紧。捆扎一层材料达不到设计厚度时，可以用二层或三层。包扎时要求接缝严密，厚薄均匀。捆扎结构所用的绝热材料主要有矿渣棉毡或毯、玻璃棉毡、超细玻璃棉毡等。

浇注结构　是将发泡材料在现场浇入被绝热的设备、管道等的模壳中，发泡成绝热层结构。这种结构过去常用于地沟内的管道，即在现场浇灌泡沫混凝土保温层。近年来随着泡沫塑料工业的发展，对管道阀门、管件、法兰及其他异形部件的保冷，常用聚氨酯泡沫塑料原料在现场发泡，以形成良好的保冷层。

预制品结构　是将绝热材料预制成硬质或半硬质的成型制品，如管壳、板、块，及特殊成型材料，施工时将成型预制品用钩钉或铁丝捆扎在管道或设备壁上构成绝热层。预制品结构使用的绝热材料主要有石棉硅藻土、玻璃棉、岩棉、膨胀珍珠岩、微孔硅酸钙、硅酸铝纤维等制成的预制品。

喷涂结构　是近年来发展起来的一种新的结构，将原料在现场喷涂于管道或设备外壁，使其瞬时发泡，形成绝热层。这种结构施工方便，但要注意生产安全。喷涂结构使用的材料主要为聚氨酯泡沫塑料。

复合结构　是一种耐高温的高效绝热结构，适用于较高温度的设备及管道的保温。施工时将耐热度高的材料作为里层，耐热度低的材料作为外层，组成双层或多层复合结构，既满足保温要求，又可以减轻保温层的质量。

可拆卸式结构　主要适用于设备和管道上的法兰、阀门以及需要经常进行维护监视的部位和支吊架的绝热。

目前国内常用的管道和设备等的绝热结构很多，图 8-1～图 8-5 所示为其中的一部分。

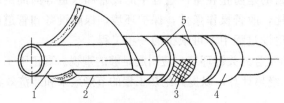

图 8-1　捆扎绝热结构图

1—管道；2—保温毡或布；3—镀锌铁丝网；

4—保护层；5—镀锌铁丝

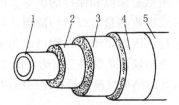

图 8-2　复合绝热结构图

1—管子；2—内层硅酸钙绝热层；

3—外层硅酸铝纤维制品绝热层；

4—聚氨酯泡沫涂层；5—镀锌铁皮护层

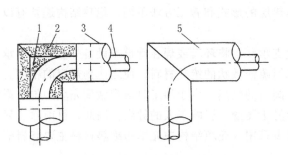

图 8-3　小直径管道弯管绝热结构图

1—填料绝热材料；2—预制管壳；

3—镀锌铁丝；4—管道；5—铁皮壳

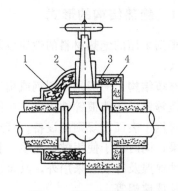

图 8-4　阀门保温结构图

1—玻璃棉毡；2—玻璃布保护层；

3—铁壳保护层；4—保温板

8.1.2　绝热层材料的选取

绝热材料是一种具有特殊性能的功能材料，因此，对绝热材料有不同于一般材料的性能

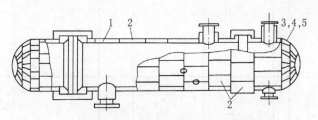

图 8-5 带法兰的卧式圆筒形设备保温结构图
1—弧形膨胀珍珠岩板；2—镀锌铁丝；3—镀锌铁丝网；
4—石棉水泥；5—镀锌铁皮

要求，按照 GB 50264—2013《工业设备及管道绝热工程设计规范》概括，主要有以下几个方面的基本性能要求。

导热系数 绝热材料应有随温度变化的导热系数方程式或图表。在运行中，保温材料的平均温度低于 350℃ 时，其导热系数值不应大于 0.12W/(m·K)；保冷材料的平均温度小于 27℃ 时，其导热系数值不应大于 0.064W/(m·K)。

密度 保温的硬质材料密度不大于 300kg/m³；软质材料及半硬质品密度不大于 200kg/m³；保冷材料的密度不大于 200kg/m³。

抗压强度 用于保温的硬质材料抗压强度不应小于 0.4MPa；用于保冷的硬质材料抗压强度不应小于 0.15MPa。

含水率 保温材料的含水率不应大于 7.5%（质量分数）；保冷材料的含水率不应大于 1%（质量分数）。

绝热层材料应选择能提供具有允许使用温度和不燃性、难燃性、可燃性性能检测证明的产品；对保冷材料，还需提供吸水性、吸湿性、憎水性检测证明。对硬质绝热材料尚需提供材料的线膨胀或收缩率数据。

用于与奥氏体不锈钢表面接触的绝热材料应符合《工业设备及管道绝热工程施工验收规范》有关氯离子含量的规定。

可燃性 绝热层材料按被绝热的工艺设备和管道外表面温度不同，其燃烧性能应符合 GB 8624—2012《建筑材料及制品燃烧性能分级》规定的燃烧等级，并符合如下规定：被绝热的设备与管道外表面温度大于 100℃ 时，绝热层材料应符合不燃类 A 级材料性能要求；被绝热的设备与管道外表面温度小于或等于 100℃ 时，绝热层材料不低于难燃类 B_1 级材料性能要求；被绝热的设备与管道外表面温度小于或等于 50℃ 时，有保护层的泡沫塑料类绝热层材料不低于一般可燃性 B_2 级材料性能要求。

化学性能 绝热材料及其制品的化学性能应稳定，对金属不得有腐蚀作用。

其他 如使用年限长、复用率高、价格低廉、施工方便，尽可能选用制品或半制品材料等。

迄今，已研制出的绝热材料品种众多，可供不同用途选择。工程中常用的绝热材料性能如表 8-1 所示。

由于节能的需求，对绝热材料提出了更高的要求，各种高效、廉价、工艺简单的新型绝热材料像雨后春笋般地涌现出来，并且在这方面的研究工作仍在不断发展。总的看来，工业绝热材料主要有以下两个研究发展方向。

表 8-1 常用绝热材料性能表（摘自 GB 50264—2013）

序号	材料名称		密度/(kg/m³)	最高使用温度/℃	推荐使用温度 T_2/℃	常用导热系数 λ_0（平均温度 $T_m=70℃$时）/[W/(m·K)]	导热系数参考方程	抗压强度/MPa
1	硅酸钙制品		170	650（Ⅰ型） 1000（Ⅱ型）	≤550 ≤900	0.055	$\lambda=0.0479+0.00010185T_m+9.65015\times10^{-11}T_m^3$ $(T_m<800℃)$	≥0.5
2	复合硅酸盐制品	毡	60~80	550	≤450	≤0.043	$\lambda=\lambda_0+0.00015(T_m-70)$	
		管壳	81~130	600	≤500	≤0.044		
			80~180	600	≤500	≤0.048	—	≥0.3
3	岩棉制品	管壳	100~150	450	≤350	≤0.044 ≤0.09($T_m=350℃$)	$\lambda=0.0314+0.000174T_m$ $(-20℃\leqslant T_m\leqslant100℃)$ $\lambda=0.0384+7.13\times10^{-5}T_m+3.51\times10^{-7}T_m^2$ $(100℃<T_m\leqslant600℃)$	
4	矿渣棉制品	管壳	≥100	400	≤300	≤0.044	$\lambda=0.0314+0.000174T_m$ $(-20℃\leqslant T_m\leqslant100℃)$ $\lambda=0.0384+7.13\times10^{-5}T_m+3.51\times10^{-7}T_m^2$ $(100℃<T_m\leqslant500℃)$	
5	玻璃棉制品	管壳	≥48	400	≤350	≤0.041	$\lambda=\lambda_0+0.00017(T_m-70)$ $(-20℃\leqslant T_m\leqslant220℃)$	
6	硅酸铝棉及其制品	板、管壳	≤220	1100	≤1000	≤0.044	$\lambda_L=\lambda_0+0.0002(T_m-70)$ $(T_m\leqslant400℃)$ $\lambda_H=\lambda_L+0.00036(T_m-70)$ $(T_m>400℃)$ （式中 λ_L 取 $T_m=400℃$时的计算结果）	
7	硅酸镁纤维毯		100±10， 130±10	900	≤700	≤0.040	$\lambda=0.0397-2.741\times10^{-6}T_m+4.526\times10^{-7}T_m^2$ $(70℃<T_m\leqslant500℃)$	

注：1. T_m 为评价温度。

2. 设计采用的各种绝热材料的物理化学性能及数据应符合各自的产品标准规定。

3. 导热系数参考方程中 (T_m-70)、(T_m-400) 等表示该方程的数据项。

4. 当选用高出本表推荐使用温度的玻璃棉、岩棉、矿渣棉和含黏结剂的硅酸铝制品时，需由厂家提供国家法定检测机构出具的合格的最高使用温度评估报告，其最高使用温度应高于工况使用温度至少 100℃。

研究发展高效能绝热材料　主要包括：发展轻级、超轻级绝热材料；研究发展真空保温材料；研究应用反射型绝热材料等。

研究发展廉价的绝热材料　主要包括：研究利用资源丰富的原料制造新型绝热材料；研究发展价格较低的无机聚合物和无机质绝热材料；研究发展廉价的有机泡沫材料或研究利用廉价原料代替现有高效绝热材料的昂贵原料，以降低材料的造价。

8.1.3　防潮层材料的选取

防潮层材料应具有抗蒸汽渗透性能、防水性能和防潮性能，并且其吸水率应不大于1%。

防潮层材料的燃烧性能应与绝热层材料的规定相同。

防潮层材料应选用化学性能稳定、无毒且耐腐蚀的材料，并且不能对绝热层和保护层材料产生腐蚀或溶解作用。

防潮层材料应选择在夏季不软化、不起泡和不流淌的材料，且在低温使用时不脆化、不开裂、不脱落的材料。

对于涂抹型防潮层材料，其软化温度不应低于65℃，黏结强度不应小于0.15MPa；挥发物不应大于30%。

目前工程上常用的防潮层材料有阻燃性玛蹄脂和聚氨酯防水卷材等材料。所采用相应材料应分别满足表8-2和表8-3中的性能要求。

表 8-2　阻燃性玛蹄脂性能要求

主要性能	指标（要求）
使用温度范围/℃	−60~65
黏结强度/MPa(20℃时)	≥0.25
耐热性	在95℃的温度下45°倾斜搁置4h,温度上升至120℃时45°倾斜搁置1h,无流淌及无气泡现象
耐低温性	在−60℃下放置2h,外观无异常
吸水率	室温浸泡24h,吸水量不大于试料重量的0.5%
阻燃性	氧指数不低于30%,施工时无引火性,干燥后离开火源1s自熄
干燥时间	指干5h,全干7d
伸长率	3%
密度/(kg/m³)	1300±100
颜色	黑色

表 8-3　聚氨酯防水卷材性能要求

主要性能	指标（要求）	主要性能	指标（要求）
材料组成	胎基:中碱人纹玻纤布 面层:聚氨酯阻燃防水涂料	氧指数	≥30%
		拉伸强度/MPa	≥10
厚度	0.3mm 0.6mm	不透水性	0.3MPa,2h,不透水
		剪切状态下的黏合性/(N/mm)	≥20.0
适用温度/℃	−45~110	颜色	铁红色

8.1.4 保护层材料的选取

保护层材料应选择强度高，在使用的环境温度下不软化、不脆裂，且抗老化，其使用寿命不小于设计使用年限。

保护层材料应具有防水、防潮、抗大气腐蚀、化学稳定性好等性能；并且不对防潮层或绝热层产生腐蚀或溶解作用。

保护层材料应采用不燃性材料或难燃性材料。对储存或输送易燃、易爆物料的设备及管道以及与其邻近的管道，其保护层材料必须采用不燃性材料。

欲使绝热设计达到最佳的节能效果，除要考虑材料的性能是否满足设备或管道的运行工艺要求，也要考虑绝热工程造价和绝热施工工艺等诸方面因素。

目前工程上常用的金属保护层材料如表 8-4 所示。

表 8-4　常用金属保护层材料及厚度　　　　　　　　　　　　mm

材料类型 ＼ 使用场合	$DN \leqslant 100$ 管道	$DN > 100$ 管道	设备与平壁	可拆卸结构	要求
镀锌薄钢板	0.3～0.35	0.35～0.5	0.5～0.7	0.5～0.6	需增加刚度的保护层可采用瓦楞板形式
铝合金薄板	0.4～0.5	0.5～0.5	0.8～1.0	0.6～0.8	

8.2 绝热计算

绝热计算，就是计算隔绝、阻止热量的传递、散失、对流的情况下物体的温度场和热流，即计算某个密闭区域内，温度或热量不受外界影响或者外界不能够影响而保持内部自身稳定的过程。

绝热计算的主要内容是计算绝热层厚度、散热损失、表面温度等。

8.2.1 绝热层厚度的计算

绝热层厚度，取决于所需施加的绝热层热阻大小，而绝热层热阻则取决于由绝热目的所提出的要求和其他的限制条件，如：限定外表面温度 t_s；限定散热热流密度 q；限定内部介质温降 Δt；限定内部介质的冻结或凝固温度；获得最经济效果（全年总费用最低）等。根据不同的目的和限制条件，可采用不同的计算方法。

（1）计算数据选取

绝热设计及其厚度的确定，受环境中各种因素的影响较大。因此，进行绝热计算时，应按条件选取有关数据。

设备或管道的外表面温度 T_0　无衬里的金属设备或管道的外表面温度，取介质正常运行温度 T_f；有内衬的金属设备或管道，应进行传热计算以确定外表面温度。

环境温度 T_a　室内：一般取 20℃ 左右。室外：常年运行取历年年平均温度；季节性运行取历年运行期日平均温度。通行地沟：当介质温度 $T_f = 80℃$ 时，T_a 取 20℃；当介质温度 $T_f = 81～110℃$ 时，T_a 取 30℃；当介质温度 $T_f \geqslant 110℃$ 时，T_a 取 40℃。防烫伤：在防烫伤厚度计算中，环境温度 T_a 取最热月平均温度。防冻：取冬季历年极端平均最低温度。

保冷：取历年最热月平均温度。

绝热层外表面温度 T_s 绝热层外表面温度 T_s 的确定，关系到热损失和绝热厚度。一般情况下防烫伤绝热层 T_s 取为 60℃，保冷层外表面温度 T_s 取为露点温度 T_d。

绝热层外表面放热系数 α_s 室内设备或管道，α_s 一般取 $10.44 \sim 11.63 \mathrm{W/(m^2 \cdot K)}$。在防烫伤计算中，$\alpha_s = 8.141 \mathrm{W/(m^2 \cdot K)}$。室外设备或管道，$\alpha_s$ 可按下式计算

$$\alpha_s = 1.163(6 + 3\sqrt{\omega}) \tag{8-1}$$

式中　ω——年平均风速，m/s。

（2）厚度计算

一般，圆筒形绝热层厚度应按下列公式计算。

ⅰ.保温，绝热层为单层时厚度　$\delta = \dfrac{1}{2}(D_1 - D_0)$ $\tag{8-2}$

ⅱ.保温，绝热层为双层时总厚度　$\delta = \dfrac{1}{2}(D_2 - D_0)$ $\tag{8-3}$

且双层中的内层厚度　$\delta_1 = \dfrac{1}{2}(D_1 - D_0)$ $\tag{8-4}$

双层中的外层厚度　$\delta_2 = \dfrac{1}{2}(D_2 - D_1)$ $\tag{8-5}$

ⅲ.保冷，绝热层为单层时厚度　$\delta = \dfrac{K}{2}(D_1 - D_0)$ $\tag{8-6}$

ⅳ.保冷，绝热层为双层时总厚度　$\delta = \dfrac{K}{2}(D_2 - D_0)$ $\tag{8-7}$

且双层中的内层厚度　$\delta_1 = \dfrac{K}{2}(D_1 - D_0)$ $\tag{8-8}$

双层中的外层厚度　$\delta_2 = \dfrac{K}{2}(D_2 - D_1)$ $\tag{8-9}$

式中　D_0——管道或设备外径，m；

D_1——内层绝热层外径，外层绝热层内径，当为单层时，D_1 即绝热层外径，m；

D_2——外层绝热层外径，m；

δ——绝热层厚度，当绝热层为两种不同绝热材料组合的双层绝热结构时，δ 为双层总厚度，m；

δ_1——内层绝热层厚度，m；

δ_2——外层绝热层厚度，m；

K——保冷厚度修正系数，除经济厚度计算中 K 值为 1 以外，其他计算中，K 值取值如下：保冷材料为聚苯乙烯时，$K = 1.1 \sim 1.4$；保冷材料为聚氨酯时，$K = 1.2 \sim 1.35$；保冷材料为泡沫玻璃时，$K = 1.1$。

8.2.2　经济厚度计算

绝热经济厚度是指设备或管道采用绝热结构后，年散热损失所花费的费用和绝热工程投资的年摊销费用之和为最小值时的计算厚度。

圆筒形绝热层

$$D_1 \ln \frac{D_1}{D_0} = 3.795 \times 10^{-3} \sqrt{\frac{P_E \lambda t(T_0 - T_a)}{P_T S}} - \frac{2\lambda}{\alpha_s} \tag{8-10}$$

平面形绝热层

$$\delta = 1.8975 \times 10^{-3} \sqrt{\frac{P_E \lambda t (T_0 - T_a)}{P_T S}} - \frac{\lambda}{\alpha_s} \tag{8-11}$$

式中　P_E——能量价格，元$/10^6$kJ；

$\quad\quad P_T$——绝热结构单位造价，元$/m^3$；

$\quad\quad \lambda$——绝热材料在平均温度下的导热系数，W/(m·℃)；

$\quad\quad t$——年运行时间，h，常年运行一般按8000h计，其余按实际情况计算；

$\quad\quad S$——绝热工程投资年摊销率，%，宜在设计使用年限内按复利率计算

$$S = \frac{i(1+i)^n}{(1+i)^n - 1}$$

$\quad\quad i$——年利率（复利率），%，一般取$i=10\%$；

$\quad\quad n$——计息年数，年，一般取$n=7\sim10$年；

$\quad\quad \delta$——绝热层厚度，m，利用式(8-10)或式(8-11)计算或根据$D_1 \ln \frac{D_1}{D_0}$由表8-5查得。

表 8-5　绝热层厚度 δ 速查表（摘自 GB 50264—2013）　　　　mm

$D_1 \ln \frac{D_1}{D_0}$	D_0																								平壁
	18	25	32	38	45	57	76	89	108	133	159	219	273	325	377	426	480	530	630	720	820	920	1020	2020	
0	0	0	0	0	0	0	0	0	0	0	0	0	0	0	0	0	0	0	0	0	0	0	0	0	0
0.05	16	17	18	18	19	19	20	21	21	22	22	23	23	23	24	24	24	24	24	24	24	24	24	25	25
0.1	27	29	31	32	33	35	36	37	39	40	41	43	44	44	45	45	46	46	47	47	47	48	48	49	50
0.2	40	50	53	55	57	60	64	66	68	71	73	77	80	82	84	85	86	87	89	90	91	91	92	98	100
0.3	63	68	72	75	78	82	88	91	94	99	102	108	113	116	119	121	123	124	127	129	131	133	134	141	150
0.4	79	86	90	93	97	103	109	113	118	124	128	137	143	147	151	154	157	159	163	166	169	171	173	184	200
0.5	94	101	107	111	115	122	130	135	141	147	153	164	171	177	182	186	190	193	198	202	205	209	211	226	250
0.6	108	116	123	128	133	140	150	155	162	170	177	189	198	205	211	216	220	224	231	236	240	244	248	267	300
0.7	122	131	138	144	150	158	169	175	183	192	199	214	224	232	239	245	250	255	262	268	274	279	283	307	350
0.8	135	145	153	160	166	175	187	194	203	212	221	237	249	258	266	273	279	284	293	300	307	312	317	346	400
0.9	148	159	168	175	182	192	205	212	222	233	242	260	273	283	292	300	307	313	323	331	338	345	350	385	450
1	161	173	183	190	197	208	222	230	241	252	263	283	297	308	318	326	334	340	352	361	369	376	383	422	500
1.1	174	186	197	204	212	224	239	248	259	272	283	304	319	332	343	351	360	367	380	390	399	407	415	459	550
1.2	186	199	210	219	227	239	256	265	277	291	303	325	342	355	367	376	386	394	408	418	429	438	446	495	600
1.3	198	212	224	233	241	255	272	282	295	309	322	346	364	378	391	401	411	420	435	446	457	467	476	530	650
1.4	210	225	237	246	256	270	289	298	312	327	341	367	385	401	414	425	436	445	461	474	486	496	506	565	700
1.5	222	238	251	260	270	284	304	315	329	345	359	387	407	423	437	449	460	470	487	501	514	525	535	600	750
1.6	234	250	264	274	284	299	319	331	346	363	378	407	427	445	459	472	484	495	513	527	514	553	564	633	800
1.7	245	262	277	287	298	314	334	347	362	380	396	426	448	466	482	495	508	519	538	553	568	581	593	667	850
1.8	257	275	289	300	311	328	350	362	379	397	414	445	468	487	504	517	531	543	563	579	594	608	621	700	900
1.9	268	287	302	313	326	342	365	378	396	414	431	464	488	508	525	540	554	566	588	604	621	635	648	732	950
2	279	299	314	326	338	356	379	393	411	431	449	480	508	528	546	562	577	599	612	629	646	662	676	764	1000

8.2.3 最大允许热、冷损失下绝热层厚度计算方法

绝热结构应保证热损失不超过国家规定的热能量最大损耗允许值（表 8-6、表 8-7）。

表 8-6 季节运行工况允许最大散热损失

设备、管道外表面温度/℃	50	100	150	200	250	300
允许最大散热损失/(W/m²)	116	163	203	244	279	308

表 8-7 常年运行工况允许最大散热损失

设备、管道外表面温度/℃	50	100	150	200	250	300	350	400	450	500
允许最大散热损失/(W/m²)	58	93	116	140	163	186	209	227	244	262

（1）圆筒形单层绝热厚度

当最大允许热损失以表 8-6 或表 8-7 的规定值或工艺要求条件下的计算值计算时

$$D_1 \ln \frac{D_1}{D_0} = 2\lambda \left(\frac{T_0 - T_a}{[Q]} - \frac{1}{\alpha_s} \right) \tag{8-12}$$

当允许热损失以每米管道的热损失为基准计算时

$$\ln \frac{D_1}{D_0} = \frac{2\pi\lambda(T_0 - T_a)}{[q]} - \frac{2\lambda}{D_1 \alpha_s} \tag{8-13}$$

（2）圆筒形多层绝热厚度

当允许热损失采用表 8-6 或表 8-7 的规定值或工艺要求条件下的计算值时，双层绝热层总厚度 δ 计算中，应使外层绝热层外径 D_2 满足下列恒等式

$$D_2 \ln \frac{D_2}{D_0} = 2\left(\frac{\lambda_1(T_0 - T_1) + \lambda_2(T_1 - T_2)}{[Q]} - \frac{\lambda_2}{\alpha_s} \right) \tag{8-14}$$

内层绝热层厚度 D_1 满足下列恒等式

$$\ln \frac{D_1}{D_0} = \frac{2\lambda_1}{D_2} \left(\frac{T_0 - T_1}{[Q]} \right) \tag{8-15}$$

外层绝热层外径 D_2 按式（8-5）或式（8-9）计算。

当工艺要求按允许热损失以每米管道的热损失为基准计算时，双层绝热层总厚度 δ 计算中，应使外层绝热层外径 D_2 满足下列恒等式

$$\ln \frac{D_2}{D_0} = \frac{2\pi[\lambda_1(T_0 - T_1) + \lambda_2(T_1 - T_a)]}{[q]} - \frac{2\lambda_2}{D_2 \alpha_s} \tag{8-16}$$

内层绝热层厚度 D_1 满足下列恒等式

$$\ln \frac{D_1}{D_0} = 2\pi\lambda_1 \frac{T_0 - T_1}{[q]} \tag{8-17}$$

外层绝热层外径 D_2 按式（8-5）或式（8-9）计算。

（3）平面形单层绝热厚度

$$\delta = \lambda \left(\frac{T_0 - T_a}{[Q]} - \frac{1}{\alpha_s} \right) \tag{8-18}$$

（4）平面形异材双层绝热厚度

内层厚度
$$\delta_1 = \frac{\lambda_1(T_0 - T_1)}{[Q]} \tag{8-19}$$

外层厚度
$$\delta_2 = \lambda_2 \left(\frac{T_1 - T_a}{[Q]} - \frac{1}{\alpha_s} \right) \tag{8-20}$$

式中　　$[Q]$——以每 m^2 绝热层外表面积为计算单位的最大允许热损失量，W/m^2；

$[q]$——以每 m 长管道为计算单位的最大允许热损失量，W/m；

T_1——内层绝热层外表面温度，$T_1 = 0.9[T_2]$，℃；

$[T_2]$——外层绝热材料允许安全使用温度，℃；

λ_1——内层绝热材料导热系数，$W/(m \cdot ℃)$；

λ_2——外层绝热材料导热系数，$W/(m \cdot ℃)$。

【例 7-1】 北方某蒸汽管道长年运行，其规格为 $\phi 219 \times 6$，蒸汽温度 260℃，室外架空敷设，年平均环境温度 5℃，当地年平均风速为 3m/s，采用岩棉管壳保温。试用最大热损失法计算保温厚度以及保温后的外表面温度。

解 设保温层外表面温度为 15℃，岩棉在使用温度下的导热系数为

$$\lambda = 0.0384 + 7.13 \times 10^{-5} \times \frac{260+15}{2} + 3.51 \times 10^{-7} \times \left(\frac{260+15}{2} \right)^2 = 0.0548 \, [W/(m \cdot ℃)]$$

表面放热系数为

$$\alpha_s = 1.163(6 + 3\sqrt{\omega}) = 1.163 \times 11.19 = 13 \, [W/(m^2 \cdot K)]$$

用式(8-12)计算保温厚度，查表 8-6 得最大热损失 $[Q] = 167.6 W/m^2$，得

$$D_1 \ln \frac{D_1}{D_0} = 2\lambda \left(\frac{T_0 - T_a}{[Q]} - \frac{1}{\alpha_s} \right) = 2 \times 0.0548 \times \left(\frac{260-5}{167.6} - \frac{1}{13} \right) = 0.1587$$

查表 8-5 得 $\delta = 63mm$

计算保温后的散热量，由式(8-13)变形可得

$$q = \frac{2\pi(T_0 - T_a)}{\frac{1}{\lambda} \ln \frac{D_1}{D_0} + \frac{2}{D_1 \alpha_s}} = \frac{2 \times 3.14 \times (260-5)}{\frac{1}{0.0548} \ln \frac{0.345}{0.219} + \frac{2}{0.345 \times 13}} = 183.3 W/m$$

保温后表面温度为

$$T_s = \frac{q}{\pi D_1 \alpha_s} + T_a = \frac{183.3}{3.14 \times 0.345 \times 13} + 5 = 18℃$$

计算出的表面温度 18℃ 略高于最初计算导热系数时假设的表面温度 15℃，故 $\delta = 63mm$ 的保温层可满足工程要求。

8.3　绝热工程检验与验收

为了贯彻国家的节能政策，提高绝热工程施工工艺水平，保证施工质量，减少工艺设备、管道及其附件的能量损失，改善劳动条件，提高经济效益，必须按照国家有关标准、规范对绝热工程在施工各工序及施工完毕后对工程质量进行检查验收。

8.3.1　材料的检验

绝热材料及其制品的检验　绝热材料及其制品，必须具有产品质量证明书或出厂合格证，其规格、性能等技术要求应符合设计文件的规定。

当绝热材料及其制品的产品质量证明书或出厂合格证中所列的指标不全或对产品有怀疑时，供货方应负责对绝热材料及其制品的性能进行复检，并应提供检验合格证。复检的主要

内容有：多孔颗粒制品的密度、机械强度、导热系数、外形尺寸等；松散材料的密度、导热系数和粒度等；矿物棉制品的密度、导热系数、使用温度和外形尺寸等；散棉的密度、导热系数、使用温度、纤维直径、渣球含量等；泡沫多孔制品的密度、导热系数、含水率、使用温度和外形尺寸等；软木制品的密度、导热系数、含水率和外形尺寸等；用于奥氏体不锈钢设备或管道上的绝热材料及其制品的氯离子含量指标等。

受潮的绝热材料及其制品，当经过干燥处理后仍不能恢复合格性能时，不得使用。保冷工程所用的绝热材料及其制品，其含水率不应超过 1%。软木制品的最大含水率不应超过 5%。

防潮层、保护层材料及其制品的检验　应符合下列规定：外形尺寸应符合要求，不得有穿孔、破裂、脱层等缺陷；绝热结构用的金属材料，应符合国家有关标准的要求；材料抽样检查：抗拉强度、抗压强度、密度、透湿率、耐热性、耐蚀性等指标，均应符合标准的要求。

8.3.2　施工过程中的检验

在施工过程中应按绝热施工组织设计所制订的具体工序项目进行检验，确认质量合格后，方可进行下一道工序作业。

表面清理及检验　对碳钢和铁素体合金钢制设备、管道及钢结构，必须进行表面清理，将其附着的油脂、油垢、铁锈、焊渣、旧漆膜、灰尘及其他污物清除干净。表面清理一般采用手动或机动工具和溶剂除净，在有条件的情况下，可以采用喷砂及喷丸除锈。

表面清理后，必须进行检验，应达到表面无油、无垢、无铁锈、无水、无灰尘等，呈现出金属本色。

涂装及检验　当绝热设计要求对绝热面及其附件进行涂装处理时，应根据现场实际情况或设计规定来选择涂料或漆的种类以及涂装方法。如设计无规定，当设备或管道的外表面温度低于 80～160℃，宜涂有机硅类防锈漆；如设备的介质温度低于环境温度，一般可涂冷沥青。

涂装处理时，施工人员必须在每遍涂漆前检查前一遍漆膜是否已经干燥，表面是否光滑、平整、洁净，无划痕、气泡、皱纹、漏涂等缺陷；不合格者不得进行下一道工序；涂完最后一遍面漆后，由施工负责人检查漆膜表面是否光滑平整、颜色是否符合设计要求，不合格者，必须进行修补涂漆或调整面漆的颜色，重新刷涂。

绝热施工检验　按标准或规定进行绝热层施工，固定件、支承件安装，防潮层施工，保护层施工等。各工序的施工质量必须按规定进行质量检查。

质量检查的取样布点为：设备每 50m² ，管道每 50m 应各抽查三处；工程量不足 50m² 或 50m 的绝热工程亦应抽查三处。其中有一处不合格时，应在不合格处附近加倍取点复查，仍有 1/2 不合格时，应认定该处为不合格。超过 500m² 的同一设备或超过 500m 的同一管道绝热工程验收时，取样布点的间距可以增大。

绝热结构固定件的质量检验，主要有：钩钉、销钉和螺栓的焊接或黏结应牢固，其布置的间距应符合安装规定；自锁紧板不得产生向外滑动；振动设备的螺栓连接，应有防止松动的措施；保温层的支承件不得外露，其安装间距应符合安装规定；垂直管道及平壁的金属保护层，必须设置防滑坠支承件。

绝热层的质量检验，应符合：保温层砌块的砌缝湿砌时，必须灰浆饱满，干砌时必须用矿物棉填实，拼缝宽度不得大于 5mm；保冷层砌块应黏结严实，拼缝不得大于 2mm；绝热层厚度的允许偏差，应符合表 8-8 的规定；硬质、半硬质绝热制品的安装密度允许偏差应为＋5％；软质绝热制品及充填、浇注或喷涂的绝热层，实地取样检查的安装密度允许偏差为＋10％。

表 8-8　绝热层厚度的允许偏差及检验方法（摘自 GB 50185—2010）

项目			允许偏差/mm	检查方式
厚度	嵌装层铺法、捆扎法、拼砌法及粘贴法	保温层　硬质制品	＋10 －5	尺量检查
		半硬质及软质制品	10％,但不得大于＋10mm; －5％,但不得小于－8mm	针刺、尺量检查
		保冷层	＋5 0	针刺、尺量检查
	充填、浇注及喷涂	绝热层厚度＞50	＋10％	填充法用尺测量固形层与工件间距检查;浇筑及喷涂法用针刺、尺量检查
		绝热层厚度≤50	＋5	

伸缩缝的检查验收，应符合：绝热层与保护层的伸缩缝和膨胀间隙，应按设计和规范有关规定检查缝的位置、宽度、间距、膨胀方向等，缝内充填物的使用温度应符合要求，伸缩缝的宽度允许偏差为 5mm。

防潮层的质量检验，应符合：所有接头及层次应密实、连续，无漏设和机械损伤；表面平整，无气泡、翘口、脱层、开裂等缺陷，对有金属保护层的防潮层，其表面平整度偏差不得大于 5mm；防潮层总厚度不应小于 5mm。

保护层的质量检验，应符合以下几点。

ⅰ.平整度应用 1m 长靠尺进行检查，抹面层及包缠层的允许偏差不应大于 5mm，金属保护层的允许偏差不应大于 4mm。

ⅱ.抹面层不得有疏松和冷态下的干缩裂缝，表面应平整光滑，轮廓整齐，并不得露出铁丝头。高温管道和设备的抹面层断缝应与保温层及铁丝网的断开处齐头。

ⅲ.对包缠层、金属保护层：不得有松脱、翻边、割口、翘缝和明显的凹坑；管道金属护壳的环向接缝应与管道轴线保持垂直，纵向接缝应与管道轴线保持平行。设备及大型储罐金属护壳的环向接缝与纵向接缝应互相垂直，并成整齐的直线；金属护壳的接缝方向，应与设备、管道的坡度方向一致；金属保护层的椭圆度，不应大于 10mm；金属保护层的搭接尺寸，设备及管道不少于 20mm，膨胀处不少于 50mm，其在露天或潮湿环境中，不少于 50mm，膨胀处不少于 75mm，直径 250mm 以上的高温管道直管段与弯头的金属护壳搭接不少于 75mm，设备平壁面金属护壳的插接尺寸不少于 20mm。

8.3.3　绝热工程验收及交工

绝热工程验收是指对绝热施工各工序以及对已竣工的整个分项工程进行的工艺质量的检查验收，以及材料及其配料质量检验资料的汇总移交。在绝热节能已成为第五能源的技术发展要求下，尤其从绝热最终效果的控制来看，作为绝热工程的验收和交工，还必须进行绝热效果的测试和评价。限于篇幅，有关绝热效果的测试和评价部分从略，有兴趣者可查阅有关资料。

绝热工程经检查验收合格后，施工单位应向建设单位提交下列交工文件：

ⅰ.绝热材料合格证，或理化性能试验报告；

ⅱ.工序交接记录，其记录应符合相应的规定；

ⅲ.抹面保护层灰浆材料的配比及技术性能检验报告；

ⅳ.浇注、喷涂绝热层的施工配料及其技术性能检验报告；

ⅴ.设计变更和材料代用通知；

ⅵ.绝热工程交工汇总表，其汇总表应符合相应的规定。

学习要求

本章重点掌握绝热设计的一般原则，绝热计算的方法。详细了解绝热设计从绝热材料选择、绝热结构设计、绝热层厚度计算到绝热施工检验与验收等方面的问题。

习　　题

1.有一立式设备，直径为 2m，设备内介质温度为 250℃，已知设备所在地年均气温为 12℃，年均风速 2m/s，设备位于室外。拟选用岩棉制品保温，计算符合国家最大允许热损失要求的保温厚度。

2.已知锅炉烟道的排烟温度 200℃，采用岩棉毡保温，室内空气温度为 25℃，试计算矩形金属烟道的保温层厚度。

3.已知一根主蒸汽管道 $\phi 219 \times 6$，温度为 450℃，室内空气温度为 25℃，采用微孔硅酸钙制品保温，控制保温层外表面温度为 50℃，试计算管道保温层厚度。

参考文献

[1]　GB 50126—2008　工业设备及管道绝热工程施工规范.

[2]　柳金海.绝热工程便携手册.北京：机械工业出版社，2008.

[3]　邹宁宇.绝热材料应用技术.北京：中国石化出版社，2005.

[4]　化工工艺系统设计编委会.化工工艺系统设计.北京：石油工业出版社，2013.

[5]　谢文丁.绝热材料与绝热工程.北京：国防工业出版社，2006.

[6]　GB/T 4272—2008　设备及管道绝热技术通则.

[7]　GB/T 8175—2008　设备及管道绝热设计导则.

[8]　GB 50185—2010　工业设备及管道绝热工程施工质量验收规范.

[9]　GB 50264—2013　工业设备及管道绝热工程设计规范.

9　防腐工程

　　过程装备所处理的介质和所处的环境，一般都具有腐蚀性。尤其是与各种酸、碱、盐等强腐蚀性介质接触，其腐蚀问题就更为突出。腐蚀造成的经济损失，据各工业国家统计，约占每年国民生产总值的 $1\%\sim4\%$。同时由于腐蚀还造成装备的跑、冒、滴、漏，污染环境，甚至引发火灾、爆炸等恶性事故。目前工业用材料，无论是金属材料，还是非金属材料，几乎没有一种材料是绝对耐腐蚀的。因此在过程装备的设计、制造、安装和使用过程中，应采取相应的措施，对腐蚀加以控制。

9.1　腐蚀的种类

　　影响腐蚀的因素主要来自材料自身和周围环境，而构成材料的组织结构、元素成分、性质、表面状态、受力情况以及环境介质千差万别。本节主要对金属和非金属材料的腐蚀种类进行划分。

9.1.1　金属材料腐蚀的分类

　　（1）按腐蚀机理分类

　　按腐蚀机理可分为化学腐蚀和电化学腐蚀。

　　① 化学腐蚀　金属的化学腐蚀是指金属和纯的非电解质直接发生化学作用而引起的金属破坏和性能降低，在腐蚀过程中没有电流产生，例如金属和高温含硫介质作用生成金属硫化物的过程。实际上单纯的化学腐蚀是很少见的，因为纯的非电解质中含有少量水分，多数都转化成电解质，从而转化成电化学腐蚀。

　　② 电化学腐蚀　金属的电化学腐蚀是指金属和电解质发生电化学作用而引起的金属材料的破坏。它的特点是：在腐蚀过程中同时存在两个相对独立的反应过程——阳极反应和阴极反应，并有电流产生。金属的电化学腐蚀是最普遍的一种腐蚀现象，由电化学腐蚀造成的破坏损失也是最严重的。潮湿空气中的钢铁腐蚀，就是最常见的电化学腐蚀现象。

　　（2）按腐蚀破坏的形式分类

　　按腐蚀破坏的形式可分为全面腐蚀和局部腐蚀。

① 全面腐蚀　金属的全面腐蚀又称均匀腐蚀，是指腐蚀作用以基本相同的速率在整个金属表面同时进行。这种腐蚀在设计时留出一定腐蚀裕度进行补偿，危害性不大。例如碳钢或锌板在稀硫酸中的溶解，以及某些材料在大气中的腐蚀都是典型的全面腐蚀。

② 局部腐蚀　是指腐蚀作用仅发生在金属的某一局部区域，而其他部位基本没有发生腐蚀；或者是金属某一部位的腐蚀速率比其他部位的腐蚀速率快得多。由于局部腐蚀是在阳极（一般为金属溶解的电极）面积较小、阴极（在该电极上吸收电子，离子还原）面积较大的情况下进行，并且阴极电流和阳极电流保持相等，就造成阳极电流密度很大，溶解的金属离子也就越多，腐蚀速率也就特别快，甚至会在难以预料的情况下突然发生破坏。局部腐蚀的破坏形式种类很多，其中主要有以下几种。

应力腐蚀破裂　在拉应力和腐蚀性介质联合作用下，以显著速率发生和扩展的一种开裂破坏。如不锈钢、铜合金、碳钢等材料在特定介质中使用时产生的微裂纹再扩展为宏观裂纹的现象。

腐蚀疲劳　在腐蚀介质和交变应力或脉动应力联合作用下产生的腐蚀。例如金属材料在使用过程中常发生的脆性断裂且断口附近无塑变的腐蚀疲劳现象。

磨损腐蚀　在高速流动的或含固体颗粒的腐蚀性介质中，以及摩擦副在腐蚀性介质中发生的腐蚀损坏。磨损腐蚀易发生在处于运动流体中的设备上，如离心机、推进器、叶轮、换热器等。

小孔腐蚀　腐蚀破坏主要集中在某些活性点上，蚀孔直径等于或小于孔的深度，严重时可导致设备穿孔。例如生产中的轴承套圈表面出现的准圆形或长圆形黑点状缺陷。

晶间腐蚀　腐蚀沿晶间进行，使晶粒间失去结合力，金属机械强度急剧下降。破坏前金属外观无明显变化。例如在锌合金压铸件表面，因铅、镉、锡等杂质元素超标聚集在晶粒交界处形成的晶间腐蚀。

缝隙腐蚀　发生在诸如铆接、螺纹连接、焊接接头、密封垫片等缝隙处的腐蚀。

电偶腐蚀　在电解质溶液中，异种金属接触时，电位较正的金属促使电位较负的金属加速腐蚀的类型。日常生活中所用的水表，其内部材料为铜，与钢制水管相连，最容易产生电偶腐蚀。

其他还有如氢脆、选择性腐蚀、空泡腐蚀、丝状腐蚀等局部腐蚀。

（3）按腐蚀环境分类

按腐蚀环境分为大气、土壤、电解质溶液、熔融盐中的腐蚀以及高温气体腐蚀等。

9.1.2　非金属材料腐蚀的分类

非金属材料分为有机高分子材料和无机材料两大类。其腐蚀也分别研究。

① 有机高分子材料的腐蚀分类　有机高分子材料的腐蚀破坏形式主要有以下几种。

溶胀和溶解　溶剂分子渗入材料内部破坏了大分子间的次价键，与大分子发生溶剂化作用，材料的体积和重量都增大。体型高聚物由于溶胀、软化，使强度显著降低；线性高聚物还会由溶胀进而溶解。例如天然橡胶在汽油中因溶胀而溶解的现象。

化学裂解　渗入高分子材料内部的活性介质还可能与大分子发生氧化、水解等化学反应，使大分子链的主价键发生断裂。尤其在温度高于 $150\sim200℃$ 时，更容易引起高聚物的分解。

应力腐蚀　在应力与某些活性介质共同作用下，介质更容易渗入材料内部，随应力的增大，耐蚀性急剧下降。不少高分子材料还会出现银纹，进而生长成裂纹，甚至发生脆性断裂。

渗透破坏 当高分子材料用作设备衬里层时，如果材料有较大的孔隙率，即使不发生溶胀、裂解等作用，一旦介质渗过衬里层就会造成基体材料的强烈腐蚀。

② 无机材料的腐蚀分类 用于防腐蚀的无机非金属材料主要有硅酸盐材料、不透性石墨材料。石墨材料主体元素是碳，是化学惰性元素，与多数介质不发生化学反应。不透性石墨材料的耐蚀性部分决定于黏结剂和孔隙率。黏结剂有树脂黏结剂，为有机高分子材料和水玻璃黏结剂。硅酸盐材料的腐蚀破坏主要有两种形式。

ⅰ.腐蚀介质与材料组分直接发生化学反应而引起的破坏。

ⅱ.腐蚀介质或腐蚀产物渗透到材料内部，由于发生化学反应或物理反应（如结晶），引起体积膨胀而使材料破坏。

9.2 金属腐蚀的防护方法

因为金属材料是工程中防腐的重点，本章主要阐述金属腐蚀的防护方法。影响金属腐蚀的因素，主要有环境介质的外在因素和金属本身的内在因素。从影响金属腐蚀的外在因素着手，应对腐蚀环境进行处理，采用耐腐蚀层覆盖、合理进行结构设计等防腐蚀手段；从影响金属腐蚀的内在因素着手，则针对具体的腐蚀环境，正确合理的选材。从金属的腐蚀机理考虑，可采用电化学保护。

9.2.1 改善腐蚀环境

腐蚀环境是引起金属腐蚀的客观因素，它包括的内容很广，也很复杂。如介质的成分、浓度、pH 值、温度、压力、流速、有害杂质的含量，以及缓蚀剂的含量等。降低腐蚀环境中的有害杂质，调整 pH 值，可在一定程度上控制腐蚀。在介质中加入缓蚀剂和水处理剂，可减少介质的腐蚀作用。对介质的浓度、温度、压力、流速进行监控可掌握腐蚀过程的变化情况，及时采取措施控制腐蚀。改善腐蚀环境的方法主要有以下几种。

物理法去除环境中腐蚀物质 如用加热法除去水中溶解氧，降低引起金属氧去极化腐蚀速率。

化学法调节 pH 值 一般情况下，在 pH<7 的酸性介质中，金属容易产生氢去极化腐蚀过程，金属表面的保护膜也容易遭到破坏。而中性（pH=7）和弱碱性（pH=8~9）介质的腐蚀性较小。所以，应采取措施把介质的 pH 值调整至中性或弱碱性。如一些工业用水含较多 CO_2 时，会使水的 pH 值偏低（pH<7），具有较强的腐蚀性，可引起钢铁设备的腐蚀。为了降低这些工业用水的腐蚀性，一般可采用加氨或胺的方法调节水的 pH 值，以降低其腐蚀性。

脱除固体颗粒法 采用各种液固、气固分离法，脱除介质中的固体颗粒，减少磨损腐蚀。

添加水质稳定剂 水质稳定剂常用于解决敞开式循环冷却系统在运行过程中遇到的腐蚀、结垢、微生物生长等问题。常用的水质稳定剂主要有控制腐蚀用的缓蚀剂，如铜及盐酸酸洗缓蚀剂；控制结垢用的阻垢剂，如由有机磷酸、聚羧酸、磺酸盐共聚物组成的具有螯合、分散性能的复合锅炉除垢剂；控制微生物生长用的杀生剂，如复合季铵盐杀菌灭藻剂。

添加缓蚀剂法 缓蚀剂是少量添加于腐蚀性介质中就能使金属腐蚀速率减低甚至完全抑制的物质。缓蚀剂种类繁多，按作用机理分类，可分为阳极型、阴极型和混合型三类。阳极型通过增加阳极极化，促使金属钝化，提高耐蚀性；阴极型是使阴极过程变慢，增大酸性溶液中氢超电压，使腐蚀电位向负方向移动；混合型同时抑制阴、阳极过程，虽然腐蚀电位变化不大，但腐蚀电流减少很多。

按所形成的保护膜特征分类，可分为氧化型、沉淀型和吸附型。氧化型缓蚀剂因氧化作用使金属表面钝化，又称钝化剂；沉淀型缓蚀剂能与介质中的有关离子发生反应，并在金属表面形成防腐蚀的沉淀膜，但这层膜比钝化膜致密性差；吸附性缓蚀剂能吸附在金属表面，改变金属的表面性质，从而防止腐蚀。

9.2.2　电化学保护法

9.2.2.1　电化学保护原理

在电解质中，金属构件各部分由于某种原因产生电位差而形成腐蚀电池，这时，电位较高的那部分称为阴极，电位较低的部分称为阳极。阳极金属失去电子发生氧化反应，以离子的形式进入到介质中，导致金属腐蚀。阳极金属失去的电子通过导体转移到阴极，被氧化性物质消耗掉。如果给金属构件通以电流，则金属的电位将发生正向变化或负向变化。当金属的电位达到一定的、较低的电位值时，可使金属的腐蚀减缓，甚至停止。对于可钝化的金属，使电位达到校正值并进入钝化区后，也能使金属腐蚀大幅度减轻。这种通过外加电流使金属的电位发生改变从而防止金属腐蚀的方法，叫做金属的电化学保护法。它分为阴极保护和阳极保护两种方法。

把极化电流密度与极化电位间的关系绘成曲线，称为极化曲线。把构成腐蚀的阳极极化曲线和阴极极化曲线绘在统一坐标系中，称为腐蚀极化图。常见的艾文思（Evans）图就是一种腐蚀极化图，它忽略了电位随电流变化的细节，将极化曲线画成直线。因此，艾文思极化图是一种简化了的腐蚀电池极化的示意图，如图 9-1 所示。图中 $E_a^o S$ 为阳极极化曲线，$E_c^o S$ 为阴极极化曲线。E_a^o、E_c^o 分别为阳极、阴极反应的平衡电位。当电极体系中总电阻等于零时，它们相交于 S 点，这时阳极电位和阴极电位相等，即等于腐蚀电位 E_{corr}，与此相应的电流 I_{corr} 为该体系理论上的最大电流。

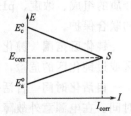

图 9-1　腐蚀电池极化示意图

腐蚀电池工作时，两极发生极化，限制了通过腐蚀电池的腐蚀电流的大小。图中极化曲线的斜率即极化率，表示通过单位电流强度时电极电位的变化（$\Delta E/\Delta I$），表示电极的极化性能。电极极化的大小，表示极化过程进行时所需驱动力的大小。因此，利用腐蚀极化图，可以定性说明腐蚀过程主要受哪一个因素的控制，如图 9-2 所示。当极化主要发生在阴极时，腐蚀反应受阴极过程控制，即腐蚀电流基本上取决于阴极的极化率。此时的腐蚀电位十分接近阳极的平衡电位。

9.2.2.2　阳极保护

阳极保护是利用金属在电解质溶液中，依靠阳极极化，用外加电流，使初始电流迅速达到致钝电流，而使被保护设备钝化。

外加电源由直流电源供电，被保护设备接电源的正极，辅助阴极浸入介质中，接电源负极。由于在被保护设备上电子在电源正极连通的情况下，能很快移走，使被保护设备电位升高，而迅速进入钝化。只要维持在钝态区的电流（维钝电流密度），便可保护设备。在外加电源阳极保护设计和运行中的主要参数是使金属建立钝态和保持钝态的致钝电流密度、维钝

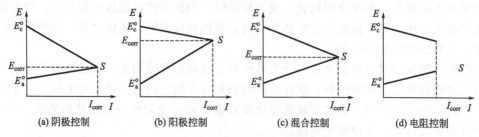

图 9-2　腐蚀速率的控制步骤

电流密度、钝化区范围、自活化时间、分散能力，应对其进行严格控制。

致钝电流密度　致钝电流密度越小，需用电源设备功率越小，投资越低，耗电量也越小。但致钝电流密度与金属本性、介质条件、致钝时间有关。在金属和介质条件一定的情况下，致钝电流密度越小，致钝时间越长，致钝过程中总腐蚀量越大。为了减少致钝过程腐蚀量，减少电源设备投资，在工艺条件允许的情况下，应采用逐步钝化法。将被保护设备接上电源后，逐步在设备内注入腐蚀性溶液，根据电源能提供的电流大小，确定注入量。使溶液覆盖的被致钝面积上，产生的电流密度达到经试验确定的致钝时间内需要的值以上，依次分段建立钝态。这种方法可极大地降低电源设备投资，减少设备的腐蚀量，但电源设备的容量，必须使产生的电流密度达到致钝电流密度以上。

维钝电流密度　维钝电流越小越好，可以减少运行费用。但它的大小取决于金属特性和介质的组成、浓度、pH 值、温度等。工程中为了降低维钝电流密度，常采用涂料-阳极保护的联合保护。

钝化区范围　钝化区范围宽度越宽越好，可在电位波动的情况下，不致出现转变到活化区或过钝化区的危险，降低对控制电位的仪器设备和参比电极的要求。

自活化时间　自活化时间是切断维持钝化电流后，金属自发地从钝态转变成活态所需的时间。在电源意外故障时，这个参数很重要。如果自活化时间长，可允许有充分时间处理故障，这个时间越长，阳极保护的可靠性越高。当自活化时间较长时，还可采用间断供电方法，以节约能量。

分散能力　分散能力指电流均匀分布到设备远近凹凸各部位的能力。一般阳极保护在钝化后，由于钝化膜阻的原因，分散能力较好。但初始致钝时，应注意这一参数，这时分散能力远低于钝化后的分散能力。为使致钝过程不出现局部不钝化或局部过钝化，在设计和致钝时应特别引起注意。

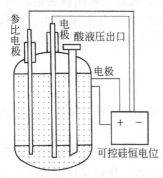

图 9-3　三氧化硫发生器
阳极保护装置

应用实例：我国 20 世纪 70 年代初研究成功的 SO_3 发生器阳极保护装置如图 9-3。碳钢罐 $\phi 1400 \times 2340$，内装 102% H_2SO_4，明火加热高达 300℃。阴极采用 1Cr18Ni9Ti，参比电极也用此材质，恒电位仪容量 100A/8V。控制指标为：对 Hg_2SO_4（K_2SO_4）参比电极，+2600mV；对 1Cr18Ni9Ti 参比电极，+2200mV。保护后，腐蚀速率由 39mm/a 降至 1.5mm/a，水线腐蚀同时获得解决。

9.2.2.3　阴极保护

被保护金属设备与直流电源的负极相连，依靠外加阴极电流进行阴极极化而使金属得到保护的方法，称为外加电流阴极保护，简称电保护。当被保护设备接电源负极后，使设备的负电性提高，电极电位变负。
阴极保护的基本参数有以下几个。

最小保护电流密度　使金属腐蚀停止，即达到完全保护时所需的最小电流密度。实际工作条件下，这一参数直接测量难度较大，常以测定设备在所处介质中的电位值评定保护程度。

最小保护电位　阴极保护下，当金属刚好完全停止腐蚀时的临界电位称为最小保护电位。

应用实例：62km 地下管线保护面积 51700m^2，$I_保$初期选 0.2mA/m^2，涂装劣化后选 0.6mA/m^2。总电流为 10～31A。选择整流器 36V/6A 容量的 8 台，安装在室外电线杆上，相隔 8km 一台。阳极为 $\phi55\times820$ 的磁性氧化铁，埋深 1.5～2.0m，每个面积 0.14m^2。并用继电器式选择排流器，防止电车杂散电流。排流时最小 35A。如图 9-4 所示。

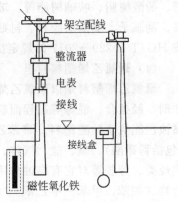

图 9-4　外加电源保护地下管线

9.2.3　防腐衬里法

在过程装备的防腐蚀方法中，衬里防腐是采用很广泛的方法之一。衬里防腐综合利用不同材料的特性，经济实用，具有较长使用寿命和安全可靠性。衬里防腐是在钢铁或混凝土设备上，根据不同腐蚀介质和条件，选择不同衬里材料的防腐方法。这种方法，充分利用强度和刚度较高的钢铁和混凝土设备作为基体结构材料，但耐蚀能力较差；而非金属材料或贵金属材料及有色金属材料在不同腐蚀环境中分别具有较高耐蚀能力，但强度和刚度不高的特点，让基体材料承受载荷，衬里起耐蚀作用，充分发挥各自的优势，克服各自的不足。设备衬里按衬里材料分类，常用的有砖板衬里、橡胶衬里、玻璃钢衬里、聚氯乙烯塑料衬里、衬铅与搪铅衬里等。

（1）砖板衬里

砖板衬里技术是在金属或混凝土设备的内壁，以耐腐蚀胶泥衬砌砖板，使腐蚀性介质与设备基体隔离，从而达到防腐的目的。砖板衬里的适用范围及防腐效果取决于胶泥与砖板的性能及施工方法。胶泥是砖板衬里的黏结剂，它是由黏结剂、固化剂、耐腐蚀填料等主要组分组成。根据所用原料的不同，各种胶泥的性能亦不同。目前国内外常用的耐腐蚀胶泥主要有水玻璃胶泥与树脂胶泥两大品种。水玻璃胶泥是以钠或钾水玻璃为黏结剂，并加入固化剂、耐腐蚀填料配制而成，又称硅酸盐胶泥。树脂胶泥是以各类树脂为黏结剂并加入固化剂、耐腐蚀填料、性能改进剂等配制而成。其主要品种有酚醛胶泥、呋喃胶泥、环氧胶泥、聚酯胶泥以及以这些胶泥为主的改性胶泥。

（2）橡胶衬里

橡胶衬里是选取一定厚度的片状耐蚀橡胶料贴合在基体表面，形成连续完整的保护覆盖层，保护基体，达到防腐目的。这是一种经济实用的传统防腐技术。由于橡胶制品不仅具有耐化学药品性能好，还具有特殊大分子结构所赋予的高弹性，以致兼备优良的耐磨蚀、防空泡腐蚀，适应交替变形和温度等宝贵的特性。衬里用橡胶品种主要有天然橡胶、丁苯橡胶、氯丁橡胶、丁基橡胶等。

（3）玻璃钢衬里

玻璃钢是用玻璃纤维增强的塑料。该塑料是由树脂加上各种添加剂制成的。目前制作玻璃钢的塑料多为热固性塑料。玻璃钢的种类是根据所用树脂的种类分类的。玻璃钢衬里的耐蚀性主要取决于所用树脂的耐蚀性和施工方法。目前常用的树脂有不饱和聚酯树脂、环氧树脂、酚醛树脂、呋喃树脂等。玻璃钢衬里的施工，一般采用手糊法。在基体表面处理后，打底、刮腻子、刷面层胶料、衬贴各层玻璃布、最后刷面层。其施工要求、质量检查和验收，按 HG/T 20229—2017 的规定执行。

（4）聚氯乙烯塑料衬里

聚氯乙烯塑料是以聚氯乙烯树脂为主要成分，加入稳定剂、润滑剂、填料、增塑剂等添加剂，经捏合、混炼等过程而制成。聚氯乙烯具有优良的耐蚀性能。室温或低于 50℃ 下耐腐蚀性能优于酚醛塑料、聚苯乙烯、有机玻璃等许多常用的其他工程塑料。聚氯乙烯耐酸（包括稀硝酸）、碱、盐、气体、水等腐蚀，只有浓硝酸、发烟硫酸、醋酐、酮类、醚类、卤代烃类、芳胺等对它有腐蚀作用。聚氯乙烯不耐胺类，尤其苯胺的腐蚀，它在芳香族碳氢化合物（如苯、甲苯、甲乙酮）、氯化氢化合物（如二氯乙烷、三氯乙烯、氯化苯等）、酮类（如丙酮、甲乙酮等）和醚类介质中会被溶解或溶胀。室温下能溶解聚氯乙烯的溶剂有环己酮、硝基乙烷、吡啶及四氢呋喃。衬里用软聚氯乙烯板材。衬里方法有：空铺法、螺栓压条固定法、内衬钢箍法、粘贴法。其施工要求、质量检查和验收，按 HG/T 20229 的规定执行。

（5）衬铅与搪铅衬里

把铅板贴衬在设备、管件及其构筑物的表面的施工叫做衬铅。搪铅是使铅在熔融状态下形成分布层，冷凝后紧密贴合在设备表面上的施工方法。搪铅的主要优点是搪铅层与被搪层基体表面没有间隙，搪层致密无气孔，与基体有较高的附着强度，适用于防腐层传热、温度变化频繁、负压操作设备。

铅具有良好的化学耐腐蚀性能，在常温下，除了浓硫酸和发烟酸外，耐各种浓度的硫酸。在硫酸条件下，铅表面生成一层致密的硫酸铅保护膜。当硫酸的浓度超过 75% 时，随酸浓度的增加，保护膜被溶解进入腐蚀状态。铅在各种水溶液腐蚀介质中的腐蚀性与它的腐蚀性产物的溶解度有一定关系，溶解度高的腐蚀严重，难溶的腐蚀性低。在中性介质中具有很好的耐蚀性。在铬酸、亚硫酸中相当稳定。而对盐酸、氢氟酸、醋酸、蚁酸和硝酸均不耐腐蚀。碱液能溶解铅，因此在碱液中不耐蚀。干燥的氯、氟、溴等气体，在常温下对铅只有轻微的腐蚀。在二氧化硫气体中，即使在较高温度下也很稳定。在大气中的腐蚀，根据气体成分决定，因为大气腐蚀属于液膜腐蚀控制。

9.2.4 耐腐蚀材料法

耐腐蚀材料是抑制被防腐对象发生化学腐蚀和电化学腐蚀的一种材料。在安装工程中常用的防腐材料主要分为耐蚀金属材料和耐蚀非金属材料。

（1）耐蚀金属材料

耐蚀合金 利用热力学稳定性高的元素进行合金化是提高金属耐蚀性的常用手段。常用的耐蚀合金材料主要有铁基合金、镍基合金、活泼金属等。铁基合金按不同金相组织大致可以分为马氏体合金钢、高铬铸铁、奥氏体锰钢、马氏体不锈钢、珠光体钢等；镍基合金根据不同的合金元素主要有镍铜合金、镍铬合金、镍钼合金、镍铬钼合金等。

耐蚀合金不仅在诸多工业腐蚀环境中具有独特的抗腐蚀甚至抗高温腐蚀性能，而且具有强度高、塑韧性好，可冶炼、铸造、冷热变形、加工成型和焊接等特性，被广泛应用于石化、能源、海洋、航空航天等领域。

耐蚀纯金属　纯金属材料在具备以下三个条件之一时，也具有在腐蚀性介质中抵抗介质侵蚀的能力。

ⅰ.热力学稳定性高的金属。如 Pt、Au、Ag、Cu 等这一类贵金属。

ⅱ.易于钝化的金属，如 Ti、Zr、Ta、Nb、Cr、Al 等。

ⅲ.表面能生成难溶的和保护性良好的腐蚀产物膜的金属。这种情况只有在金属处于特定的腐蚀介质中出现，例如，H_2SO_4 溶液中的 Pb 和 Al，H_3PO_4 中的 Fe，盐酸溶液中的 Mo 以及大气中的 Zn 等。

（2）耐蚀非金属材料

采用耐蚀非金属材料替代易腐蚀材料，已成为当代防腐蚀的常用手段之一。目前防腐工程以大量采用高分子材料等耐蚀非金属材料替代常用金属材料制作化工设备、管道等构件。高分子材料在酸、碱、盐溶液中具有优良的耐腐蚀性能，但由于腐蚀条件的多样与复杂，处于有机介质环境中的高分子材料，其耐腐蚀性大打折扣。但高分子材料品种繁多，性能各异，只要充分掌握其性能特点，合理选材，很多化工介质的腐蚀问题是可以解决的。

常用的耐蚀非金属材料主要有以下几种。

树脂类　酚醛树脂、环氧树脂、不饱和聚酯树脂、呋喃树脂、复合树脂。

塑料类　聚氯乙烯、聚丙烯、聚乙烯、氟塑料、氯化聚醚、聚苯硫醚。

橡胶类　天然橡胶、氯化橡胶、氯丁橡胶、氯磺化聚乙烯橡胶、丁苯橡胶、丁腈橡胶。

硅酸盐材料类　天然耐蚀硅酸盐材料、铸石、化工陶瓷、玻璃、化工搪瓷、水玻璃耐酸凝胶材料。

其他耐蚀材料　不透性石墨、以硫黄为胶结剂的耐蚀材料。

9.2.5　防腐蚀覆盖层法

在工程中，广泛使用的方法是把腐蚀介质与工业装备用耐腐蚀性较好的材料进行隔离，达到防腐的目的。常用的防腐蚀覆盖层有防腐涂料和金属覆盖层。

9.2.5.1　防腐涂料

（1）涂料的组成

涂料是一种涂覆于物体表面并能形成牢固附着的连续薄膜物质。通常是以树脂或油为主加入（或不加入）颜料、填料，用有机溶剂或用水调制而成的黏稠液体。

成膜物质　主要由树脂或油组成，是使涂料牢固附着于被涂物表面形成连续薄膜的主要物质，是构成涂料的基础，决定着涂料的基本特性。

分散质料　是指挥发性的有机溶剂或水。其作用主要是使成膜物质分散而成黏稠状液体，它本身不会构成涂层，但在涂料成分中是不可缺少的，有助于施工且兼有改善涂膜的某些性能。通常将成膜物、分散质料及添加剂统称为漆料。

颜料和填料　主要作用在于着色和改善涂膜性能，增强涂膜的保护、装饰和防锈能力，亦起到降低涂料成本的作用。

此外，为了调整涂膜的性能，在涂料中往往加入各种辅助材料，如固化剂、增塑剂、防结皮剂、催干剂、流平剂等。尽管这些物质不构成膜，但在涂料成膜过程中起到相当重要的作用。

（2）涂层的作用

涂料保护金属主要是通过以下三种作用实现的：屏蔽作用，涂层将金属表面与环境隔离开；缓蚀作用，借助于涂料内部金属氧化物与金属反应，使金属表面钝化，同时一些油料在金属皂催化作用下生成降价产物，起延缓金属基体腐蚀的作用；电化学保护作用，涂料中往往选用比铁活性更高的金属氧化物作填料，例如锌，一旦化学介质渗入，穿透涂层接触金属即发生电化学腐蚀，电性比铁更负的锌就作为牺牲阳极，从而保护了铁不遭破坏。

9.2.5.2 金属覆盖层

金属覆盖层的涂覆方法很多，在工程中常见的用于防腐蚀工程的方法有以下几类。

（1）电化学方法

电镀 当具有导电表面的制品与电解质溶液接触，并作为阴极，在外电流作用下，在其表面上形成与基体牢固结合的镀覆层的过程称为电镀。镀层可以是金属、合金、半导体以及含有各类固体微粒的镀层，如镀铜、镀镍。

电泳 把被涂的钢铁材料浸入含涂层金属微粒的液体介质中，然后在钢铁材料和另一电极之间通入直流电，使金属微粒沉积在钢铁材料表面。电泳涂层本身的强度以及与钢基的结合力都较弱，因此要经过压实与烧结等处理后，方可应用。这种方法可用来镀铝、镀镍等。

阳极氧化 当具有导电表面的制品与电解质溶液接触，并作为阳极，在外电流作用下，在其表面上形成与基体牢固结合的氧化膜层的过程称为阳极氧化。如铝及铝合金的阳极氧化。

（2）化学方法

化学镀 当具有一定催化作用的制品表面与电解质溶液接触，在无外电流通过的情况下，利用物质还原作用，将有关物质沉积于制品表面并形成与基体结合牢固镀覆层的过程称为化学镀。如化学镀镍、化学镀铜等。

化学转化膜处理 当金属制品与电解质溶液接触，在无外电流通过的情况下，利用电解质溶液中的化学物质与制品表面的相互作用，在制品表面形成与基体结合牢固镀覆层的过程称为化学转化处理。如铝的表面铬酸盐转化处理，锌的铬酸盐钝化，钢铁、铝和锌的磷化等。

（3）热加工方法

热浸镀 将金属制品浸入熔融金属中，使其表面上形成与基体牢固结合的金属覆盖层的过程称为热浸镀，如热浸锡、热浸锌等。

热喷涂 将熔融状态的金属雾化并连续喷射在制品表面上，形成与基体牢固结合的金属覆盖层的过程称为热喷涂，如热喷锌、热喷铝和铁-铬合金等，其方法有火焰喷涂、爆炸喷涂、低压等离子喷涂和电弧喷涂等。

包镀（热浸印） 将被保护的金属球坯料的上下两面放好保护金属板，然后进行热轧加工，靠机械力及高温热扩散使保护金属与被保护金属结合起来，这种方法叫做包镀，所得到的保护层叫做金属包镀层。最常用的包镀层是硬铝外包纯铝层，既可保持硬铝的高强度，又可利用纯铝的高耐蚀性来防止硬铝腐蚀。此外，也可以普通软钢包以铝、镍和不锈钢等，起到耐蚀或其他功能作用，同时节约有色金属或不锈钢等贵重材料。

化学热处理 将金属制品放进含镀层金属或其化合物的粉末混合物、熔盐浴或蒸汽环境中，使由于热分解或还原等反应析出的金属原子和非金属原子在高温下扩散入钢铁中去，形成合金化涂层和化合物涂层。因此，本方法也称表面合金化，或扩散镀、渗镀。目前用于钢材防蚀目的的渗镀元素，主要有铝、铬、锌等金属元素与氮、碳、硼等非金属元素。

9.3 防腐蚀施工与检验

由于防腐蚀方法和防腐蚀材料的多样性，防腐蚀施工包含的内容很多。关于防腐施工方面，国家和行业主管部门有一系列的标准规范可查阅。本节从防腐蚀施工的一般过程作一简单介绍。

9.3.1 施工准备

技术准备 准备齐全施工图纸、设计文件、结合工程情况的施工方案和技术交底，具有合格资质证的原材料和被施工物。准备好各种施工记录，包括自检、气象、施工三方面的记录。

组织准备 施工组织应分两个层次：一为管理层，一为劳务层。开工前应结合工程特点，进行全员培训，考核合格，发证上岗。管理层应有队长、副队长、质量检查员、安全检查员、工程技术人员、材料员组成。对施工人员施行作业责任制。

现场条件准备 主要包括：施工临时设施，施工机具，施工材料，检测仪器，施工用水、电、气、汽以及必要的消防、救护器材等。

工程交接检查程序 构筑物、设备、管子管件进行防腐蚀工程施工，均应对成品、半成品进行中间交接检查，应有齐全的出厂合格证和签证手续，并经有关方面确认后方可进行防腐蚀工程施工。

9.3.2 施工人员责任制和安全防范制度

防腐蚀工程施工各级人员应以质量、安全、卫生、防火、效益等五个方面，作为施工全过程的重点控制项目。至少应建立如下的施工人员责任制：现场施工责任人责任制、现场技术人员责任制、工程质量、安全管理人员责任制以及各级作业人员责任制。

防腐蚀施工的原材料部分易燃易爆，施工多有高空作业，安全施工第一重要。在安全方面应至少有以下方面的制度：原材料储存安全制度，脚手架及起重作业安全制度，除锈设备及施工安全制度，塔、槽和罐内部作业安全制度，电气作业安全制度。

9.3.3 防腐蚀基体的处理与施工

（1）防腐蚀基体的检查

在进行防腐蚀施工前，应对被防腐的基体和焊接质量进行全面检查。检查内容和质量要求应符合 GB 50727—2011《工业设备及管道防腐蚀工程施工质量验收规范》中对基体的要求的规定。对混凝土基体质量要求应符合 GB/T 50224—2018《建筑防腐蚀工程施工质量验收标准》的规定。其他的基体如钢结构、木质基层等也应满足 GB/T 50224 的规定。

（2）防腐蚀基体表面的预处理

基体表面的预处理是防腐蚀施工的第一步。这一步是保证防腐蚀工程质量的重要环节，质量好坏直接影响工程质量。表面预处理的主要内容是使防腐蚀基体表面达到一定的除锈等级和表面粗糙度。施工环境的温度和相对湿度，对达到要求有直接影响，在一些表面预处理的方法中有严格要求。

在进行表面处理前应根据被防腐对象的结构、表面锈蚀情况、材料、要采用的防腐方法，确定采用哪一种处理方法。表面锈蚀等级按 GB/T 8923.4—2013《涂覆涂料前钢材表

面处理 表面清洁度的目视评定 第 4 部分：与高压水喷射处理有关的初始表面状态、处理等级和闪锈等级》，由有关方面共同鉴定。处理后要求的除锈等级，主要由防腐方法和防腐材料决定。对设备、管道处理后的表面除锈等级质量要求，按 GB 50727 的规定。质量鉴定按 GB/T 8923.4 进行。

基体表面处理方法常用的有：人工、机械处理方法，喷射处理方法，化学处理方法，火焰除锈，蒸煮法，阳极除锈，阴极除锈等。采用哪种方法，根据工程质量要求和规范的规定选用。

（3）防腐蚀施工前的基体保护

预处理后的金属表面的保护 经处理后的金属表面，应及时涂刷底涂料保护预处理的表面，防止处理后的工件表面再度锈蚀。大型设备表面预处理可分段进行，经预处理检查合格后的金属表面应及时涂刷涂料。当空气湿度大，或工件温度低于环境温度时，可采用加热方法，防止处理后的工件表面再度锈蚀，湿度大时应停止处理，工件温度低于露点温度 3℃以上时，必须采取措施。

按规范标准规定"表面处理后，涂刷保护层的时间不得超过当日"，这主要和相对湿度、环境温度、工件温度有关，所以规定：罐内湿度低于 85％时，喷砂后 4h 内即完成底涂料刷涂工作；罐内湿度超过 85％时，喷砂后 2h 内完成底涂料刷涂工作；罐内湿度超过 90％时，要立即采取措施连续刷两遍底涂料；罐内湿度超过 95％时，应停止表面预处理工作。

处理合格后的工件，在运输和保管期，应保持清洁，如因保管不当发生再度锈蚀和污染，应使其金属表面重新处理，直至符合质量要求为止。

混凝土基体处理后的保护 混凝土基体经预处理后应及时进行刮腻子或涂刷底涂料，严防再一次污染。如果刷过的底涂料产生起泡、翘起、翻白等情况，视为混凝土含水率过高，应铲除继续进行烘干。如底涂料不适应碱性表面上涂刷，必须对混凝土表面进行中和处理。混凝土表面采用水泥砂浆抹面，必须保证无空鼓和脱层、裂缝等情况，要注意水泥砂浆面的养护。

表面污染后再处理要求 表面处理后再度受油脂污染，可采用溶剂进行擦洗。预处理的表面被化学物质污染后可使用洗涤剂、碱液洗涤，必要时也可用火烤、蒸汽吹扫等处理方法。被介质侵蚀的疏松基层，必须凿除干净。加强对已处理表面的环境封存和库房保管工作。

防腐施工应按相应施工规范进行，如 GB/T 50224、GB 50727 等。

9.3.4 工程验收

防腐蚀施工工程验收分为中间验收与工程竣工验收两个部分。防腐蚀单元工序施工结束后，应按工程的具体项目进行中间验收，并由作业班组填写自检记录、工序交接记录，确认合格后方允许进行下一道工序的施工。竣工验收是施工单位将合格的工程交给建设单位，并取得建设单位许可的交接手续。它的主要内容是施工单位向建设单位提交必要的文件资料、原材料的检测报告以及双方对工程按规范、标准进行全面的鉴定，评定合格与不合格。不合格的工程不得交付。

（1）验收组织

为保证施工质量，施工单位验收应采用施工人员自检、班组长抽检、专职质检员终检的"三级检查制"制度。

竣工验收是在施工单位与建设单位共同参加下的一次活动，必须在施工单位自检合格，具有合格证的条件下进行。

（2）交工验收准则与交工验收必须提交的资料

① 交工验收准则　交工验收是施工单位将受托的工程项目，经自检合格后，交付给建设单位前，共同对工程作出评价或认可的手续。验收时必须执行"六不验收"准则：施工工程项目不完全和内容不完全不验收；施工达不到标准不验收；交工资料不齐全、不准确、不整洁、没有完整的签章手续不验收；施工现场未做到"工完料净场地清"不验收；安全设施不完好的不验收；设备、管道未达到"无泄漏"标准的不验收。

② 交工验收时必须提交的资料　交工验收是双方同时对工程根据国家和行业标准 GB 50212、GB/T 50224 和 HG/T 20229 有关条文进行一次复验。首先施工单位必须将一些资料提交给建设单位审查及备案。一方面可从这些原始资料中发现工程质量的一些问题；另一方面给建设单位建立工程档案。这些资料包括：设备、管子及管件、被防腐的结构物的出厂合格证和其他质量检验文件；各种防腐蚀的成品配合比以及指定质量的试验报告和现场复验报告；设计变更通知单，材料代用技术文件以及施工过程中对重大技术问题的处理记录；隐蔽工程的自检记录以及修补或返工记录。

学习要求

掌握金属材料腐蚀的机理、分类以及影响因素；非金属材料腐蚀的分类和特征；各种防腐蚀方法的基本原理；防腐蚀施工和验收程序。

参考文献

[1] 张仁坤.石油化工设备腐蚀与防护.北京：海洋出版社，2017.
[2] 张志宇.化工腐蚀与防护.北京：化学工业出版社，2013.
[3] 涂湘湘.实用防腐蚀工程施工手册.北京：化学工业出版社，2006.
[4] 天华化工机械及自动化研究设计院.腐蚀与防护手册.北京：化学工业出版社，2009.
[5] 马彩梅.化工腐蚀与防护.天津：天津大学出版社，2017.
[6] 陆刚.环氧树脂防腐材料的性能特点及应用前景.化学工业，2015.
[7] 杨启明.石油化工设备腐蚀与防护.北京：石油工业出版社，2010.
[8] GB/T 50224—2018 建筑防腐蚀工程施工质量验收标准.
[9] 陈正钧，杜玲仪.耐蚀非金属材料及应用.北京：化学工业出版社，1985.
[10] GB 50727—2011 工业设备及管道防腐蚀工程施工质量验收规范.
[11] GB/T 8923.1～4 涂覆涂料前钢材表面处理.
[12] 赵英杰，宋渊明，罗锦洁.钛合金防腐材料在舰船推进系统的关键零部件上的应用.舰船科学技术，2017.
[13] 刘二勇，曾志翔，赵文杰.海水环境中金属材料腐蚀磨损及耐磨防腐一体化技术的研究进展.表面技术，2017.

10 过程装备安装

过程装备的安装，是指按照工艺流程图和设备布置图的要求，根据装备的具体特点，将其安装在指定位置，并采用管道及其附件实现设备之间的连接，为生产过程的进行创造条件。根据前述的分类，过程装备的安装可分为过程设备的安装、过程机器的安装和管道的安装。

10.1 安装前的准备

过程工业中，几乎所有的装备都需安装在专门为之设计的基础上，以保证它们能够长期正常运行。所以，在进行过程装备安装前，必须作好充分的准备工作，包括基础的设计与制作、起吊设备的选择与就位。

10.1.1 基础的设计与制作

过程装备的基础设计首先要掌握基础的承载数据，如机器设备的重力，所处地的风载荷、地震载荷情况、机器的运转特性（如振动情况、自振频率等）。实际上设备所受的外力往往并非单独存在，而是几种载荷同时存在，因此应根据实际情况考虑各种外力的组合作用。不同阶段的载荷组合情况不尽相同，表 10-1 为载荷组合的一般情况。只有充分掌握了

表 10-1　不同阶段载荷组合

载荷种类		安装	试验	运行			载荷种类	安装	试验	运行		
				无地震与暴风影响	暴风时	地震时				无地震与暴风影响	暴风时	地震时
过程装备质量	正常运行质量			✓	✓	✓	最大风载荷	✓	✓		✓	
	最大运行质量						地震载荷					✓
	充满水时质量		✓				振动		✓	✓	✓	✓
	设备自身质量	✓					温度变化引起的载荷		✓	✓	✓	✓
非恒定载荷			✓	✓	✓	✓						

这些数据，才能保证所设计的基础满足承载的要求。

其次还要掌握该处地域的地质情况：有无埋土、填土、挖方；有无旧建筑物拆除，特别是有无地下构筑物；附近构筑物有无裂缝、下沉与倾斜等情况；地下水位及土质 pH 值，预计对构筑物能否造成不良影响。一般要求承载层厚度不小于 10m，以保证地层有足够的承载能力。还要根据实际需要有选择地做各种实验，如土质力学性质实验、平板加荷实验、桩实验、现场渗透实验等，为基础设计提供科学依据。

基础设计必须以满足承载能力为基本要求，但还要充分考虑经济性，尽可能以最经济的方案达到目标。在总平面布置方案中要考虑应将重设备置于地质情况较好的位置，以降低基础加固成本，同时也要考虑配管、储罐的建设费用。为了达到这样的目的，必须进行周密计算，尽可能减少工程量（混凝土和钢筋量）；能不用桩基础的尽量不用，设法对地基作稳定处理，以降低成本；采用可实施标准化施工的施工方法以简化施工，降低施工成本。

设备的基础随设备的具体情况而定，重要的机器、设备一般都有各自的基础，但有时某些设备密集布置在一起，可将它们的基础设计成一个组合基础。

机械用混凝土基础应尽量设计成整体式，避免出现施工缝，以提高基础的抗振能力和承载能力。出于安装机器和设备的需要，基础的顶部要留有灌浆裕量，浮浆（灰渣）和附着物都要清除干净，所以基础顶面在基础浇成后凿去 5～25mm 厚的表层并錾平。錾平后的基础顶面与机器设备的安装基准面高度之间留 25～60mm 的灌浆裕量。

机器和设备上都留有地脚螺栓孔，因此基础都必须设计地脚螺栓，其尺寸和位置必须与所安装的机器、设备相一致。地脚螺栓可以直接埋设在基础中，也可预留地脚螺栓孔。不管哪一种方法，地脚螺栓都必须用模板正确定位。采用直接埋设地脚螺栓时，还要将地脚螺栓的下端焊接在基础钢筋上，以防浇灌混凝土时使地脚螺栓偏移、倾斜，给机器设备的安装造成困难，甚至返工。一般要求地脚螺栓的埋入公差在水平方向上是 ±1.5mm，在垂直方向上是 0～10mm，垂直度为 ±0.5°。

从基础混凝土浇注到达到足够的强度，初期收缩稳定，需要经过 28 天。所以，浇灌基础到机器、设备安装之间要留有足够的时间，不能盲目抢进度，缩短基础养护时间导致隐患。

对机器安装在钢制构架的情况，不仅要充分考虑构架的强度和刚度，更要使构架的自振频率远离机器的运转频率。

10.1.2 起吊设备的选择与就位

过程装备的安装离不开起重机械。过程装备质量和尺寸的不同，所需的起吊设备也不同。对几百公斤以下的小型机器设备，采用小巧轻便的机械（如手动葫芦或电动葫芦等）就能解决问题；对于起吊高大笨重的塔设备，则需要用拔杆和卷扬机进行。图 10-1 是过程装备安装所需起重机械的分类。

在上述起重机械中，因为汽车起重机具有灵活机动、使用方便的特点，因此使用最为广泛。对在起吊状态下不需要移动的起吊作业，如储罐施工，应选用履带式起重机；对大型高大设备的吊装则应选用拔杆。桥架型起重机、塔式起重机、门座式起重机都是可供选择的起重吊装机械。

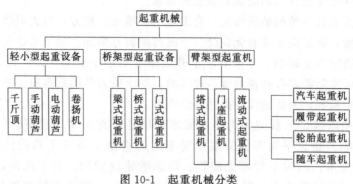

图 10-1　起重机械分类

10.2　设备安装

　　根据设备尺寸、质量、结构的不同，过程设备可以采用不同的安装方法。有的设备对制造技术的要求很高，必须在有良好条件的生产车间里制造完毕后，整体出厂运输到施工现场进行整体吊装；有的带有可拆连接结构，可以分段制作、运输到施工现场组装后进行整体吊装；也有的设备要求生产制作过程可以在施工现场完成，只需要将按技术要求制作的预制件运输到现场进行拼装，如许多储槽都是分片压制成一定的形状，运到现场进行拼接。现场拼装的设备对运输和吊装的要求要低得多，而整体运输、吊装的设备，尤其对于数十米高、数百吨重的大型设备，其运输和吊装就困难得多，需要制订详细的运输与安装计划。

10.2.1　大型重设备的运输和就位

　　对于大型重设备，如果选用铁路运输，由于钢轨的尺寸是一定的，且沿途需穿越隧道和由各种跨越轨道的管道、立交桥等构成的障碍物，大尺寸的设备无法通过；公路运输路面、桥梁的承载能力、沿途障碍物的高度等往往不能满足要求。若采用水运，只需对制造厂到起运码头和终点码头到施工现场之间的两小段路途进行必要的加固和改造，简单经济。如果码头与施工现场之间靠得很近，则可采用滚道搬运而省去重型车辆。

　　（1）水运

　　大尺寸、重设备的水运必须做好充分的准备。对设备的装载方位，运输用滑动垫木的位置、尺寸、重心和起吊点及其方位均要标识清楚。装船方法是采用本船起重机、浮吊、大型移动式吊车还是装载车直接上、下货船，要作出明确安排。

　　对抵达目的地后如何卸货也要有明确安排。事先要研究负载状况下船舶或浮吊的吃水情况，所使用吊车或运输车辆通往栈桥的载荷情况，靠岸卸货处的水深或潮位变化情况。

　　一般货船自备起重机的能力约为 $10\sim30t$，装备有 $100t$ 以上起重吊杆的船舶较少，所以运输单体质量大的设备时需早作准备。很多货船不带起重机，要用码头上的吊车或浮吊，有时采用运输车辆直接上船载货。所用起吊设备、车辆及车辆上、下船舶的道路都要准备好。

　　（2）陆运

　　陆地运输（包括施工现场的运输）大都采用车辆运输，运输车辆的能力可达到千吨以上

图 10-2　千吨级设备的车载运输

（图 10-2）。陆地运输要根据所搬运设备的尺寸和接地压力而确定需要的地耐力和道路宽度，清除搬运途中的障碍物，改造道路（包括暂设道路）地基，对桥梁和地下埋设物进行必要的处理。另外，还要从安装的角度考虑设备的装卸方位、最终搬运位置及进入的方位、搬运时的支撑点（滑动垫木的位置）及车辆及滚子的尺寸等。对这些问题仔细研究，周密考虑作出正确的安排，可以给起吊安装创造良好的条件。

10.2.2　过程设备的安装

过程设备种类繁多，由于其尺寸、质量、特征参数差别很大，具体安装方法、所用工具、机具都不完全相同。本节以浮阀塔为例，简要介绍设备的安装过程。

（1）塔体吊装

多数塔的安装采用整体吊装，一次起吊将塔体安装在基础上。整体吊装的方法有单杆吊装法（又分滑移法和扳转法两种）和双杆整体滑移吊装法两种。

① 单杆吊装法　单杆滑移法吊装塔类的过程如图 10-3 所示，起重杆的高度比塔高很多，并倾斜一定角度 β，使起重滑轮组正好对准设备的基础，当塔吊到Ⅳ的位置时，对塔进行找平和找正。该法因要求起重杆的高度高出塔体很多，因此，多用于吊装小型塔类。

单杆扳转法吊装是在塔的基础和裙座基础环上设置铰腕后，通过拔杆使设备沿铰腕翻转而直立。根据塔体与拔杆的运动情况，扳转法有单转法和双转法两种形式：单转法塔体转动而拔杆不动，如图 10-4 所示；双转法是随着工件转起而拔杆转落，如图 10-5 所示。

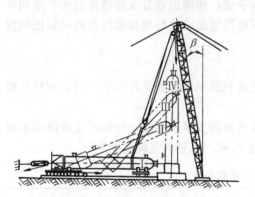

图 10-3　单杆滑移法吊装塔类

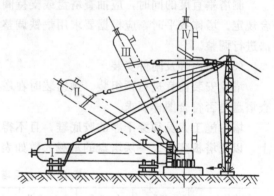

图 10-4　单转法吊装塔设备

采用扳转法吊装时，铰腕在基础上必须牢固固定，塔体的抗弯强度必须经过核算，塔体过高、弯矩大时应采取相应的保护措施。

② 双杆整体滑移吊装法　过程如图 10-6 所示。因采用双杆起吊比较平稳，容易调正方位和高度，而且所需拔杆的高度相对较低，多用于大型塔的吊装。

（2）塔的找正和找平

塔体吊装就位后，即可对准基础上的地脚螺栓预留孔，进行塔的找正和找平调整。找正和找平时，塔的基础环底面标高应以基础上的标高基准线为基准；塔的中心线位置应以基础

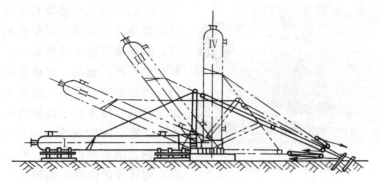

图 10-5　双转法吊装塔设备

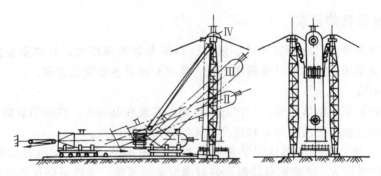

图 10-6　双杆整体滑移吊装法

上的中心划线为基准；塔的方位应以基础上距离最近的中心划线为基准；塔的垂直度应以塔的上下封头切线部位的中心划线为基准；塔的找正也可选几个补充测点，例如主法兰口、塔体铅垂轮廓等。

测塔垂直度的同时，应抽查塔盘或支持圈的水平度，使塔的垂直度和塔盘的水平度均符合规定。塔体找平时，应根据要求用垫铁调整，不应用紧固或放松地脚螺栓及局部加压的方法进行调整。

（3）塔内件及附件安装

塔盘安装前宜进行预组装。预组装时在塔外按组装图把塔盘零部件组装一层，调整并检查塔盘是否符合图样要求。

塔内施工人员须穿干净的胶底鞋，且不得踏在塔板两支承点中间，应站在支承梁或木板上，以免塔板变形。一层塔盘的承载人数如表 10-2 所示，一般不宜超过规定。

表 10-2　一层塔盘允许承载人数

塔内径/m	<2	2~2.5	2.5~3.2	3.2~4	4~5	5~6.3	6.3~8	>8
人数	2	3	4	5	6	7	8	9

搬运和安装塔盘零部件时，要轻拿轻放，防止碰撞和弄脏，避免变形损坏。人孔及人孔盖的密封面及塔底管口应采取保护措施，避免砸坏或堵塞。施工人员除携带该层定量的紧固件和必需的工具外，严禁携带多余的部件。每次塔盘安装完毕必须立即认真检查，不得将工具遗留在塔内。内件安装应在塔体强度试验合格并清扫干净后进行，并严格按图样要求施工，以确保气-液两相充分接触，达到传质、传热的目的。

塔盘构件的安装分为卧装和立装两种。立式安装是在塔体安装完成、塔体的垂直度和水平度已经验收合格之后进行的，安装塔盘时首先测量支承圈的水平度偏差值。支承圈与塔壁焊成后，其上表面在300mm弦长上的局部水平度偏差不得超过1mm；相邻两层支承圈的间距允许偏差不得超过±3mm，每20层内任意偏差不得超过±10mm。连接降液管的支持板安装偏差也应符合有关规定。

受液盘的作用是接受从降液管流下的液体，其长度允许偏差为$^{+0}_{-4}$mm，宽度允许偏差为$^{+0}_{-2}$mm；受液盘的局部水平度要求为300mm长度内不超过2mm；整个受液盘的弯曲度要求，当受液盘长度小于或等于4m时不超过3mm，长度大于4m时不超过其长度的1/1000，且不大于7mm。

浮阀装入阀孔后，用专用工具将阀脚扭转90°，用手从下边托浮阀时，应能上下活动，开度一致，没有卡涩现象。

10.3　机器安装

机器的结构不同，安装要求也不一样。机器的安装大致可以分成三种情况。

ⅰ.大部分的泵，其主机和原动机是预先组装在一个底板上成套供应的，可采用整体安装。

ⅱ.很多型式的中小压缩机，其主机和原动机是分别装配成机的，需在现场将两者按一定的技术要求组合起来。

ⅲ.对于大型机器，如汽轮机驱动的离心式压缩机、大型活塞压缩机等，是以部件的形式运到施工现场的，需进行现场组装。

现场组装的顺序为：敷设垫板→机器吊装定位→固定和紧固地脚螺栓→调平→对中→安装配管的隔热层和附属设施、辅助配管等→试运行→热对中检测，确认机器的同心运转性能。

10.3.1　离心压缩机的整体安装

离心压缩机的机组如在制造厂试运转合格、不超过机械保证期限、运输过程安全有保证时，安装前可不做解体（揭盖）检查，直接进行整体安装。安装过程一般按下列顺序进行。

（1）机组就位、找平找正

机组就位前离心压缩机的底座必须清除油垢、油漆、铸砂、铁锈等，机器的法兰孔应加设盲板，以免脏物掉入。

位于机器下部与机器连接的设备，应试压检验合格后先吊装就位，并初步找正。

机组就位前必须首先确定供机组找平找正的基准机器，先调整固定基准机器，再以其轴线为准调整固定其余的机器。基准机器一般为：制造厂规定的安装基准机器；重量大，调整困难的机器；机器多、轴系长时，选安装在中间位置的机器；条件相同时，选转速高的机器。

机组中心线应与基础中心线一致。基准机器的安装标高，其偏差不应大于3mm。纵、横向的水平度分别以轴承座、下机壳中分面或制造厂给出的专门加工面进行测量，其允许偏差应满足相关标准或制造厂的规定。

（2）机组联轴器对中

离心压缩机转速高，对联轴器的对中要求严。联轴器表面应光滑，无毛刺、裂纹等缺陷。

采用千分表测量时，表的精度必须合格，表架应结构坚固，重量轻，刚性大，安装牢固，无晃动。使用时应测量表架挠度，以校正测量结果。应避免在阳光照射或冷风偏吹情况下进行对中，以减小测量误差。

调整垫片应清洁、平整，无折边、毛刺等。必须按制造厂提供的找正图表或冷对中数据进行对中。

（3）基础二次灌浆

基础二次灌浆前应检查和复测联轴器的对中偏差和端面轴向间距是否符合要求，复测机组各部位滑销、立销、猫爪、联系螺栓的间隙值，检查地脚螺栓是否全部按要求紧固。用 0.25～0.5kg 的手锤敲击检查垫铁，应无松动。机组检查复测合格后，必须在 24h 内进行灌浆，否则，应再次进行复测。

灌浆的环境温度应在 5℃ 以上，否则，砂浆可用 60℃ 以下的温水搅拌并掺入一定量的早强剂。灌完后应采取保温措施。灌浆应在安装人员的配合和监督下连续进行，一次灌浆完。灌浆时应不断捣固，使混凝土与基础紧密结合并充满各部位。二次灌浆后要认真进行养护。

10.3.2　活塞式压缩机的现场组装

（1）机身的安装

① 机身就位前的检查　机身或曲轴箱就位前应在其外面涂抹一层白垩粉，待白垩粉干后，在其内侧涂以煤油进行渗漏试验，8h 后无渗漏为合格，随后将涂上的白粉清刷干净。清洗中体时，必须将润滑油路清洗干净，以保证安装后油路畅通。

② 机身的安装　对于活塞式压缩机，机身采用有垫铁安装或无垫铁安装时，机身底部的网格结构必须充满水泥浆，不得悬空；机身找正前应将横梁装上，各横梁位置应对号安装，不得装错，并同时拧紧固定拉杆螺栓；机身就位调整时，其主轴和中体滑道轴线应与基础中心线相重合；多列压缩机各列轴线的平行度偏差应满足制造厂的要求；拧紧地脚螺栓时，机身水平及各横梁与机身配合的松紧程度不应发生变化，螺栓露出螺母的长度除有特殊要求外，一般为 2～3 个螺距。

（2）主轴和轴瓦的安装

主轴和轴瓦安装前，应先用压缩空气吹扫油孔，并清洗主轴和轴瓦，保证油路畅通和干净；主轴与平衡铁的锁紧装置必须紧固。轴瓦内外圆表面及对口平面应光滑平整，不得有裂纹、气孔、划痕、碰伤、压伤、夹杂物等缺陷。轴瓦合金层与瓦衬背应贴合牢固。轻击瓦背时，声音应清脆响亮，不得有哑音。如发现上述缺陷，应予更换。轴承座孔螺栓拧紧后，瓦背和轴承座内孔的贴合度用着色法检查。若存在不贴合表面，则应呈分散分布，且其中最大集中面积不应大于衬背面积的 10% 或以 0.02mm 塞尺塞不进为合格。

瓦背非工作表面应有镀层。镀层应均匀，不得有镀瘤。轴瓦的合金内表面不宜刮研。当与轴颈接触不良时，可微量修研。

轴承座螺栓拧紧力矩和拧紧后的伸长量应符合规定。

曲轴安装后，将曲柄销置于 0°、90°、180°、270° 四个位置，分别用内径千分尺测量相邻曲柄臂间的距离，其偏差不得大于 10^{-4} 活塞行程值。曲柄颈在相互垂直四个位置上的平行度应符合机器技术资料的规定，当曲轴安装后超过上述规定时，若系曲轴弯曲变形的，应由供货单位负责更换或修复。

主轴轴瓦与轴颈间的径向间隙，应符合机器技术资料的规定。

对设有轴向定位的主轴两侧，放入半圆铜环后，两侧轴向定位的间隙应相等，当机器技术资料无规定时，总间隙应在 0.20～0.50mm 间选取。

（3）中体的找正

用拉钢丝线法找正中体滑道轴线与主轴轴线的垂直度；以百分表控制主轴的轴向窜动，盘动曲轴在 180°前、后位置，用内径千分尺测量曲轴轴颈两端至钢丝线的距离。也可以用激光准直仪找正。

（4）气缸的安装

气缸与中体连接时，应对称均匀地拧紧连接螺栓。气缸支承必须与气缸支承面接触良好，受力均匀。采用拉线法找正气缸轴线与中体滑道轴线的同轴度时，其偏差应符合机器技术资料的规定。若超过规定时，应使气缸作水平或径向位移，或刮研连接止口进行调整，不得加偏垫或施加外力进行调整。处理后的上口面，其接触面积应达到 60% 以上。

（5）十字头和连杆的安装

检查并刮研上、下滑板背面与十字头体及滑道的接触面，应均匀接触达 50% 以上。需刮研时，应经常用塞尺测量滑板与滑道的间隙，避免刮偏。

十字头放入滑道后，用角尺及塞尺测量十字头在滑道前后两端与上、下滑道的垂直度，如图 10-7 所示。十字头与上、下滑道在全行程各个位置上的间隙，均应符合机器技术资料的规定。若无规定时，其间隙值可按（0.0007～0.0008）D 选取（D 为十字头外径）。

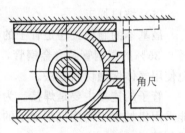

图 10-7 十字头安装测量

（6）刮油器和填料函的安装

刮油器和填料函拆卸时，应在非工作面上打上标志，以防清洗检查后装错。

平填料函组装时，应用压缩空气吹净油孔；定位销孔、油孔及排气孔应分别对准，按号组装，环的开口应相互错开；刮油器的刃口不应倒圆，且方向不得装反。

少油或无油润滑压缩机中的非金属填料密封环的组装，应符合机器技术文件的规定。环的两端面、内孔表面及切口面不应有刮伤、划痕等缺陷；填料环与填料盒之间的轴向、径向间隙，应符合相关规定。有金属箍套的开口平面非金属密封环，其金属箍套外圆表面压紧弹簧的长度应相等，弹力应均匀。

（7）活塞组件的安装

① 活塞和活塞环的装配　装配前应在活塞环内表面涂上机油，四周水平压入活塞环槽内，压入后活塞在槽内能自由转动。压紧活塞环时，环应能全部沉入槽内，各活塞环开口应相互错开。活塞的安装应使活塞环收拢压入活塞槽内，中等直径的活塞可采用锥孔滑道，大直径的活塞可采用 3～4 个导向工具。

活塞环在气缸内的开口间隙应符合机器技术资料的规定。若无规定时，铸铁活塞环的开口间隙宜为 0.005D（D 为气缸内径），所有开口位置应避开气阀腔孔部位。

活塞环与气缸工作表面应贴合严密。当用透光法检查时，其整个圆周漏光不应多于两处，每处漏光弧长对应中心角不应超过 36°，距开口端不应小于 15°，径向间隙数值应满足机器技术资料的规定。

浇有巴氏合金层的活塞与气缸镜面应均匀接触，其接触面积应大于 60%。活塞与气缸镜面的径向间隙应符合机器技术文件的规定，卧式气缸上部间隙应比下部间隙小 5%。

② 活塞杆与活塞的连结　活塞杆凸肩、紧固螺母与活塞间应均匀接触。

活塞杆与十字头连接后，盘动十字头测量活塞杆轴线，全跳动的偏差不得低于国家标准规定的 9 级公差值；测量活塞杆水平度，其允许偏差应为 0.05mm/m，宜高向气缸盖端；用塞尺复测滑板与滑道的间隙，其数值应不变；气缸余隙应按机器技术资料规定的数值进行调整，无规定时一般低压段取 2~3mm，高压段取 1~2mm。

10.4 管道安装

管道安装在装置施工中占有很重要的位置。制定切实可行的管道安装计划是工程顺利进行不可缺少的部分。管道安装一般分两种，一种是现场加工制作，一种是将管段在生产车间中预制后运输到现场组装。

10.4.1 管道的工厂预制

对于现代大型生产装置，管道大多采用工厂预制，以提高工程质量、缩短工期、降低施工成本。

（1）坡口加工

最基本的制作工序是管子的切断，大直径管子通常使用氧-乙炔切断机切断。含碳量超过 0.35％的碳钢管及合金钢管，有可能出现龟裂或金属组织和机械性能方面的缺陷，要避免使用气体熔融切断方法。

管子的连接主要是焊接。为保证焊接质量，管端要加工坡口，坡口最好用机械加工；不能采用机械加工而用气割加工的，要用砂轮进行精加工。管子端面和坡口表面不能有裂纹和毛刺等。

（2）弯管

用于加工弯管的管子不能有焊缝，并且管子的壁厚宜为正公差。弯管加工一般使用弯管机，弯曲加工后的端面最大外径与最小外径之差按管子材料和管内介质性质有不同要求。为了消除弯管加工过程产生的残余应力和加工硬化，需要进行热处理。热处理的范围不仅要包括全部弯管部分，还要将两端连接的直管外伸至少 150mm 一起进行热处理。

（3）连接

管道的连接根据具体情况有可拆与不可拆两种。只要不是特殊要求用可拆连接的地方都要用焊接，因为焊接的强度和密封性都好。焊接施工包括焊工资格、焊条选用、焊接工艺评定、焊缝检验方法及评判标准等，都要按标准和规范进行。

可拆连接又有螺纹连接和法兰连接等不同连接方式。螺纹连接主要用于低压管道。法兰连接的法兰结构尺寸、法兰与管子的连接、组对法兰间的垫片和连接螺栓螺母都有相应的标准，应按标准选用。

（4）预制管道的处理

预制管道在现场安装前要仔细清洗。可根据情况选择适当的方法：机械方法有钢丝刷清洗法、喷砂法、喷丸清洗法；物理方法有水冲洗法、空气吹扫法、蒸汽吹扫法；化学方法有油洗法、酸洗法或碱洗法、化学药剂清洗法。

清洗后为防止生锈，要在管内壁涂敷矿物油。润滑脂虽有防锈作用，但安装时清洗困难，有可能导致焊接缺陷，所以要用能通过水冲洗或蒸汽吹扫除掉的防锈材料。

为防止生锈和损伤坡口表面与法兰密封面，要在管段的端部涂防锈剂，法兰端部要用塑料盲板或贴密封带予以密闭，管端外部加防护环。经清洗的预制管道不能直接放在地面，要用适当的材料支撑。奥氏体不锈钢不能接触氯离子，在临海和可能有氯离子存在的地方要特别注意。

10.4.2　管道的安装

正式安装前，要与配管图仔细核对，不仅空间尺寸正确，还要对材料、温度-压力等级、直径等尺寸进行认真核对。在确认正确无误后才能进行安装。

管道根据所处的位置不同大致可分为设备周围管道、管廊上管道、机泵周围管道和地下管道四种。施工中一般先地下后地面，先管廊后设备周围。焊接不能直接在坡口定位焊而要使用夹具定位。各种管道安装时须注意掌握各种安装要领。

（1）塔、槽、换热器周围管道的安装

高处管道尽量在地面组装，并按要求做好压力试验，然后吊装。有时因为管道太长或结构较复杂，难以做到完全在地面组装到只剩两端法兰连接的程度，不得不留少量对接接头在安装位置施焊，焊缝要做无损探伤，在装置最终进行气密性试验时注意检查确认无泄漏现象。因此，所留的焊点要尽量便于进行检测。

各设备上的接管管口法兰面的水平度、垂直度、螺栓孔的位置等在安装管道前都要仔细核对，必须正确无误。现场焊接的管道，焊前必须将预定的管段以正常安装要求与设备管口连接，并加以紧固再进行焊接。不能以某种临时状态紧固焊接，这样不能保证法兰的连接精度，进而影响法兰的密封性能。安装在塔上的长配管要避免以设备作临时支架，尽量用正规的支架安装。

（2）管廊上管道的安装

为了合理利用空间，在很多场合，管廊下面配置各种泵，管廊上面设置空冷器。管道施工要将这些相关设备的管道施工作综合考虑。一般来说应从下层开始敷设，要安装好滑动支座和止推管托。还要注意不要将焊缝处于管廊的横架上。管廊的梁在管道敷设前涂漆。

（3）与机器连接管道的安装

管道与机器连接时，不要使机器承受附加载荷，特别不能进行强制对口连接。离心式压缩机和透平对管口受力有严格的要求，在安装接管时，必须按照标准和工程规定要求对管口进行冷态调零，以保证压缩机和透平的进出管口达到无应力连接，以保证开车后的安全平稳运行。

与机器连接的管道，安装前必须将管内处理清洁，固定焊口应远离机器 1000mm 进行焊接，避免焊接热应力对机器造成影响。

（4）管件与附件的安装

① 阀门安装　阀门往往外观形状相似，但材料、压力、温度等级不同，所用法兰的连接尺寸和密封面形式就不同，而且阀门的压力等级往往较高，从管道承受压力的角度不需要很高，如果不认真核对，就有可能出现两者不配对的情况。

阀门安装时一般应处于关闭状态，可防止脏物进入阀门影响其正常运行，所以安装前要验证，明杆外螺纹阀较容易判断，内螺纹较难判断，要仔细。有方向性的阀，如截止阀的阀体上标有流体流动方向的箭头，安装时不要搞错。安全阀在安装前要标定和检验起跳压力。

② 仪表类安装　管道安装中包含的仪表是那些直接安装在管道上的流量计、孔板法兰、浮筒式或浮球式液位计、法兰型差压式液位计、玻璃液位计、压力指示计等。

这些仪表的安装一定要明确安装方位是水平、垂直或成某一角度，进、出方向也不能搞错。有些仪表要清洗后才能装。调节阀和流量计要在水清洗、水循环结束后安装，其位置先用相同连接尺寸的短管临时代替。孔板流量计要注意其前后必须有足够长的直管段，还要注意上、下游的方向，孔板中心要与接管中心对准，孔板的安装也要在管道清洗结束后进行。

③ 法兰　法兰连接处是管道的主要泄漏点，安装时需格外注意。

法兰安装前均已与管子焊接，当法兰与带有弯头的管段焊接时，要注意法兰上螺栓孔的空间位置。法兰紧固要用规定长度的管扳手、活动扳手或力矩扳手，不要拧得过紧。

垫片可用石墨涂敷剂，缠绕垫和实心金属垫一般不用涂敷剂。工作温度 150℃ 以上的管道，法兰螺栓涂二硫化钼润滑剂，150℃ 以下涂石墨润滑剂，以防螺栓烧结。

为避免法兰紧固不匀，紧固法兰螺栓要在直径方向对称地顺次进行，紧固结束还要测量法兰间隙是否均匀，以保证法兰具有良好的密封性能。

所有装配和安装过程中的焊接、热处理、检验、检查和试验应符合相关标准的规定。

10.4.3　管道支架的安装

管道支架在设计时都已经过严密的计算，支架的结构形式、设置位置不能随意变更，否则有可能使某些位置的管道应力过大。所有管道支架都要严格按图纸要求施工。如果因现场情况无法按原设计施工，更改方案需得到设计单位认可。

需要基础的管道支柱要设预埋板，找好平面位置与基准标高。固定在设备上的托架要在设备出厂前安装支耳，现场一般不允许在设备上施焊。如果发现遗漏要设法单独架设。安装完毕后要进行普查，需固定的不能有松动，该是滑动支座就不能有定位焊，导向支座需限止自由度的方向要牢靠、能活动的方向不能有约束。

弹簧支吊架安装时按要求设置锁销。试车开始前摘去，将弹簧调至冷态指示位置，试运转中还要确认是否符合升温状态。

学习要求

本章重点掌握过程设备及管道安装的准备、吊装方法及其优缺点，安装过程中需特别注意的问题。一般了解大型机器安装的一般程序、机器轴线的对中、垫铁的使用注意事项、与机器连接的管道安装注意要点。其他内容可作一般了解，如基础设计、吊装机械、机器设备运输等。

习　题

1. 某卧式换热器总长 20m，质量 100t；另有一吸收塔高 53m，质量 40t，安装时可选用哪些吊装机械？什么吊装机械最合适？

2. 起重拔杆的受力情况如何？

3. 某机器有 12 个地脚螺栓，质量 20t，地脚螺栓间的距离为 800mm、400mm 两种，应选什么型式的垫铁？机器的地脚螺栓如何正确定位？

参考文献

[1] 沈松泉，黄振仁，顾竞成. 压力管道安全技术. 南京：东南大学出版社，2000.

[2] GB/T 17116—2018　管道支吊架.

[3] GB/T 20801—2006　压力管道规范　工业管道.

[4] GB 50235—2010　工业金属管道工程施工规范.

11 试车与验收

试车是在过程设备、过程机器及管道安装之后、正式运行之前进行的一项重要工作，也可以说是对装备的设计、制造、安装等各项工作的全面检验，是竣工验收和交付使用前的必备工序。

在装置大修或停车检修之后也应进行试车。根据大修或检修的范围不同，试车可以在总体或局部等相应的范围内进行。应该说明的是，在整个过程中必须注重安全操作、安全检查、事故处理、局部整改等各项工作。

11.1 试车基本规定

建设单位应在项目开始建设时成立专门机构，负责项目的试车和生产运行准备活动。预试车、试车及试运行期间所需的水、电、气（汽）、原料、燃料、易损备件、各种化学品和润滑油脂等物资，应由业主负责供应。当合同另有规定时，应按合同规定执行。项目各装置的冷试车、热试车和试运行活动均应由业主负责组织和指挥。当合同另有规定时，应按合同规定执行。实行总承包的建设项目，在总承包合同中应明确规定总承包商和业主各自在预试车、试车活动中的责任，并应从项目的设计阶段起，对项目的试车进行策划，并启动试车准备活动。总体试车方案应按项目计划时间表的要求，在项目施工阶段，根据设计文件编制完成并获批准；各装置、各阶段的试车方案和各项具体试车活动的方案应在实施前编制完成并获批准。按照标准要求编写装置运行文件、维护技术文件、试车程序文件以及运行操作岗位的标准操作规程。

设计方应依据合同向项目现场派出现场设计代表，设计文件应满足预试车和试车的要求。施工方除应熟悉设计文件、设备、仪表、电气说明书、施工及验收规范外，还应熟悉生产工艺流程。施工方应按设计说明书、施工图和试车方案要求，预留吹扫、清洗、置换等管道接口，并按要求安装管道系统清理时的临时替换短管。应按总体试车方案、各阶段或各装置试车方案及试车规定的程序组织实施试车。在试车过程中，当发生异常或故障时，应立即查明原因，采取措施予以排除，使装置或系统进入稳定状态，或按停车程序实施停车。前一阶段的试车不合格，不得进入下一阶段。冷试车及热试车均不宜在严寒季节进行，当必须在严寒季节进行时，应采取防冻、防寒措施。热试车时各互相关联的工艺装置应具备首尾衔接的试车条件。化学工业建设项目中的施工、试车、试运行（含性能考核）各阶段的划分及标志见图 11-1。

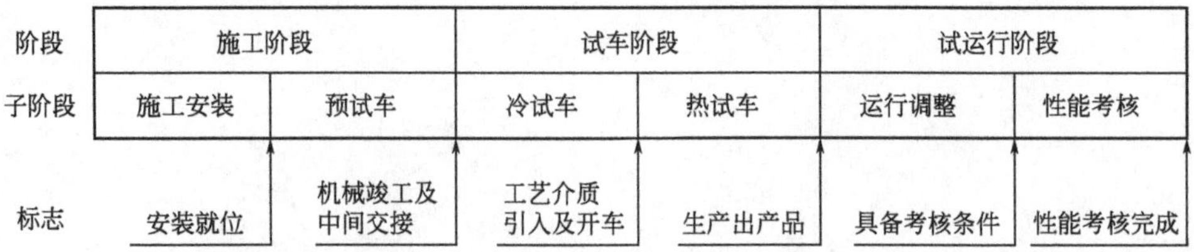

阶段	施工阶段		试车阶段		试运行阶段	
子阶段	施工安装	预试车	冷试车	热试车	运行调整	性能考核
标志	安装就位	机械竣工及中间交接	工艺介质引入及开车	生产出产品	具备考核条件	性能考核完成

图 11-1　化学工业建设项目中的施工、试车、试运行各阶段的划分及标志

总体试车方案应根据设计文件和项目建设总体要求编制。建设单位应负责组织编制总体试车方案，总体试车方案应包括的内容：建设项目工程概况；编制依据与原则；试车组织机构及职责分工；试车目的及应达到的标准；试车应具备的条件；试车程序；操作人员配备及培训；技术文件、规章制度和试车方案的准备；水、电、气（汽）、原料、燃料和运输量等外部条件；总体试车计划时间表；试车物资供应计划；试车费用计划；试车的难点和对策；试车期间的环境保护措施；职业健康、安全和消防；事故应急响应和处理预案。总体试车方案中有关热试车的部分可只确定主要试车程序，并预测工期。

应按照生产运行要求的顺序安排试车，公用工程系统应首先试车。生产运行准备及施工计划时间表应按试车顺序和系统配套的原则进行调整。在热试车计划时间表中应安排热试车前检查和消除缺陷的时间。当建设项目中包含多个互相关联的工艺装置时，应确保各装置间热试车的首尾衔接。总体试车方案中的总体试车计划时间表，可根据现场实际情况进行调整。

11.2　预试车

预试车应尽量在接近实际状态下进行运转，启动所要开动的设备、泵、仪表，对此期间发现的不合适的地方，进行充分研究后予以维修。在清洗吹扫及其他方面，远比用实际原料开始运转后的维修容易而且安全。从大局看，这也有利于缩短试运转时间。在整个预试车期间内，每个倒班班组可以积累启动及停车操作经验，也是对操作工的技术训练。预试车一般可分为单机试车、中间工程交接和联合试车三个阶段。

11.2.1　单机试车

单机试车的主要任务是对现场安装的驱动装置空负荷运转或单台机器、机组以水、空气等为介质进行负荷试车。通用机泵、搅拌机械、驱动装置、大机组及与其相关的电气、仪表、计算机等的检测、控制、联锁、报警系统等，安装结束都要进行单机试车，以检验其除受工艺介质影响外的机械性能和制造、安装质量。

单机试车前，工程安装及扫尾工作应基本结束。施工单位应按照设计文件和试车的要求，认真清理未完工程和工程尾项，自检工程质量，合格后报建设单位和监理单位进行工程质量初评，负责整改并消除缺陷。

系统清洗、吹扫要严把质量关，使用的介质、流量、流速、压力等参数及检验方法，必须符合设计和规范的要求，引进装置应达到外商提供的标准。系统进行吹扫时，严禁不合格的介质进入机泵、换热器、冷箱、塔、反应器等设备，管道上的孔板、流量计、调节阀、测温元件等在化学清洗或吹扫时应予拆除，焊接的阀门要拆掉阀芯或全开。氧气管道、高压锅炉（高压蒸汽管道）及其他有特殊要求的管道，设备的吹扫、清洗应按有关规范进行特殊处理。吹扫、清洗结束后，应交生产单位进行充氮或其他介质保护。系统吹扫应尽量使用空气；必须用氮气时，应制定防止氮气窒息措施；如用蒸汽、燃料气，也要有相应的安全措施。

单机试车时需要增加的临时设施（如管线、阀门、盲板、过滤网等），由施工单位提出计划，建设（生产）单位审核，施工单位施工。

单机试车合格的标准应符合设计文件和国家现行有关施工及验收规范的规定。单机试车过程要及时填写试车记录，单机试车合格后，由建设（生产）单位组织建设（生产）、施工、设计、监理、质量监督检验等单位的人员确认、签字。引进装置或设备按合同执行。

11.2.2 工程中间交接

当单项工程或部分装置建成，管道系统和设备的内部处理、电气和仪表调试及单机试车合格后，由单机试车转入联动试车阶段，建设（生产）单位和施工单位应进行工程中间交接。工程中间交接一般按单项或系统工程进行，与生产交叉的技术改造项目，也可办理单项以下工程的中间交接。工程中间交接后，施工单位应继续对工程负责，直至竣工验收。

工程中间交接应具备的条件有：

ⅰ. 工程按设计内容施工完毕。

ⅱ. 工程质量初评合格。

ⅲ. 管道耐压试验完毕，系统清洗、吹扫、气密完毕，保温基本完成，工业炉煮炉完成。

ⅳ. 静设备强度试验、无损检验、负压试验、气密试验等完毕，清扫完成，安全附件（安全阀、防爆门等）已调试合格。

ⅴ. 动设备单机试车合格（需实物料或特殊介质而未试车者除外）。

ⅵ. 大机组用空气、氮气或其他介质负荷试车完毕，机组保护性联锁和报警等自控系统调试联校合格。

ⅶ. 装置电气、仪表、计算机、防毒防火防爆等系统调试联校合格。

ⅷ. 装置区施工临时设施已拆除，工完、料净、场地清，竖向工程施工完毕。

ⅸ. 对联动试车有影响的"三查四定"项目及设计变更处理完毕，其他与联动试车无关的未完施工尾项责任及完成时间已明确。

工程中间交接的内容有：

ⅰ. 按设计内容对工程实物量的核实交接。

ⅱ. 工程质量的初评资料及有关调试记录的审核验证与交接。

ⅲ. 安装专用工具和剩余随机备件、材料的交接。

ⅳ. 工程尾项清理实施方案及完成时间的确认。

ⅴ. 随机技术资料的交接。

工程中间交接应先由建设（生产）单位组织总承包、生产、施工、监理、设计等单位按单元工程、分专业进行中间验收，最后组织总承包、设计、施工、监理、工程管理等单位参加的中间交接会议，并分别在工程中间交接证明书及附件上签字。引进装置或设备的工程中间交接按合同执行。

11.3　冷试车

冷试车的主要任务是以水、空气为介质或以与生产物料相类似的其他介质代替生产物料，对生产装置进行带负荷模拟试运行，机器、设备、管道、电气、自动控制系统等全部投用，整个系统联合运行，以检验其除受工艺介质影响外的全部性能和制造、安装质量，验证系统的安全性和完整性等，并对参与试车的人员进行演练。按单元、系统逐步进行，直至扩大到多个系统、全装置、全项目的冷试车。冷试车应包括：单元或系统模拟运行；蒸汽发生器的煮炉；设备及管道系统的钝化；催化剂、分子筛、树脂、干燥剂和附属填充物的装填；工艺系统气密性试验。

冷试车的重点是掌握开、停车及模拟调整各项工艺条件，检查缺陷。不受工艺条件影响的显示仪表和报警装置皆应参加联动试车，自控和联锁装置可在试车过程中逐步投用，在联锁装置投用前，应采取措施保证安全，试车中应检查并确认各自动控制阀的阀位与控制室的显示相一致。

冷试车应做到：在规定期限内试车系统首尾衔接、稳定运行；参加试车的人员分层次、分类别掌握开车、停车、事故处理和调整工艺条件的操作技术；通过联动试车，及时发现和消除化工装置存在的缺陷和隐患，完善化工投料试车的条件。

联动试车结束后，建设（生产）单位可按合同规定与施工单位或总承包等单位办理工程交接手续。

11.4　热试车

热试车的主要任务是用设计文件规定的工艺介质打通全部装置的生产流程，进行各装置之间首尾衔接的运行，以检验其除经济指标外的全部性能，并生产出合格产品。热试车应在冷试车结束，并应按规范签署冷试车完成证书后，方可进行。在向系统投入真实工艺物料前，应按热试车条件检查单的内容对初次投料前应具备的综合条件进行最后检查，逐项确认，并签署热试车条件检查确认表。同时，在向系统投入真实工艺物料前，应按安全生产监督管理部门的相关规定实施初次投料开车前安全检查或其他类似的安全检查。

装置一旦进入投料试车，物料在装置中将开始发生化学反应，温度、压力、流量、速度等主要参数均将接近或达到设计值，所有设备均将接受实际负荷的考验，如果出现设备问题、操作不当或各种突发事件，极有可能发生各种事故，使得投产失败，造成严重的经济损失。所以，试车应坚持高标准、严要求，精心组织，严格做到"四不开车"，即：条件不具备不开车，程序不清楚不开车，指挥不在场不开车，出现问题不解决不开车。

11.4.1　热试车方案的内容

热试车方案包括：装置概况和试车目标；组织和指挥；热试车前应具备的条件；原料、燃料、水、电、气（汽）的要求；各工序、单元或系统的开车程序；主要参数的控制、调节程序；正常情况下各工序、单元或系统的停车程序；紧急情况下各工序、单元或系统的停车程序；工艺控制指标；取样分析的项目和要求；常见故障的处理；事故应急响应预案；职业健康、安全、消防和环境保护要求。

11.4.2　热试车条件和要求

（1）热试车条件

ⅰ.项目各装置的热试车方案已获批准。

ⅱ.项目各装置的生产运行指挥调度系统已建立，责任制度已明确。以岗位责任制为中心的各项规章制度、工艺管理规定、安全管理规定、机电仪维修岗位标准操作程序、取样分析岗位标准操作程序和运行岗位标准操作程序等均已获批准并下发执行。

ⅲ.各岗位操作记录、试车记录等专用表格已准备齐全。

ⅳ.项目各装置的管理人员、操作和维修人员已培训合格，并已取得上岗证；项目各装置的管理、操作和维修人员已经安全、消防培训合格，并取得相关特种作业证书。

ⅴ.涉及危险化学品生产的装置已获得危险化学品生产许可证。

ⅵ.水、电、气（汽）已能确保供应，事故发电机、不间断电源、仪表自动控制系统已能正常运行；原料、燃料、化学药品、润滑油脂、包装材料等，已按设计文件和试车方案规定的规格、数量备齐，并能确保供应。

ⅶ.储运系统已能正常运行。

ⅷ.试车的备品备件、工具、测试仪表、维修材料均已备齐，并建立了管理制度。

ⅸ.自动分析仪表、化验分析仪器均已调试合格，分析仪表的标准样品和载气、常规分析标准溶液均已备齐，现场取样点均已编号，取样分析人员已上岗就位。

ⅹ.设备、管道的绝热和防腐工程已完成。

ⅺ.设备和主要阀门、仪表、电气设备均已标明位号和名称，管道均已标明介质和流向。

ⅻ.盲板均已按批准的带盲板的工艺流程图安装或拆除，安装的盲板应具有明显的标识，经检查位置无误，安装正确。

ⅹⅲ.维修体系已正常运行。

ⅹⅳ.试车期间的保运队伍已就位。

ⅹⅴ.生产运行指挥、调度系统和装置内部的通信设施已畅通。

ⅹⅵ.项目各装置区的安全、急救、消防设施已准备齐全，个人安全防护用品已配备到位，可燃气体检测仪和火灾报警系统经检查、试验应灵敏可靠，并均已符合有关安全规定。

ⅹⅶ.项目各装置区道路畅通，照明可满足试车需要。

ⅹⅷ.项目的环境保护装置已预试车合格，具备了运行条件。

ⅹⅸ.项目各装置区的生活卫生设施已能满足试车需要。

ⅹⅹ.项目各装置区的门卫已上岗，安保组织和安保制度已建立。

ⅹⅹⅰ.项目各装置的计量仪器已检定合格，并在有效期内。

ⅹⅹⅱ.试车专家组已到达现场。

（2）热试车要求

ⅰ.必须划定试车区域，无关人员不得进入。

ⅱ.必须由生产运行指挥系统统一指挥，严禁多头领导、越级指挥。

ⅲ.必须按热试车方案和岗位标准操作程序的规定实施操作，并及时做好操作记录。

ⅳ.对关键及高风险的操作必须执行他人复核确认和安全监护制度。

ⅴ.热试车活动必须循序渐进，当上一道工序不稳定或下一道工序不具备条件时，不得进行下一道工序试车。

ⅵ.在热试车期间，应按试车的实际需要增加取样和化学分析的项目和频率。

ⅶ.热试车时，应根据不同负荷时的有关工艺参数和实际分析得出的物料成分组成，对前馈控制、比率控制和有校正器的控制系统，重新进行参数整定。

ⅷ.对首次开车和低负荷试车期间暂不能投用的联锁，应履行批准手续，按规定办理切除联锁通知单，并应注明这些联锁的重新投用时间。

在规定的试车期限内，打通生产流程、生产出产品，即热试车结束，可以转入后续的试运行阶段。

11.5　性能考核

建设项目的装置经热试车生产出产品后，应对其运行工况逐步进行操作调整，在达到满负荷（或合同规定负荷）、连续稳定运行工况时，应按合同规定进行项目或分装置的性能考核。性能考核前应编制考核方案，考核方案应包括：概述；考核依据；考核条件；生产运行操作的主要控制指标；原料、燃料、化学药品要求和公用工程条件；考核指标；分析测试和计算方法；考核测试记录；考核报告等。

性能考核应具备下列条件：

ⅰ.热试车已完成；

ⅱ.在满负荷（或合同规定负荷）运行时出现的问题已解决，各项工艺指标已处于稳定状态；

ⅲ.项目的相关工艺装置处于满负荷（或合同规定负荷）的稳定运行状态；

ⅳ.制订了性能考核方案，并已获批准；

ⅴ.性能考核组织已建立，测试人员的分工已明确；

ⅵ.测试专用工具已齐备，化学分析项目已确定，考核所需计量仪表已调校准确，分析方法已确认；

ⅶ.原料、燃料、化学药品和公用工程符合设计文件要求，并确保供应；

ⅷ.自控仪表、报警和联锁装置已投入稳定运行。

性能考核的通过应满足满负荷（或合同规定负荷）下运行 72h，性能考核的具体考核指标应符合合同的规定。当首次性能考核未能达到合同规定的标准时，应按合同约定的相关条款执行。

11.6　竣工验收

竣工验收工作是全面总结和考核建设成果，检验设计、施工质量的建设程序，对促进建设项目及时交付生产，充分发挥投资效益，提高化工建设的管理水平有着重要作用。根据 SH/T 3904—2014《石油化工建设工程项目竣工验收规定》进行验收。

（1）竣工验收范围和内容

凡新建、扩建、改建的基本建设和技术改造项目，按批准的设计文件所规定的内容建成，具备投产和使用条件，符合验收标准的，必须及时组织竣工验收，办理固定资产移交手续。

（2）竣工验收依据

竣工验收依据包括：批准的可行性研究报告，初步设计和施工图设计，现行施工技术验收规范以及上级主管部门批准的变更、调整文件等。

从国外引进的新技术、成套设备或单机设备以及中外合资建设项目，还应按照合同和国外提供的设计文件等资料，进行验收。

（3）竣工验收标准

ⅰ.生产性装置和公用、辅助性公用设施，已按设计内容要求建成，能满足生产使用。

ⅱ.能够生产出设计文件规定的产品。经考核，生产能力、工艺指标、产品质量、主要原材料消耗、主要设备、自控水平等经济技术指标达到设计要求。

ⅲ.按国家环保要求，严格执行国家规定的"三同时"制度。在项目建成投产的同时，"三废"治理工作按设计规定的内容同时建成投产。劳动保护、工业卫生、安全消防设施等符合设计要求。

ⅳ.技术文件、档案资料齐全、完整。

ⅴ.生活福利设施按设计要求基本建成，能够适应投产初期的需要。

ⅵ.化学矿山建设按设计内容完成采矿试生产和选矿试运转。

ⅶ.引进装置的验收标准按合同规定执行。

（4）竣工验收时间及要求

生产装置经试车考核，已达到设计能力，要及时向国家上报新增生产能力，并办理竣工验收。化工建设项目，从化工投料试车出产品时起一般安排三个月的试生产。在试生产期间，选择适当时机对生产装置进行生产考核（一般为72h）。完成生产考核后即办理竣工验收，办理交付使用资产手续。

生产装置经试车考核证明能生产出合格产品，但确实达不到设计能力的，由主管部门组织有关单位进行核定，可按实际考核能力核定新的生产能力，并以此为依据进行工程竣工验收。

生产装置经试车考核，能生产出合格产品，也能达到设计生产能力，但由于原料、燃料、销路及经济效益等原因投产后不能达产，甚至产生亏损的项目，也应分析原因，按期组织验收，新增生产能力仍按设计能力计算。

项目建成后，经化工投料试车发生工艺技术和设备缺陷等问题，使生产装置试车不正常或不能生产合格产品的，由建设单位组织设计、施工等单位进行鉴定，分析原因，提出责任报告。对存在问题提出整改完善方案，经主管部门批准后实施，尽快达标达产。整改完善时间一般不得超过两年。待条件具备后即办理工程竣工验收，办理交付使用资产手续。

有的建设项目主要生产装置及配套工程符合竣工验收标准，只是少数零星土建工程及个别设备没有到货安装，但不影响正常生产，亦应办理竣工验收手续。对剩余工作量按设计内容一次审定工程尾工，留足投资，包干使用，限期完成。

已具备竣工验收标准的项目，必须抓紧时间进行验收的各项准备工作，尽快办理工程竣工验收和交付使用资产手续，一年内不办理验收和交付使用资产手续的，新的建设项目不得开工建设。

（5）竣工验收方法和步骤

根据化工建设项目的特点，竣工验收可分为单项工程验收和全部工程验收两种。

单项工程验收　一个单项工程，已按设计要求建完，经试车考核已具备使用条件，建设单位要及时组织设计、施工单位对工程质量进行评定，整理有关施工技术资料和竣工图，办理单项工程财务决算和交付使用资产交接手续，而后按单项工程上报新增生产能力。

由几个施工单位负责施工的单项工程，当其中某一个单位所负责的部分已按设计要求完成，即可向建设单位办理交工手续。

全部工程验收 整个建设项目已符合规定的竣工验收标准，即应进行全部工程验收。全部工程验收具体可按三个阶段进行，即，准备阶段，资料审查阶段和验收阶段

工程竣工验收一般采取验收会议形式进行。验收会议由验收委员会或验收领导小组负责组织。国家重点工程和大型化工项目在正式验收前可组织预验收，一般项目可按环保消防、工业卫生等专业对口进行预验收。正式验收时，验收委员会或验收领导小组要听取工程竣工验收报告和预验收工作情况的汇报；审阅工程档案资料；检查验收工程现场；对工程建设、设计、施工和设备质量、经济效益等工作作出全面评价；对未完工程和遗留问题提出处理意见。组织讨论通过工程竣工验收鉴定书并验收签字。不合格工程不予验收。

学习要求

本章重点掌握试车的意义、作用，试车方案，冷试车、热试车的主要内容，试车安全操作规程应包括的主要内容。了解投热试车开始运转的要领和试车中性能测试的主要内容以及工程项目竣工验收规定进行验收的时间和步骤等。

参考文献

[1] HG 20231—2014 化学工业建设项目试车规范.
[2] SH/T 3904—2014 石油化工建设工程项目竣工验收规定.
[3] SH/T 3503—2017 石油化工建设工程项目交工技术文件规定.

12 过程装备成套设计示例——甲醇制氢

为了将前述各章的内容有机地串联成一个整体，使读者能更好地掌握过程装备成套技术的相关内容，本章以甲醇制氢过程为例，介绍了从工艺选择到形成成套生产装置的全过程。也可作为学生课后进行综合课程设计的参考。

12.1 工艺路线的选择

氢是理想的二次能源。随着制氢、氢能储运及燃料电池技术的发展，氢能代替化石燃料有望成为现实。氢不但是优质的交通燃料，还是重要的工业产品，广泛应用于石油、化工、建材、冶金、电子、医药、电力、轻工、气象、交通等部门。由于使用要求的不同，对氢气的纯度、所含杂质的种类和含量都有不相同的要求，随着工业化的进程，大量高精产品的投产，对高纯度氢的需求量正逐步加大，对制氢工艺和装置的效率、经济性、灵活性、安全性都提出了更高的要求，同时也促进了新型工艺、高效率装置的开发和投产。

依据原料及工艺路线的不同，目前氢气主要由以下几种方法获得：①电解水法；ⅠⅠ氯碱工业中电解食盐水副产氢气；ⅠⅠⅠ烃类水蒸气转化法；ⅠⅤ烃类部分氧化法；Ⅴ煤气化和煤水蒸气转化法；ⅤⅠ氨或甲醇催化裂解法；Ⅴ Ⅰ石油炼制与石油化工过程中的各种副产氢等。

其中烃类水蒸气转化法是世界上应用最普遍的方法，但该方法适用于化肥及石油化工工业上大规模用氢的场合，工艺路线复杂，流程长，投资大。随着精细化工行业的发展，当其氢气用量在 $200\sim3000\,\mathrm{m^3/h}$ 时，甲醇蒸气转化制氢技术表现出很好的技术经济指标，受到许多国家的重视。甲醇蒸气转化制氢具有以下特点。

ⅰ.甲醇来源充足，成本低廉。甲醇可以通过传统化石燃料来生产，也可通过农作物、动物粪便等生物反应来生产。

ⅱ.甲醇拥有高的氢碳比，意味着相同质量的甲醇可比其他碳氢化合物生成更多的氢气。甲醇为饱和一元醇，没有 C—C 共价键，这使得甲醇更容易生成氢气。

ⅲ.甲醇重整反应温度适中。只需中等的重整温度，这使得重整反应的供热简单。

ⅳ.甲醇重整制氢气不会产生硫氧化物。在甲烷和汽油的重整制氢中，经常会产生有害的硫氧化物。甲醇重整制氢气避免了这点，减轻了氢气的净化工作。

ⅴ. 与大规模的天然气、轻油蒸气转化制氢或水煤气制氢相比，投资少，能耗低；与电解水制氢相比，单位氢气成本较低。

ⅵ. 甲醇在通常状态下为液态，性质稳定，便于运输、储存。

ⅶ. 可以做成组装式、可移动式的装置，操作方便，搬运灵活。

对于中小规模的用氢场合，在没有工业含氢尾气的情况下，甲醇蒸气转化及变压吸附的制氢路线是一较好的选择。

12.2 工艺设计

本设计采用甲醇裂解＋吸收法脱二氧化碳＋变压吸附工艺，增加吸收法的目的是为了提高氢气的回收率，同时在需要二氧化碳时，也可以方便的得到高纯度的二氧化碳。

其工艺流程草图如图 3-3 所示。流程包括以下步骤：甲醇与水按配比 1：1.5 进入原料液储罐，通过计量泵进入预热器（E0101）预热，然后在汽化塔（T0101）汽化，再经过过热器（E0102）过热到反应温度进入转化器（R0101），转化反应生成的 H_2、CO_2 以及未反应的甲醇和水蒸气等首先与原料液换热（E0101）冷却，然后经冷凝器（E0103）冷凝分离水和甲醇，这部分水和甲醇可以进入原料液储罐，水冷分离后的气体进入吸收塔，经碳酸丙烯酯吸收分离 CO_2，吸收饱和的吸收液进入解吸塔降压解吸后循环使用，最后进入 PSA 装置进一步脱除分离残余的 CO_2、CO 及其他杂质，得到一定纯度要求的氢气。

12.3 工艺计算

以生产能力（即氢气产量）$2700 \mathrm{Nm^3/h}$ H_2 为例。

12.3.1 物料衡算

甲醇蒸气转化的反应方程式为

$$CH_3OH \longrightarrow CO\uparrow + 2H_2\uparrow \tag{12-1}$$
$$CO + H_2O \longrightarrow CO_2\uparrow + H_2\uparrow \tag{12-2}$$

CH_3OH 分解反应的 CO 转化率 99%，反应温度 280℃，反应压力 1.5MPa，醇水投料比 1：1.5（mol）。

代入转化率数据，式(12-1)与式(12-2)变为

$$CH_3OH \longrightarrow 0.99CO\uparrow + 1.98H_2\uparrow + 0.01CH_3OH \tag{12-3}$$
$$CO + 0.99H_2O \longrightarrow 0.99CO_2\uparrow + 0.99H_2\uparrow + 0.01CO\uparrow \tag{12-4}$$

合并式(12-3)与式(12-4)，得到

$$CH_3OH + 0.9801H_2O \longrightarrow 0.9801CO_2\uparrow + 0.0099\uparrow CO + 2.9601H_2\uparrow + 0.01CH_3OH \tag{12-5}$$

根据式(12-5)，在生产能力为 $2700\mathrm{m^3/h}$ 时，可得到甲醇和水的投料量及各节点的物流量：

氢气产量为　$2700\mathrm{m^3/h} = 120.5357\mathrm{kmol/h}$

甲醇投料量为　$\dfrac{120.5357}{2.9601} \times 32 = 1303.0446(\mathrm{kg/h})$

水投料量为 $\dfrac{120.5357}{2.9601}\times18\times1.5=1099.444(\text{kg/h})$

（1）原料液储罐（V0101）

进：甲醇 1303.0446kg/h，水 1099.444kg/h。

出：甲醇 1303.0446kg/h，水 1099.444kg/h。

（2）预热器（E0101）、汽化塔（T0101）、过热器（E0102）

没有物流变化。

（3）反应器（R0101）

进：甲醇 1303.0446kg/h，水 1099.444kg/h，总计 2402.4886kg/h

出：生成 CO_2：$\dfrac{1303.0446}{32}\times0.9801\times44=1756.0318(\text{kg/h})$

$\qquad H_2$：$\dfrac{1303.0446}{32}\times2.9601\times2=241.0714(\text{kg/h})$

$\qquad CO$：$\dfrac{1303.0446}{32}\times0.0099\times28=11.2876(\text{kg/h})$

剩余甲醇：$\dfrac{1303.0446}{32}\times0.01\times32=13.0304(\text{kg/h})$

剩余水：$1099.444-\dfrac{1303.0446}{32}\times0.9801\times18=381.067(\text{kg/h})$

（4）吸收塔（T0102）和解吸塔（T0103）

吸收塔总压为 1.5MPa，其中 CO_2 分压为 0.38MPa，操作温度为常温（25℃）。此时每立方米吸收液可溶解 CO_2 11.77m^3。此数据可以参考石油化工设计手册。

解吸塔的操作压力为 0.1MPa，CO_2 溶解度为 2.32，则此时吸收塔的吸收能力为

$$11.77-2.32=9.45$$

0.38MPa 压力下 CO_2 的密度

$$\rho_{CO_2}=\frac{pM}{RT}=\frac{3.8\times44}{0.082\times(273.15+25)}=6.84(\text{kg/m}^3)$$

0.38MPa 压力下 CO_2 体积重量

$$V_{CO_2}=\frac{1756.0318}{6.84}=256.73(\text{m}^3/\text{h})$$

据此，所需吸收液的量为

$$\frac{256.73}{9.45}=27.167(\text{m}^3/\text{h})$$

考虑吸收塔效率以及操作弹性需要，取吸收液量为

$$27.167\times3=81.501(\text{m}^3/\text{h})$$

系统压力降至 0.1MPa 时，析出 CO_2 量为 1756.0318kg/h

（5）各节点的物料量

综合上面的工艺物料衡算结果，即可绘制 2700m^3/h 甲醇制氢过程的物料流程图，如图 3-4 所示。

12.3.2 热量衡算

（1）气化塔顶温度确定

在已知汽相组成和总压的条件下，可以根据汽液平衡关系确定汽化塔的操作温度。甲醇和水的蒸气数据可由相关资料查得，要使甲醇完全汽化，则其气相分率必然是甲醇40%、水60%（mol），且已知操作压力为1.5MPa，设温度为T，根据汽液平衡关系有

$$0.4p_{甲醇}+0.6p_{水}=1.5MPa$$

初设 $T=175℃$ $\qquad$ $p_{甲醇}=2.43MPa；p_{水}=0.89MPa$

$$p_{总}=1.506MPa$$

蒸气压与总压基本一致，可以认为操作压力为1.5MPa时，汽化塔塔顶温度为175℃。

（2）反应器（R0101）

两步反应的总反应热为49.66kJ/mol，于是在转化器内需要供给热量为

$$Q_{反应}=\frac{1303044.6×0.99}{32}×1000×(-49.66)=-2×10^6\ (kJ/h)$$

此热量由导热油系统带来，反应温度为280℃，可以选用导热油温度为360℃，导热油温降设定55℃，从手册[1]中查到导热油的物性参数，如定压热容与温度的关系，可得

$$c_{p,360℃}=2.85kJ/(kg·K)，c_{p,300℃}=2.81kJ/(kg·K)$$

取平均值 $\qquad$ $c_p=2.83kJ/(kg·K)$

则导热油的用量

$$w=\frac{Q_{反应}}{c_p\Delta t}=\frac{2×10^6}{2.83×55}=12849.34(kg/h)$$

（3）过热器（E0102）

甲醇和水的饱和蒸气在过热器中从175℃过热到280℃，此热量由导热油供给。从手册中可查到甲醇和水蒸气的定压热容数据。气体升温所需热量为

$$Q=\sum c_p m\Delta t=(1.90×1303.0446+4.82×1099.444)×(280-175)=8.16×10^5(kJ/h)$$

导热油 $c_p=2.826kJ/(kg·K)$，于是其温度降为

$$\Delta t=\frac{Q}{c_p m}=\frac{8.16×10^5}{2.826×12849.34}=22.47(℃)$$

导热油出口温度为 $\qquad$ $305-22.47=282.53(℃)$

（4）汽化塔（T0101）

认为汽化塔仅有潜热变化。

175℃ $\quad$ 甲醇 $\quad$ $H=727.2kJ/kg$ $\quad$ 水 $\quad$ $H=2031kJ/kg$

$Q=m_{甲}H_{甲}+m_{水}H_{水}=1303.0446×727.2+1099.444×2031=3.18×10^6(kJ/h)$

以300℃导热油 c_p 计算 $\quad$ $c_p=2.76kJ/(kg·K)$

$$\Delta t=\frac{Q}{c_p m}=\frac{3.18×10^6}{2.76×141343}=8.15(℃)$$

则导热油出口温度 $\quad$ $t_2=283.53-8.15=274.38(℃)$

导热油系统温差为 $\quad$ $\Delta T=360-274.38=85.62(℃)$ $\quad$ 基本合适。

（5）换热器（E0101）

壳程：甲醇和水液体混合物由常温（25℃）升至175℃液体混合物所需的热量为

$Q=(\sum c_p m)\Delta t=(3.12×1303.0446+4.3×1099.444)×(175-25)=1.32×10^6(kJ/h)$

---

[1] 国家中医药管理局上海医药设计院.化工工艺设计手册（下册）.北京：化学工业出版社，1996.

管程：没有相变化，同时一般气体在一定的温度范围内，热容变化不大，以恒定值计算，这里取各种气体的比定压热容为

$$c_{p_{CO_2}} = 10.47kJ/(kg \cdot K) \qquad c_{p_{H_2}} = 14.65kJ/(kg \cdot K)$$

$$c_{p_{H_2O}} = 4.18kJ/(kg \cdot K) \qquad c_{p_{CO}} = 10.83kJ/(kg \cdot K)$$

则管程中反应后气体混合物的温度变化为

$$\Delta t = \frac{Q}{c_p m} = \frac{1.32 \times 10^6}{10.47 \times 1756.0318 + 14.65 \times 241.0714 + 4.18 \times 381.067} = 56.1(℃)$$

换热器出口温度 $280 - 56.1 = 223.9$ （℃）

（6）冷凝器（E0103）

① CO_2、H_2 的冷却（CO 量很小，在此其冷凝和冷却不计）

$$Q_1 = \sum c_p m \Delta t = (1756.0318 \times 10.47 + 241.0714 \times 14.65 + 11.2876 \times 10.83)$$
$$\times (223.9 - 40) = 4.05 \times 10^6 (kJ/h)$$

② 压力为 1.5MPa 时水的冷凝热（CH_3OH 的量很小，在此其冷凝和冷却忽略不计）。

$H = 2135kJ/kg$，总冷凝热：$Q_2 = H \times m = 2135 \times 381.067 = 8.14 \times 10^5 (kJ/h)$

水显热 $Q_3 = c_p m \Delta t = 4.19 \times 381.067 \times (223.9 - 40) = 2.93 \times 10^5 (kJ/h)$

$$Q = Q_1 + Q_2 + Q_3 = 5.157 \times 10^5 (kJ/h)$$

冷却介质为循环水，采用中温型凉水塔，则温差 $\Delta T = 10℃$

用水量 $w = \dfrac{Q}{c_p \Delta t} = \dfrac{5.157 \times 10^5}{4.19 \times 10} = 12307.9(kg/h)$

12.4 设备设计

（1）设备的工艺计算

在前述物能衡算的基础上，则可针对各设备的具体工作条件，逐一进行设备的工艺计算。

（2）设备的强度与结构设计

工艺计算完成后，即可根据相关标准和规范进行设备的强度与结构设计。对于承压设备，设计完成后，还应进行强度校核。一般采用 SW6 进行校核。

12.5 机器选型与管道设计

12.5.1 机器选型

对于流程中所需用到的各种机器，可根据前述工艺设计确定的工作条件[介质特性、流量、温度、（压缩机）出口压力、（泵）出口扬程]等，选择适用的类型。

在图 3-3 所示的工艺流程中，共需用到 6 台泵：脱盐水计量泵 P0101、甲醇计量泵 P0102、混合原料输送泵 P0103、冷凝水输送泵 P0104、导热油输送泵 P0105、吸收液输送泵 P0106。

泵的流量是指单位时间内排到管路系统的液体体积，由装置所需的流量来确定。一般来说，应根据流量选择泵的口径和确定泵的数量。

选型完成后，还必须对其过程压降进行估算，据此确定电机功率。

12.5.2 管子选型

（1）材料选择

综合考虑设计温度、压力及腐蚀性，本装置主管道选择 20 无缝钢管，理由如下。

ⅰ．腐蚀性。本生产装置原料甲醇、导热油对材料无特殊腐蚀性；产品 H_2 可能产生氢腐蚀，但研究表明，碳钢在 220℃ 以下，氢腐蚀反应速率极慢，而且氢分压不超过 1.4MPa 时，不管温度多高，都不会发生严重的氢腐蚀。本装置中临氢部分最高工作温度为 300℃，虽然超过 220℃，但转化器中的氢分压低于 1.4MPa（因为操作压力才 1.5MPa），所以 20 无缝钢管符合抗腐蚀要求。

ⅱ．温度。20 无缝钢管的最高工作温度可达 475℃，温度符合要求。

ⅲ．经济性。20 无缝钢管属于碳钢钢管，投资成本和运行维护成本均较低。

另外，CO_2 用于食品，其管道选用不锈钢。

（2）管子的规格尺寸

根据管道输送介质的流程，首先确定合理的流速范围，假定一个速度，计算出管径。按相关标准进行圆整后，再根据其工作压力计算管壁尺寸。最后进行流速的校验。当假定流速与校验流速大致相等时，则表明计算合理，否则，应重新假定流速，然后再进行计算。

各管道的工艺参数如表 12-1 所示。

（3）保温层的计算

采用经济厚度计算法。根据选取的保温材料的物性参数，计算其厚度。

根据 GB 50264 的 5.2.8.1 节"绝热总厚度 $\delta \geqslant 80mm$ 时应分层敷设"及 GB 50126 规定的"当采用一种绝热制品，保温层厚度大于 100mm 时，应分为两层或多层，逐层施工，各层的厚度宜接近"，确定保温层的层数。

校验热量损失，确保最大允许热损失量符合 GB 50264 附录 B 的要求。

（4）阀门的选型

根据管内介质的特性及要求的压力等级，选择合适的阀门。阀门选型如表 12-2 所示。

表 12-1 各管道工艺参数汇总表

序号	所在管道编号	管内介质	设计压力 /MPa	设计温度 /℃	流量 /(m³/s)	状态	流速 /(m/s)	公称直径 /mm	材料
1	PG0101-150-M1B	甲醇 54.5%；		200					
2	PG0102-150-M1B	水 45.5%							
3	PG0103-150-M1B	H_2 10%；		300	0.384		19.866	150	
4	PG0104-150-M1B	CO_2 73%；	1.6						20
5	PG0105-80-M1B	H_2O 17%		250		气态			
6	PG0106-80-M1B	$H_2=12\%$； $CO_2=88\%$		50	0.0875		17.411	80	
7	PG0107-150-M1B	H_2			0.744		23.132	150	
8	PG0108-125-M1B	CO_2	0.4		0.246		18.282	125	06Cr9Ni10

续表

序号	所在管道编号	管内介质	设计压力/MPa	设计温度/℃	流量/(m³/s)	状态	流速/(m/s)	公称直径/mm	材料
9	HO0101-200-L1B-H	导热油	0.2						
10	HO0102-200-L1B-H			400	0.0487		1.444	200	
11	HO0103-200-L1B-H		0.55						
12	HO0104-200-L1B-H								
13	HO0105-200-L1B-H								
14	PL0101-25-L1B	甲醇	0.2	50	0.000463		1.114	25	
15	PL0102-25-L1B		0.55						
16	PL0103-32-L1B	原料液	0.2	50	0.000770		1.182	32	20
17	PL0104-25-M1B		1.6				1854	25	
18	PL0105-25-M1B			200		液态			
19	PL0106-150-L1B	吸收液	0.2				1.097	150	
20	PL0107-125-M1B		1.6	25	0.0215		1.62	125	
21	PL0108-125-M1B								
22	PL0109-150-M1B	吸收液	0.2	25	0.0215		1.62	150	
23	DNW0101-25-L1B	脱盐水	0.2	50	0.0003073		0.740	25	20
24	DNW0102-20-L1B		0.88				1.293	20	
25	CWS0101-200-L1B	冷却水	0.2	35	0.0343		1.018	200	镀锌管
26	CWS0102-150-L1B						1.751	150	
27	CWS0103-150-L1B								

表 12-2 阀门选型

序号	所在管道编号	管内介质	设计压力/MPa	设计温度/℃	公称直径/mm	连接形式	阀门型号
1	PG0107-150-M1B	H_2	1.6	50	150	法兰	闸阀：Z41H-16C；截止阀：J41H-16C
2	HO0101-200-L1B-H	导热油	0.2	400	200	法兰	闸阀：Z41H-16C；截止阀：J41H-25
3	HO0105-200-L1B-H		0.55		200		
4	PL0101-25-L1B	甲醇	0.2	50	25	法兰、螺纹	闸阀：Z41H-16C、Z15W-1.0K（螺纹）；截止阀：J41H-16C；止回阀：H41H-2.5
5	PL0102-25-L1B		0.55		25		
6	PL0103-32-L1B	原料液	0.2		32		
7	PL0104-25-M1B		1.6		25	法兰	闸阀：Z41H-25；截止阀：J41H-16C；止回阀：H41H-4.0
8	DNW0101-25-L1B	脱盐水	0.2		25	法兰	闸阀：Z15-10T
9	DNW0102-20-L1B		0.88		20		
10	PG0108-125-M1B	CO_2	0.4		125	法兰	闸阀：Z41H-16C；截止阀：J41H-16C
11	PL0106-150-L1B	吸收液	0.2	25	150	法兰	闸阀：Z15W-10K；止回阀：H41H-4.0
12	PL0107-125-M1B		1.6		125		闸阀：Z41H-16C
13	CWS0101-200-L1B	冷却水	0.2	35	200	法兰	闸阀：Z15W-10K；止回阀：H41H-4.0
14	CWS0102-150-L1B				150		

（5）管道法兰的选择

根据管内介质的特性及要求的压力等级，选择合适的管道法兰。管道法兰选型如表 12-3 所示。

表 12-3　管道法兰选型

序号	所在管道编号	管内介质	设计压力/MPa	设计温度/℃	公称直径/mm	阀门公称压力等级/MPa	法兰选型		
							法兰类型	密封面形式	公称压力/MPa
1	PG0101-150-M1B	甲醇 54.5%；水 45.5%	1.6	200	150	2.5	带颈平焊法兰(SO)	凹凸面	2.5
2	PG0102-150-M1B								
3	PG0103-150-M1B	H_2 10%；CO_2 73%；H_2O 17%=		300					
4	PG0104-150-M1B								
5	PG0105-80-M1B			250	80				
6	PG0106-80-M1B	H_2 12%；CO_2 88%		50					
7	PG0107-150-M1B	H_2			150				
8	PG0108-125-M1B	CO_2	0.4		125	1.6			
9	HO0101-200-L1B-H	导热油	0.2	400	200	0.6			2.5
10	HO0102-200-L1B-H		0.55						
11	HO0103-200-L1B-H								
12	HO0104-200-L1B-H								
13	HO0105-200-L1B-H								
14	PL0101-25-L1B	甲醇	0.2	50	25	1.6			
15	PL0102-25-L1B		0.55						
16	PL0103-32-L1B	原料液	0.2	50	32				
17	PL0104-25-M1B		1.6		25	2.5			
18	PL0105-25-M1B			200					
19	PL0106-150-L1B	吸收液	0.2	25	150	1.6			
20	PL0107-125-M1B		1.6		125	2.5			
21	PL0108-125-M1B								
22	PL0109-150-M1B				150				
23	DNW0101-25-L1B	脱盐水	0.2	50	25	1.0			
24	DNW0102-20-L1B		0.88		20				
25	CWS0101-200-L1B	冷却水	0.2	35	200	0.6		凸面	1.0
26	CWS0102-150-L1B				150				
27	CWS0103-150-L1B								

（6）管件选型

弯头采用 90°弯头，参考《过程设备设计》，弯头曲率半径 $R=1.5D_0$，D_0 为管道外径。管件与弯头连接处采用焊接连接。管件与筒体连接处采用法兰连接，参考标准 HG/T

20595—2009。管法兰、垫片、紧固件选择参考相关资料。

12.6 设计图纸

① 管道及仪表流程图 根据工艺计算结果，可绘制甲醇制氢过程的管道及仪表流程图，如图 3-5 所示。

② 设备布置图 根据图 3-5 所示的管道及仪表流程图，可绘制甲醇制氢过程的设备平面布置图，如图 3-13 所示。

③ 管道平面布置图 根据图 3-13 中各设备的相对位置，可绘制甲醇制氢过程的管道平面布置图，如图 6-65 所示。

④ 管道空视图 根据管道平面布置图中各管道的走向与标高变化，可绘制相应的管道空视图。图 6-66 所示是图 6-65 中标粗管道的管道空视图。

12.7 控制方案设计

（1）被控变量选择

化学反应的控制指标主要有：转化率、产量、收率、主要产品的含量和产品分布等。温度与上述这些指标关系密切，又容易测量，所以选择温度作为过热器控制中的被控变量。本文以过热器进口温度为被控变量的单回路控制系统设计。

（2）操纵变量选择

影响过热器温度的因素有：甲醇、水混合蒸汽的流量、温度，导热油的流量、温度。甲醇、水混合蒸汽进入过热器，滞后最小，对于反应温度的校正作用最为灵敏，但混合气的流量是生产负荷，是保证产品氢气量的直接参数，作为操纵变量工艺上不合理。所以选择导热油温度作为操纵变量。

（3）过程监测仪表的选用

根据生产工艺和用户的要求，选用电动单元组合仪表（DDZ-Ⅲ型）。

① 测温元件及变送器 被控温度在 500℃ 以下，选用铂热电阻温度计。为了提高检测精确度，应用三线制接法，并配用 DDZ-Ⅲ型热电阻温度计。

② 调节阀 根据生产工艺安全原则，若温度太高，将可能导致反应器内温度过高，引起设备破坏、催化剂破坏等，所以选择气开型式的调节阀；根据过程特性与控制要求选用对数流量特性的调节阀；根据被控介质流量选择调节阀公称直径和阀芯直径的具体尺寸。

③ 调节器 根据过程特性与工艺要求，选择 PID 控制规律；根据构成系统负反馈的原则，确定调节器正反作用。

④ 调节器参数整定 经验试凑法：对于温度控制系统，一般取 $\delta = 20\% \sim 60\%$，$T_1 = 3 \sim 10\text{min}$，$T_D = \dfrac{T_1}{4}$，也可用临界比例度法或衰减曲线法进行参数整定。

12.8 经济评价

12.8.1 单元设备价格估算

在工艺流程和生产规模确定之后，经过物料衡算和初步工艺计算，可以初步确定设备的大小和型号。

该套装置共有储槽和分离容器 2 台，分别为：原料液储槽（V0101，常温常压）；固液分离储罐（V0102，常温常压）。根据装置生产能力，初步估算容器的容积分别为：$V_1 = 8m^3$，$V_2 = 12m^3$，其中 V_1、V_2 为常压平底平盖容器，其质量可按下式计算

$$W = 0.251 V^{0.42} e^{\frac{V}{8}}$$

式中　W——质量，$10^3 kg$；

　　　V——容器容积，m^3，适用范围 $V = 0.1 \sim 8m^3$。

则：

$$W_{V_1} = 0.251 \times 8^{0.42} \times e^{\frac{8}{8}} \times 10^3 = 1634 (kg)$$

$$W_{V_2} = 0.251 \times 12^{0.42} \times e^{\frac{12}{8}} \times 10^3 = 3194 (kg)$$

该套装置共有 3 台塔设备，分别为汽化塔（T0101）、吸收塔（T0102）、解吸塔（T0103）。T0101、T0102、T0103 的质量分别为：2000kg、10000kg、7867kg。

该套装置共有 3 台换热器，分别为预热器（E0101，$p = 1.6MPa$），过热器（E0102，$p = 1.6MPa$），冷凝器（E0103，$p = 1.6MPa$）。根据热负荷初步估算每个换热器的面积分别为：$F_{E1} = 39m^2$，$F_{E2} = 17m^2$，$F_{E3} = 92m^2$，采用固定管板式换热器，$\phi 25 \times 2.5$ 换热管的质量可由下式进行计算

$$W = CF^{0.58} e^{\frac{F}{371.4}}$$

$p = 1.6MPa$，取压力校正系数 $C = 0.1927$，则

$$W_{E1} = 0.1927 \times 39^{0.58} \times e^{\frac{39}{371.4}} \times 10^3 = 1792 (kg)$$

$$W_{E2} = 0.1927 \times 17^{0.58} \times e^{\frac{17}{371.4}} \times 10^3 = 1043 (kg)$$

$$W_{E3} = 0.1927 \times 92^{0.58} \times e^{\frac{92}{371.4}} \times 10^3 = 3400 (kg)$$

考虑介质的腐蚀特性及工作温度，所有设备材料均选碳钢，包含加工过程的容器及其他设备总重为 24.695t，其价格按 6 万元/t 计算；换热器总重为 6.325t，其价格按 12 万元/t 计算；则静设备总价值为 222.99 万元。

该套装置共有 6 台泵，经询价每台泵 1.49 万元。

因此，该套装置总设备约为 231.93 万元。

12.8.2　总投资估算

用系数连乘法求总投资，总设备费 $A = 231.93$ 万元，各系数分别取：设备安装费率 $k_1 = 1.0559$；管道工程费率 $k_2 = 1.2528$；电气工程费率 $k_3 = 1.0483$；仪表工程费率 $k_4 = 1.0277$；建筑工程费率 $k_5 = 1.0930$；装置工程建设费率 $k_6 = 1.0803$；总建设费率 $k_7 = 1.3061$。计算结果如下。

设备安装工程费率　$B = k_1 A = 1.0559 \times 231.93 = 244.89$（万元）

设备安装费 $= B - A = 244.89 - 231.93 = 12.96$（万元）

管道工程费率　$C = k_2 B = 1.2528 \times 244.89 = 306.8$（万元）

管道工程费 $= C - B = 306.8 - 244.89 = 61.91$（万元）

电气工程费率　$D = k_3 C = 1.0483 \times 306.8 = 321.62$（万元）

电气工程费 $= D - C = 321.62 - 306.8 = 14.82$（万元）

仪表工程费率　$E = k_4 D = 1.0277 \times 321.62 = 330.53$（万元）

仪表工程费＝$E-D$＝330.53－321.62＝8.91（万元）

建筑工程费率　$F=k_5E$＝1.093×330.53＝361.27（万元）

建筑工程费＝$F-E$＝361.27－330.53＝30.74（万元）

装置工程建设费率　$G=k_6F$＝1.0803×361.27＝390.28（万元）

费用定额规定的费用＝$G-F$＝390.28－361.27＝29.01（万元）

总投资　$H=k_7G$＝1.3061×390.28＝509.74（万元）

故甲醇制氢装置的投资估算额为509.74万元。

12.8.3　总成本费用估算与分析

（1）外购原料

甲醇制氢装置原料主要是甲醇和水，甲醇消耗量为1303.25kg/h，一年按300天计算，年总用量9383t，每吨按2000元计，则费用为每年1876.6万元。

（2）外购燃料

导热油用量为141343kg/h，温度由360℃降到355℃，按热值测算导热油燃料费，取0.022336元/(kW·h)，已知导热油平均比热容c_p＝2.83kJ/(kg·K)，则年折合燃料费约为8.94万元。

（3）外购动力

甲醇制氢需水量为1099.62kg/h，一年按300天计算，年总用水量为7917t，每吨按2元计，年用水费用为1.58万元。泵主要消耗电能，按51kW计，每年7200h，则年消耗电能为3.672×10^5kW·h，每1kW·h按0.5元计，年电费为18.36万元。则动力费总计为19.94万元。

（4）工资

定员为15人，每人每年工资按5万元，则总工资75万元。

（5）职工福利费

按工资的14%提取，计10.5万元。

（6）固定资产折旧费

用双倍余额递减法对甲醇制氢装置进行折旧，设折旧年限为10年，则

$$年折旧率＝\frac{2}{折旧年限}×100\%＝20\%$$

年固定资产折旧额＝固定资产账面净值×年折旧率＝509.74×20%＝101.95万元

（7）修理费

对甲醇制氢装置按固定资产原值的10%计算，修理费为50.97万元。

（8）租赁费

本装置无此费用

（9）摊销费

假设本项目为专利技术，其专利使用费为20万元，按10年摊销，每年计入的总成本费为2万元。

（10）财务费用

由以上几项费用计算可见，每年原材料费、燃料费、工资福利费、折旧修理费、摊销费合计为：

1876.6＋8.94＋19.94＋75＋10.5＋101.95＋50.97＋2＝2145.9(万元)

按每月周转一次，则需周转资金约为178.825万元。设周转资金全部使用短期贷款，按

年利息 6% 计，则年短期借款利息为 10.73 万元（不计复利）。

（11）税金

该套装置氢产量为 241.0714kg/h，年产量约为 1735.7t，每吨售价按 0.4 万元，则氢气产品年收入为 694 万元。该套装置副产品——食品级 CO_2 产量为 1756.0318kg/h，年产量约为 12643.4t，每吨售价按 0.2 万元，则 CO_2 产品年收入为 2529 万元。

两产品合计年销售收入 3223 万元。销售税按 6%，则年税金 193.38 万元。

（12）其他费用

其他费用是指构成企业总成本中所有科目，扣除前 11 项外的其他所有费用，取该套装置按前 11 项成本费用的 2% 计，为 47 万元。

（13）固定成本与变动成本

固定成本及变动成本如表 12-4。

表 12-4　成本费用项目

变动成本　总计：1963.21 万元			固定成本　总计：251.15 万元		
序号	项目	合计/万元	序号	项目	合计/万元
1	外购原料	1876.6	1	职工工资	75
2	外购燃料	8.94	2	职工福利	10.5
3	外购动力	19.94	3	固定资产折旧费	101.95
4	周转资金借贷利息	10.73	4	修理费	50.97
5	汇兑损失净支出		5	摊销费	2
6	金融机构手续费		6	长期负债利息	10.73
7	其他费用	47			

12.8.4　盈利能力分析

年（平均）利润总额＝年（平均）产品销售收入－年（平均）总成本费用－年（平均）销售税金＝3223－（1963.21＋251.15）－193.38＝815.26 万元。

12.8.5　盈亏平衡分析

盈亏平衡分析是通过计算盈亏平衡点（BEF）分析项目成本与收益平衡关系的一种方法。盈亏平衡点通常同生产能力利用率或产量表示。其计算式为：

$$BEP_{生产能力利用率} = \frac{年固定总成本}{年产品销售收入－年可变总成本－年销售税金} \times 100\%$$

$$= \frac{251.15}{3223－1963.21－193.38} = 23.55\%$$

$$BEP_{产量} = \frac{年固定总成本}{单位产品价格－单位产品可变成本－单位产品销售税金}$$

$$= \frac{251.15}{\dfrac{3223}{1735.7+12643.4} － \dfrac{1963.21}{12643.4+1735.7} － \dfrac{193.38}{12643.4+1735.7}} = 3386.42t$$

经上述计算可知，当本项目达到盈亏平衡点时两种产品总产量为 3386.42t。若产量小于此值，将会出现亏损。

12.9　安全评价

由于本套生产装置原料甲醇和产品氢气都是可燃性物质，易燃易爆，所以对其工艺的安全问题进行研究非常必要。

12.9.1　装置中存在的潜在危险因素分析

在甲醇蒸气催化重整制氢的过程中，主要的易燃易爆化学品为：甲醇、氢气和一氧化碳，甲醇蒸气、氢气和空气混合后能形成爆炸气体，遇明火或高温能引起燃爆。此装置的火灾危险等级为甲类，按《爆炸和火灾危险环境电力装置设计规范》划分，此装置爆炸危险区为 2 区。装置中主要危险物料物性参数见表 12-5。

表 12-5　甲醇制氢装置危险物料参数表

序号	介质	沸点/℃	闪点/℃	燃点/℃	爆炸极限/V%	火险分类	爆炸性气体混合物分级分组	备注
1	氢气	-252.8	—	400	4.1~74.1	甲	ⅡC T1	产品
2	甲醇	64.8	11	385	5.5~44	甲	ⅡA T2	原料
3	一氧化碳	—	<-50	610	12.5~74.2	乙	ⅡC T1	废气

氢气爆炸极限范围很宽（4.1%~74.1%），一旦泄漏，会与空气混合成爆炸性气体，遇到明火或热源可能会引发爆炸事故。鉴于此，装置中氢气富集程度高的两个区域：转化器及氢气储运区是制氢装置的潜在危险区域，具体表现为：

ⅰ.转化器是制氢装备的核心设备，它处于高温（320℃）、高压（1.6MPa）状态下操作，存在高温氢腐蚀、氢脆和奥氏体不锈钢堆焊层氢致剥离断裂的潜在危害因素，从而导致氢泄漏和氢腐蚀事故。

ⅱ.制氢过程涉及氢气缓冲罐的使用，氢气缓冲罐原材料的焊接缺陷、腐蚀、疲劳、超寿命使用、安全附件失灵、储罐和输送管道的操作压力超过设计的工作压力、存储量过大、操作失误、设备和管道接地不良等原因，均易导致氢气缓冲罐的燃烧爆炸事故。

ⅲ.输氢管道、阀门及密封填料等材质不符合技术要求，也是发生燃烧爆炸的主要原因之一。输送管道内壁粗糙，随着高速流体与输送管道内壁发生摩擦，可使它们呈白炽状态，自身发生着火、飞散。阀门及密封填料等材质不符合技术要求，造成输送气体泄漏形成爆炸混合物，极易发生燃烧爆炸。

ⅳ.氢气输送管道尤其是气流出口或调节阀处，在气体输送过程中会产生静电，静电的积累会发生放电危险，形成燃烧爆炸事故。在气体输送管道的急弯处，气流发生猛烈的冲击，并集聚起来，使局部管道内壁温度急骤上升，可能会引起管道燃烧爆炸。

ⅴ.甲醇蒸气、一氧化碳气体均为易燃易爆气体，虽然它们在转化器中含量较低，但它们与空气混合，即使极小的火星也易引起着火，若在装置中积聚也存在燃烧爆炸危险。

12.9.2　应对措施

（1）工艺措施

工艺流程设计力求先进可靠，采用封闭连续性操作，带压设备均设有安全泄放装置，超压放空的易燃、易爆气体均送放空总管集中处理。设备、管道的设计选型、制造、安装、试压等要严格按照国家现有标准和规范要求执行。氢气管道应采用无缝金属管道，禁止使用铸铁管道，管道的连接应采用焊接或其他有效防止漏气的连接方式。采用合理的控制方案，与安全密切相关的操作均采用自动调节并设置报警系统，实行监测和控制，保证安全生产。

（2）防火措施

生产区采用敞开式框架，设备尽可能露天布置，保证良好的自然通风，避免有害气体的积聚。根据爆炸和火灾危险区域系统图选择防爆型电机及仪表元件，设置可燃及有毒气体探测器，一旦易燃易爆气体聚集达到一定程度或出现火灾征兆时，及时自动报警。电气设计中需满足防爆、防雷、防静电的要求。装置内敷设环形消防水管网，并配置干粉灭火器。

（3）管理措施

由技术或维护管理不力而造成可燃物泄漏，导致火灾爆炸事故的案例并不少见。企业应制定一系列现场管理制度，如岗位巡检制度，泄漏巡查制度，仪表操作定时记录制度，物料计量记录等，保障生产安全。

12.10　环境影响评价

12.10.1　施工期的主要环境问题及对策

项目主要施工活动包括基础工程、结构工程、设备安装工程。施工期产生的主要环境问题包括施工废水、固体废弃物及施工扬尘等。

① 废水　由于在施工期进行土建工作，运输车辆、施工机具的使用，必然会带来废水和固体废弃物的排放。废水主要包括运输车辆、施工机具的冲洗废水，润滑油、废柴油等油类，泥浆废水以及混凝土保养时排放的废水。要求在施工现场设置沉淀池，沉淀后回用于生产。

② 固体废弃物　工程施工期间产生的固体废弃物主要包括施工人员产生的生活垃圾、弃土和建筑垃圾等。这些废弃物的排放只要在施工期合理规划，收集后运至附近垃圾中转站集中处置，就不会对环境造成很大的影响。

③ 施工扬尘　进行土建施工时，不仅会损坏施工现场的植被以及地表，表层的土壤的裸露会导致出现扬尘；有容易产生扬尘的建筑材料在运送过程中，若没有运用合理的遮盖手段，也容易出现扬尘；清除施工垃圾也会出现扬尘。因此，施工场地可以进行合理的规划控制。同时，在施工过程中采用洒水的方法能有效避免扬尘，可将其对环境的影响降到最低。

12.10.2　运营期的主要环境问题及对策

（1）营运期的主要环境问题

① 废气排放　主要有甲醇重整制氢变压吸附工段脱碳解吸气、提氢工段的提氢解吸气、导热油炉燃煤烟气，罐区和装置区的少量挥发性有机物排放等。

② 废水排放　主要有少量间断排放的装置，如真空泵排水、烟气脱硫废水、装置区地面冲洗水、初期污染雨水、生活污水等。

③ 固体废物　主要为甲醇制氢装置定期更换的废催化剂和废吸附剂、导热油炉燃煤产生的煤灰渣和脱硫石膏等。

（2）应对措施

针对上述的各种环境污染因子，需采取相应的措施，对产生的废气、废水和固体废物进行合理处理，尽量降低其对环境的影响。

对于各种废气，可根据其组分的特点，分别采用吸附分离、膜分离、吸收等净化技术进行净化处理，处理后的尾气经焚烧后排放，以尽量减轻对环境的污染。

针对各种废水，可根据其特征污染因子，采取合适的处理方法进行处理排放，或使其满足洗涤所要求的水质后循环再回用，从而减轻其对环境的影响。对于大量的冷却废水，由于使用前后仅有温度的变化，因此可通过对其进行冷却降温处理后循环再用，不仅可减少废水的排放，还能节约大量的水资源，对促进节约型社会建设具有重要意义。

对于失活的废催化剂，可采取合适的再生手段对其进行再生，循环使用。对于无法再生的废催化剂，一定要做好回收与处理，将其中价格昂贵的重金属进行提取回用，既避免对环境的严重污染，又实现了废催化剂的资源化利用。对于燃煤产生的煤灰渣和脱硫石膏，尽量根据循环经济的要求，采用适当的技术进行处理后实现其资源化利用。

参考文献

[1] 王松汉.石油化工手册.北京：化学工业出版社，2001.

[2] 黄振仁，魏新利.过程装备成套技术设计指南.北京：化学工业出版社，2003.

[3] 时钧.化工工程手册（1.化工基础数据）.北京：化学工业出版社，1989.

[4] 王国强.甲醇水蒸气重整制氢过程强化特性研究.重庆大学，2014.

[5] GB/T 151—2014 热交换器.

[6] GB/T 150—2011 压力容器.

[7] TSG 21—2016 固定式压力容器安全技术监察规程.

[8] GB/T 731—2014 锅炉和压力容器用钢板.

[9] NB/T 47023—2012 长颈对焊法兰.

[10] HG/T 20594—2009 带颈平焊钢制管法兰.

[11] 石油化学工业部化工设计院主编.氮肥工艺设计手册：理化数据.北京：石油化学工业出版社，1977.

[12] 王巧云，李金平.绝热（保温）材料及应用工程标准汇编.北京：化学工业出版社，1989.

[13] 郑津洋，桑芝富.过程设备设计.第4版.北京：化学工业出版社，2015.

[14] 李云，姜培正.过程流体机械.第2版.北京：化学工业出版社，2008.

[15] 张早校，王毅.过程装备与控制技术及应用.第3版.北京：化学工业出版社，2018.

[16] 邹广华，刘强.过程装备制造与检测.北京：化学工业出版社，2003

[17] 毛宗强，毛明志.制氢工艺与技术.北京：化学工业出版社，2018.

[18] 丁福臣，易玉峰.制氢储氢技术.北京：化学工业出版社，2006.

[19] 叶其葳.工厂各种制氢工艺的比较和工业选用研究.上海：华东理工大学，2013.

[20] 陈慧群，胡吉良.甲醇重整制氢反应器测控系统设计.电子世界，2018.

[21] 王学飞.甲醇重整制氢微化工过程的滑模控制和自适应控制研究.杭州：浙江大学，2013.

[22] 钱新荣.甲醇制氢技术的经济特性.石油化工，1988.

[23] 石林，任小荣，张洪波，等.甲醇裂解制氢方法的研究进展.山东化工，2018.

[24] 刘艳云.余热回收式甲醇水蒸气重整制氢微反应器性能研究.重庆：重庆大学，2017.

[25] 魏昆.甲醇制氢反应器的模拟研究.北京：北京化工大学，2009.

[26] 张玉林.甲醇裂解制氢工艺安全评价研究.山西化工，2011.

[27] 严国伟.甲醇裂解制氢装置潜在危险因素分析及对策.化学工程与装备，2013.

[28] 潘立卫，王树东.板翅式反应器中甲醇水蒸气重整制氢.化工学报，2005.

[29] 秦建中，张元东.甲醇裂解制氢工艺与优势分析.玻璃，2004.

[30] 杜彬.甲醇制氢研究进展.辽宁化工，2011.